U0160320

Linux
操作系统实用教程 第2版

王亮 ◎ 主编

陈明 李阳 陈立岩 ◎ 副主编

于德海 ◎ 主审

人民邮电出版社

北 京

图书在版编目（CIP）数据

Linux操作系统实用教程 / 王亮主编. -- 2版. --
北京：人民邮电出版社，2023.4（2024.6重印）
（Linux创新人才培养系列）
ISBN 978-7-115-60257-2

Ⅰ. ①L… Ⅱ. ①王… Ⅲ. ①Linux操作系统—教材
Ⅳ. ①TP316.85

中国版本图书馆CIP数据核字(2022)第190011号

内 容 提 要

全书分为理论知识和实验指导两个部分。第一部分共 16 章，第 1 章～第 5 章介绍 Linux 操作系统的基本操作，主要内容包括 Linux 操作系统概述与安装、系统管理、磁盘与文件管理、软件包管理、网络基本配置；第 6 章～第 11 章介绍常用网络服务环境的搭建和调试方法，如 DHCP、Web、DNS、FTP、Samba、iptables 服务的配置；第 12 章介绍 Linux 中的虚拟化；第 13 章～第 16 章介绍数据库服务器配置、Shell 编程基础、Linux 下的软件开发环境配置、作业控制和任务计划。此外，每章最后均附有"思考与练习"。第二部分包含第一部分涉及的 8 个重点实验。

本书适合作为高等院校电子信息类专业的教材，也可供培养技能型紧缺人才的相关院校及相关培训机构教学使用，还可作为 Linux 操作系统爱好者的自学参考书。

◆ 主　　编　王　亮
　　副主编　陈　明　李　阳　陈立岩
　　主　　审　于德海
　　责任编辑　许金霞
　　责任印制　王　郁　陈　犇

◆ 人民邮电出版社出版发行　　北京市丰台区成寿寺路 11 号
　　邮编　100164　　电子邮件　315@ptpress.com.cn
　　网址　https://www.ptpress.com.cn
　　山东华立印务有限公司印刷

◆ 开本：787×1092　1/16
　　印张：16.75　　　　　　　2023 年 4 月第 2 版
　　字数：460 千字　　　　　 2024 年 6 月山东第 2 次印刷

定价：69.80 元

读者服务热线：(010)81055256　印装质量热线：(010)81055316
反盗版热线：(010)81055315
广告经营许可证：京东市监广登字 20170147 号

第 2 版前言
Preface

  Linux 操作系统安全、高效、功能强大，具有良好的兼容性和可移植性，已经被越来越多的人了解和使用。随着 Linux 技术和相关产品的不断发展与完善，Linux 操作系统的影响和应用范围日益扩大，其占据着越来越重要的地位。本书的编写目的是帮助读者掌握 Linux 的相关知识，提高实际操作能力，特别是利用 Linux 实现系统管理、网络应用，以及将其作为软件开发、数据库管理与开发的操作系统而要求具备的基本应用能力。

  本书以 RHEL 7 和 CentOS 7 为例，对 Linux 操作系统进行全面、详细的介绍。首先介绍 Linux 的基础知识和基本操作，然后在读者掌握这些基础知识和基本操作的基础上，对网络服务进行全面的讲解，最后对数据库环境的搭建与基本操作和 Linux 下的软件开发环境配置进行全面的介绍。

  目前，大多数高等院校的计算机专业都开设了 Linux 类课程。为了使教材的内容能够适应技术的发展，编者在教材第 1 版的基础上进行了修订，包括修正了第 1 版中存在的不足，更新了所涉及软件的版本，增加了近几年 Linux 中比较流行的应用（如虚拟化），此外，在进行理论知识讲解的同时增加了实验内容，为读者提供 Linux 操作系统中主流应用的实验指导。具体调整如下。

  （1）修正了第 1 版中的某些不足，规范了部分图表信息。

  （2）由于本书的重点集中在网络和数据库配置，所以删除了第 1 版中读者很少应用到的第 2 章（Linux 的 GUI）。

  （3）增加了第 12 章（Linux 中的虚拟化），重点介绍了 KVM 和 Docker。

  （4）详细介绍了涉及的重点命令（见第 2 版的第 2 章~第 4 章）。

  （5）将第 13 章讲解的 MySQL 改为 MariaDB。

  （6）更新了所涉及部分软件的版本。

  （7）在前 16 章理论讲解的基础上增加了实验指导。

  本书由王亮担任主编，陈明、李阳、陈立岩担任副主编，于德海担任主审。同时，感谢为本书的出版提供支持的老师和学生。限于编写水平，书中不妥之处在所难免，恳请读者不吝赐教。编者的 E-mail：wangliang@ccut.edu.cn。

编 者

2023 年 1 月

目录
Contents

第二部分　实验指导

第一部分

理论知识

第1章

Linux操作系统概述与安装

Linux 操作系统（简称 Linux 系统）是目前发展得最快的操作系统之一。从 1991 年诞生到现在，Linux 系统逐步发展和完善。Linux 系统在服务器、嵌入式、云计算及虚拟化等环境下的应用获得了长足发展，并在个人操作系统领域有着大范围的应用，这主要得益于其开放性。本章主要对 Linux 系统的发展、内核架构及用途、安装和启动过程进行介绍。

1.1 Linux 简介

1.1.1 Linux 的起源

20 世纪 60 年代，大部分计算机都采用批处理（Batch Processing）的方式（也就是说，当作业积累到一定数量的时候，计算机才会进行处理）。那时，我们熟知的美国电话电报（American Telephone and Telegraph，AT&T）公司、通用电气（General Electric，GE）公司及麻省理工学院（Massachusetts Institute of Technology，MIT）计划合作开发一个多用途（General-Purpose）、分时（Time-Sharing）和多用户（Multi-User）的操作系统，也就是 MULTICS，它被设计运行在 GE-645 大型主机上。不过，这个项目由于太复杂，整个目标过于庞大，糅合了太多的特性，进展特别慢，接下来的几年几乎没有任何成果。到了 1969 年 2 月，AT&T 公司的贝尔实验室（Bell Laboratories）决定退出这个项目。

贝尔实验室中有位叫肯·汤普森（Ken Thompson）的工作人员，他为 MULTICS 操作系统写了一个叫作 "Space Travel" 的游戏。在 MULTICS 上经过实际运行后，他发现游戏运行速度很慢，而且代价昂贵—— 每次运行会花费 75 美元。退出 MULTICS 项目以后，为了让这个游戏还能玩，他找来丹尼斯·里奇（Dennis Ritchie）为这个游戏开发一个极其简单的操作系统，它就是后来 UNIX 的雏形。值得一提的是，当时他们本想在 DEC-10 上进行开发，但是没有申请到，只好在实验室的墙角找了一台被遗弃的 Digital PDP-7 迷你计算机进行他们的计划。这台计算机上连操作系统都没有，于是他们用汇编语言用了仅一个月的时间就开发了一个操作系统的原型，他们的同事布莱恩·克尼汉（Brian Kernighan）非常不喜欢这个系统，嘲笑肯·汤普森说："你写的系统真差劲，干脆叫 Unics 算了。"Unics 是相对于 MULTICS 的戏称，后来改成了 UNIX。

到了 1973 年，肯·汤普森与丹尼斯·里奇发现用汇编语言做移植太令人头痛了，他们想用高级语言来完成 UNIX 的第 3 版。在当时完全以汇编语言来开发程序的年代，他们的想法算是相当 "疯狂" 了。一开始，他们想尝试用 FORTRAN，可是失败了。然后，他们用基本组合编程语言（Basic Combined Programming Language，BCPL）来开发，并整合了 BCPL 形成 B 语言。后来，丹尼斯·里奇觉得 B 语言还是不能满足要求，于是改良 B 语言，开发了今天大名鼎鼎的 C 语言。于是，肯·汤普森与丹尼斯·里奇成功地用 C 语言重写了 UNIX 的第 3 版内核，他们的开发环境如图 1-1 所示。至此，UNIX 操作系统的修改、移植变得相当便利，为 UNIX 日后的普及打下了坚实的基础。而 UNIX 与 C 语言完美地结合为一个统一体，C 语言与 UNIX 很快成为计算机世界的 "主导"。

图 1-1 肯·汤普森和丹尼斯·里奇的开发环境

关于 UNIX 的第一篇文章 *The UNIX Time Sharing System* 由肯·汤普森和丹尼斯·里奇于 1974 年 7 月在 *The Communications of the ACM* 上发表。这是 UNIX 与外界的首次接触，并引起了学术界的广泛兴趣。因此，UNIX 第 5 版就基于"仅用于教育目的"的协议被提供给各大学，成为当时操作系统课程中的范例系统。各大学、各公司开始通过 UNIX 源代码对 UNIX 进行各种形式的改进和扩展。于是，UNIX 开始广泛流行。

1978 年，对 UNIX 而言是"革命性"的一年，学术界的翘楚美国加州大学伯克利分校（University of California, Berkeley）推出了一份以第 6 版为基础、加上一些改进和新功能而构成的 UNIX。它就是知名的"1 BSD"（1st Berkeley Software Distribution），开创了 UNIX 的另一个分支：BSD 系列。同时期，AT&T 公司成立 USG（UNIX Support Group），将 UNIX 变成商业化的产品。从此，BSD 的 UNIX 便与 AT&T 公司的 UNIX 分庭抗礼，UNIX 就分为 4.x BSD 和 System IV 两大主流系列，各自蓬勃发展。

1991 年，芬兰大学的学生林纳斯·托瓦兹（Linus Torvalds）想了解 Intel 公司的新 CPU-80386（他认为好的学习方法是自己编写操作系统内核）。出于这种目的，加上他对当时 UNIX 变种版本对于 80386 类机器的脆弱支持十分不满，他决定要开发出一个全功能的、支持 POSIX 标准的、类 UNIX 的操作系统内核。该系统吸收了 BSD 和 System V 的优点，同时摒弃了它们的缺点。

Linux 操作系统最初并没有被称作 Linux。林纳斯给他的操作系统取的名字是"Freax"，这个单词的含义是怪诞的、怪物、异想天开的。当林纳斯将他的操作系统上传到服务器 ftp.funet.fi 的时候，这个服务器的管理员艾瑞·莱姆克（Ari Lemke）对 Freax 这个名称很不赞成，所以将操作系统的名称改为了"Linus"的谐音词"Linux"，于是这个操作系统就以 Linux 流传了下来。

Tux（全称为 Tuxedo）是 Linux 的"吉祥物"。将企鹅作为 Linux 标志是由林纳斯提出的，如图 1-2 所示。

图 1-2　林纳斯和 Tux

在林纳斯的自传 *Just for Fun* 一书中，他解释说："艾瑞·莱姆克，他十分不喜欢 Freax 这个名字，倒喜欢我当时正在使用的另一个名字 Linux，并把我的邮件路径命名为 pub OS/Linux。我承认我并没有太坚持，但这一切都是他搞的。所以我既可以不惭愧地说自己不是那么以个人为中心，但是也有一点个人的荣誉感。而且个人认为，Linux 是一个不错的名字。实际上，在早期的源文件中仍然使用 Freax 作为操作系统的名字，从 Makefile 文件中可以看到此名字的痕迹。"

1.1.2　POSIX 标准

计算机系统可移植操作系统接口（Portable Operating System Interface of UNIX，POSIX）是由 IEEE 和 ISO/IEC 开发的一套标准。POSIX 标准是对 UNIX 操作系统的经验和实践的总结，并对操作系统调用的服务接口进行了标准化，保证所编写的应用程序在源代码一级可以在多种操作系统上进行移植。

在 20 世纪 90 年代初，POSIX 标准的制定处于最后确定的投票阶段，而 Linux 正处于诞生期。作为一个指导性的纲领性标准，POSIX 与 Linux 的接口标准相兼容。

1.1.3　GNU 通用公共许可证：GPL

GNU 来源于 20 世纪 80 年代初期，知名黑客理查德·马修·斯托尔曼（Richard Matthew Stallman，见图 1-3（左））在软件业引发的一场革命。当时的黑客是一个褒义词，指计算机安全领域的高手。他坚持认为软件应该是"自由"的，软件业应该发扬开放、团结、互助的精神。这种在当时看来离经叛道的想法催生了 GNU 计划。截至 1990 年，在 GNU 计划下诞生的软件包括文字编辑器（EMACS）、GNU 编译器套件（GCC）及一系列 UNIX 程序库和工具。1991 年，Linux 的加入让 GNU 实现了自己最初的目标，也就是创造一套完全自由的操作系统。

图 1-3　理查德·马修·斯托尔曼和 GNU 组织 LOGO

GNU 是 GNU's Not UNIX（GNU 不是 UNIX）的缩写。GNU 通用公共许可证（General Public License，GPL）协议是包括 Linux 在内的一批开源软件遵循的许可证协议。下面介绍 GPL 中的内容（这对于考虑部署 Linux 或者其他遵循 GPL 协议产品的企业是非常重要的）。

- 软件最初的作者保留版权。
- 其他人可以修改、销售软件，也可以在此基础上开发新的软件，但必须保证软件源代码向公众开放。
- 经过修改的软件仍然要受到 GPL 的约束，除非能够确定经过修改的部分是独立于原产品的。
- 如果软件在使用中引起了损失，开发人员不承担相关责任。

完整的 GPL 协议可以在互联网上通过各种途径（如 GNU 的官方网站）获得。GPL 协议已经被翻译成中文，读者可以在互联网中搜索"GPL"获得相关信息。

1.2　Linux 的版本

Linux 的版本分为发行版和内核版。要在 Linux 环境下进行工作，首先要找到合适的 Linux 发行版和 Linux 内核版，最终选择一款适合自己的 Linux 操作系统。本节对常用的发行版和内核版进行介绍，并简要讲解如何定制自己的 Linux 操作系统。

1.2.1　常见的 Linux 发行版

Linux 的发行版众多，本书中很难介绍众多发行版的特点。本小节只对常用的发行版进行简单的介绍，表 1-1 所示为常用的 Linux 发行版。读者可以去相关网址查找，选择适合的版本来使用。本书所使用的 Linux 发行版为 RHEL（Red Hat Enterprise Linux，红帽企业版 Linux）。

表 1-1　常用的 Linux 发行版

序号	版本名称	特点
1	RHEL	RHEL 是公共环境中表现较佳的服务器。它拥有自己的公司，能向用户提供一套完整的服务，这使它特别适合在公共网络中使用。RHEL 也使用最新的内核，还拥有大多数人都需要使用的主体软件包
2	Fedora CoreOS	Fedora CoreOS 拥有数量庞大的用户、优秀的社区技术支持，并且有许多创新点
3	Debian	Debian 拥有开放的开发模式，并且易于进行软件包升级
4	CentOS	CentOS 是一种对 RHEL 源代码进行再编译的产物。Linux 是开放源代码的操作系统，并不排斥基于源代码的再分发。CentOS 对商业的 RHEL 进行源代码再编译后分发，并在 RHEL 的基础上修正了很多已知的 bug。2014 年 CentOS 加入 Red Hat 公司
5	SUSE	SUSE 是专业的操作系统，开放易用的 YaST 软件包管理系统
6	Mandriva	Mandriva 操作界面友好，使用图形式配置工具，有庞大的社区进行技术支持，支持 NTFS 分区的大小变更
7	KNOPPIX	KNOPPIX 可以直接在 CD 上运行，具有优秀的硬件检测和适配能力。搭载 KNOPPIX 的 CD 可作为系统的急救盘使用
8	Gentoo	Gentoo 的可定制性好，使用手册完整
9	Ubuntu	Ubuntu 桌面环境优秀、易用，是基于 Debian 的不稳定版本构建的

1.2.2　常见的 Linux 内核

内核是 Linux 操作系统的最重要部分之一。从最初的 0.01 版本到 5.xx.xx 版本，Linux 内核架构已经十分稳定。Linux 内核的编号采用如下编号形式。

主版本号.次版本号.主版本补丁号.次版本补丁号

"2.6.32.67" 各数字的含义如下。

- 第 1 个数字（2）是主（大）版本号，它表示第 2 大版本。
- 第 2 个数字（6）是次（小）版本号，它有两个含义：既表示 Linux 内核大版本的第 6 个小版本，同时因为 6 是偶数，所以也表示稳定版。在 2.x 版本中，若为奇数则表示测试版；若为偶数则表示稳定版，但是从 3.x 版本开始这个规则就不适用了。
- 第 3 个数字（32）是主版本补丁号，它表示指定小版本的第 32 个补丁包。
- 第 4 个数字（67）是次版本补丁号，它表示补丁包的第 67 个小补丁。

在安装 Linux 操作系统的时候，可知 Linux 内核分为 Mainline Stable 和 Longterm 两个开发分支（个别发行版存在内核 RC 分支、测试版）。Mainline Stable 和 Longterm 都经过一定的稳定性测试，但仍然有一些 bug 是未知的。服务器应该采用无最新特性和功能的 Longterm 内核。Longterm 的更新和维护周期更长，对服务器稳定性有一定好处，而 Mainline Stable 的功能更新频繁，这样有可能在使用时造成不必要的麻烦。

本书中 Docker CE 环境需要 Linux Kernel Longterm 3.10.5 以上的版本，因各个发行版有自己的二进制内核软件仓库，读者在选择内核版时不需要重新编译内核，使用操作系统自带的内核就可以满足需要。在安装 Linux 操作系统的时候，最好不要采用发行版本号中小版本号是奇数的内核。

1.3　Linux 系统的内核架构及用途

从应用角度来看，Linux 系统分为内核空间和用户空间两个部分。内核空间是 Linux 操作系统的主要部分，但仅有内核的操作系统是不能完成用户任务的。丰富且功能强大的应用程序包是一个操作系统成功的必要条件之一。

1.3.1　Linux 内核的主要模块

Linux 内核主要由 5 个子系统模块组成：进程调度、内存管理、虚拟文件系统、网络接口、进程间通信。下面依次讲解这 5 个子系统。

1．进程调度

进程调度（SCHED）指的是系统对进程的多种状态进行转换的策略。Linux 的进程调度有以下 3 种策略。

（1）SCHED_OTHER 是针对普通进程的时间片轮转调度策略。在这种策略中，系统给所有运行状态的进程分配时间片。在当前进程的时间片用完之后，系统根据优先级选择进程运行。

（2）SCHED_FIFO 是针对实时性要求比较高、运行时间比较短的进程调度策略。在这种策略中，系统按照进入队列的先后顺序进行进程的调度，在没有优先级更高的进程到来或者当前进程没有因为等待资源而阻塞的情况下，当前进程会一直运行。

（3）SCHED_RR 是针对实时性要求比较高、运行时间比较长的进程调度策略。这种策略与 SCHED_OTHER 策略类似，只不过该策略的进程优先级要高得多。系统给进程分配时间片，然后按照时间片运行这些进程，最后将时间片用完的进程放入队列的末尾。

由于存在多种调度策略，因此 Linux 进程采用的是"有条件可剥夺"的调度方式。普通进程采用的是 SCHED_OTHER 的时间片轮转调度策略，实时进程可以剥夺普通进程。如果普通进程在用户空间运行，则普通进程立即停止运行，将资源让给实时进程。如果普通进程运行在内核空间，实时进程需要等系统调用返回用户空间后方可剥夺普通进程资源。

2．内存管理

内存管理（Memory Management）是多个进程间的内存共享策略。在 Linux 系统中，内存管理的主要对象是虚拟内存。

虚拟内存可以让进程拥有比物理内存更大的内存，虚拟内存的大小通常设置为物理内存的两倍。虚拟内存的分配策略是每个进程都可以公平地使用虚拟内存。每个进程的虚拟内存有不同的地址空间，多个进程的虚拟内存不会冲突。

3．虚拟文件系统

虚拟文件系统（Virtual File System，VFS）存在于内核软件层，它是一个软件机制，可作为物理文件系统与服务之间的一个接口。它对 Linux 的每个文件系统的所有细节进行抽象，使不同的文件系统在 Linux 内核以及系统中运行的其他进程看来都是相同的。严格说来，VFS 并不是一种实际的文件系统，它只存在于内存中，不存在于任何外存空间。VFS 在系统启动时建立，在系统关闭时消失。

VFS 支持的文件系统主要有如下 3 种类型。

（1）磁盘文件系统：管理本地磁盘分区中可用的存储空间或者其他可以起到磁盘作用的设备（如 U 盘）。常见的磁盘文件系统有 ext3、ext4、System5 和 BSD 等。

（2）网络文件系统：访问网络中其他计算机的文件系统所包含的文件。常用的网络文件系统有 NFS、AFS、CIFS 等。

（3）特殊文件系统：不管理本地或者远程磁盘空间。/proc 文件系统是特殊文件系统的一个范例。

4．网络接口

因为 Linux 是在 Internet 飞速发展的时期成长起来的，所以 Linux 支持多种网络接口。网络接口分为网络协议和网络驱动，网络协议是指网络传输的通信标准，而网络驱动是指网络设备的驱动程序。Linux 支持的网络设备多种多样，并且针对目前几乎所有网络设备都有驱动程序。

5．进程间通信

Linux 操作系统支持多进程，而进程之间需要进行数据的交流才能完成控制、协同工作等功能。Linux 的进程间通信是从 UNIX 系统继承过来的。Linux 下的进程间通信方式主要有管道方式、信号方式、消息队列方式、共享内存方式和套接字方式等。

1.3.2　Linux 的文件结构

　　与 Windows 的文件结构不同，Linux 不使用磁盘分区符号来访问文件系统，而是将整个文件系统表示成树状的结构。每增加一个文件系统，Linux 系统都会将其加入这棵"树"中。操作系统文件结构的开始处只有一个单独的顶级目录结构，该目录叫作根目录。该操作系统中一切都从"根"开始，用"/"表示，并且延伸到子目录。在 DOS/Windows 中，文件系统按照磁盘分区的概念分类，目录都存于磁盘分区上。Linux 则通过"挂载"的方式把所有磁盘分区都放置在"根"下的各个目录里。Linux 的文件结构示意图如图 1-4 所示。

　　不同 Linux 发行版的目录结构和目录具体实现的功能存在一些细微的差别，但主要的功能都是一致的。一些常用目录的作用如下。

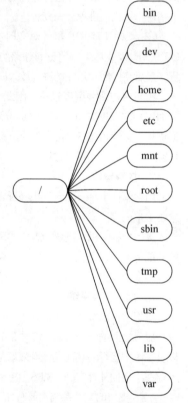

- /bin：大多数命令存放在这里。
- /dev：该目录下存放设备文件的特殊文件，如 fd0、had 等。
- /home：主要用于存放用户账号，并且可以支持 FTP 的用户管理。系统管理员增加用户时，系统在 home 目录下创建与用户账号同名的目录，此目录下一般默认有 Desktop 目录。
- /etc：该目录下包含绝大多数 Linux 系统引导所需要的配置文件。系统引导时读取配置文件，按照配置文件的选项进行不同情况的启动，例如 fstab、host.conf 等。
- /mnt：在 Linux 系统中，它是专门给外挂的文件系统使用的，其里面有两个文件 cdrom、floppy，分别在登录光驱、软驱时要用到。
- /tmp：用于临时性的存储。
- /usr：该目录下包含 src、local 等内容，Linux 的内核就在 /usr/src 中。其下有子目录/bin，存放用于安装语言的所有命令，如 gcc、perl 等。
- /lib：该目录下包含 C 编译程序需要的函数库，它们是一组二进制文件，如 glibc 等。
- /var：该目录下包含系统定义表，以便在系统运行改变时可以只备份该目录，如 cache。

图 1-4　Linux 的文件结构示意图

　　刚开始使用 Linux 的人比较容易混淆的是，Linux 中使用正斜线"/"，而在 DOS/Windows 中使用的是反斜线"\"。例如在 Linux 中，由于从 UNIX 集成的关系，路径用"/usr/src/Linux"表示，而在 Windows 中则用"\usr\src\Linux"表示。Linux 中更加普遍的问题是对大小写敏感，这样使得区分和注意字母的大小写变得十分重要，例如文件 Hello.c 和文件 hello.c 在 Linux 中不是同一个文件，而在 Windows 中则表示同一个文件。

1.3.3　Linux 系统的用途

　　大多数企业和个人都不会使用 Linux 作为桌面操作系统，而是主要将其作为应用服务器操作系统使用。经过一些大公司的大胆尝试，事实证明，Linux 完全可以担负起计算关键任务的责任，并且有很多 Linux 系统从开始运行至今从未系统中断。超长的无故障运行时间使 Linux 受到广大用户的青睐。Linux 系统的用途大致可以分为以下几类。

1. 虚拟化

从桌面虚拟化到云，现在又回到桌面虚拟化，美国 VMware 公司是虚拟化产品做得最早，也是目前做得比较好的一家公司，它的主要产品是基于 Linux 的。另外，Citrix 以及 Microsoft 等公司也是 VMware 公司的有力竞争者。

2. 数据库服务器

Oracle 公司和 IBM 公司都有企业级软件运行在 Linux 上。Linux 自身消耗的资源很少，因此它不会和数据库进行资源的抢夺。一个 RDBMS（关系数据库管理系统）需要一个稳定的、无内存泄漏的、快速磁盘输入/输出（Input/Output，I/O）和无 CPU 竞争的操作系统，Linux 就是这样的系统。全球已经有很多开发人员使用 LAMP/LNMP（Linux、Apache/Nginx、MySQL、Perl/PHP/Python）或 LAPP/LNPP（Linux、Apache/Nginx、PostgreSQL、Perl/PHP/Python）的技术组合作为开发平台，也有很多关键应用系统是应用上述的开发平台部署的。

3. Web 服务器

Apache 是被广泛使用的 Web 服务器之一，是企业公认的 Web 服务器标准。几乎所有的平台都支持 Apache 服务器，而超过 90% 的 Apache 都是搭配 Linux 运行的。

4. 应用服务器

Tomcat、Geronimo、WebSphere 和 WebLogic 都是 Java 应用服务器。Linux 为这些服务提供了一个稳定的、内存消耗很小的、可长时间运行的平台。IBM 公司和 Oracle 公司也都非常支持 Linux，逐渐将 Linux 作为其软件系统的首选运行平台。

5. 跳转盒

对于企业而言，跳转盒（Jump Box）是一个为从公共网络（如互联网）到安全网络（如客户端）提供的网关。这样一个免费的系统也可以为大量的用户提供服务，而相对应的 Windows 系统需要非常高昂的终端服务访问许可和客户端访问许可费用，并且对硬件的要求更高。

6. 日志服务器

Linux 是处理和存储日志文件的理想平台。处理和存储日志文件看起来是一项简单的任务，但 Linux 却以低成本、低硬件要求和高性能的优势成为许多需要日志服务人士的首选平台。许多大公司也经常使用 Linux 作为日志服务的低成本平台。

7. 开发平台

Linux 有许多开发工具，如 Eclipse、GCC、Mono、Python、Perl 和 PHP 等。目前来看，Linux 是世界上流行的开发平台之一，它包含成千上万的免费开发软件，这对全球开发者而言都是一个有利条件。

8. 监控服务

如果要做网络监控或系统性能监测，那么 Linux 是一个非常好的选择。如 Orca 和 sysstat 都是 Linux 上非常好的监控方案，IT 专业人员利用它们可以实现自动化监控。无论网络的规模如何，它们都能应付自如。

9. 入侵检测系统

除了上述用途之外，Linux 还是一款完美的入侵检测服务平台。因为它是免费的，并且可以运行在多种硬件平台上，所以它同时也是开源爱好者喜欢的平台。Linux 上最知名的入侵检测系统之一是 Snort，它也是开源的。

选择 Linux 的重要依据就是使用目的。企业和个人用户应该根据各自的需求为自己定制合适的 Linux 发行版，以最大程度地满足工作的需求，保证服务的质量。

1.4 Linux 与 UNIX 的比较

Linux 是 UNIX 操作系统的一个衍生/派生系统。可以说，没有 UNIX 就没有 Linux。但是 Linux 和传统的 UNIX 有很大的不同，两者之间的最大区别是关于版权的：Linux 是开放源代码的自由软件，而 UNIX 是对源代码实行知识产权保护的传统商业软件。两者之间主要有如下的区别。

（1）UNIX 操作系统大多数是与硬件配套的，操作系统与硬件进行了绑定。也就是说，大多数 UNIX 系统（如 AIX、HP-UX 等）是无法安装在 x86 服务器和 PC 上的，而 Linux 则可运行在多种硬件平台上。

（2）UNIX 操作系统是一种商业软件，而 Linux 操作系统则是一种自由软件，并且公开源代码。

（3）UNIX 的历史要比 Linux 的悠久，由于 Linux 操作系统吸取了其他操作系统的经验，其设计思想虽然源于 UNIX，但是优于 UNIX。

（4）虽然 UNIX 和 Linux 都是操作系统的名称，但 UNIX 除了是一种操作系统的名称外，作为商标，它归 SCO（Santa Cruz Operation，圣克鲁斯运营）公司所有。

（5）Linux 的商业化版本有 RHEL、SUSE Linux、Slakeware Linux，以及国内的红旗 Linux、Turbo Linux。UNIX 主要有 Sun 公司的 Solaris、IBM 公司的 AIX、HP 公司的 HP-UX 以及基于 x86 平台的 SCO UNIX/UNIXware 等。

（6）Linux 操作系统的内核是免费的，而 UNIX 的内核并不公开。

（7）在对硬件的要求上，Linux 操作系统比 UNIX 要求低，并且没有 UNIX 对硬件要求得那么苛刻。在系统的安装难易度方面，Linux 比 UNIX 容易得多。在使用难易程度方面，Linux 没有 UNIX 那么复杂。

总体来说，无论是在外观上还是在性能上，Linux 操作系统都与 UNIX 相同或者比 UNIX 更好，但是 Linux 操作系统有着不同于 UNIX 的源代码。在功能上，Linux 仿制了 UNIX 的一部分，与 UNIX 的 System5 和 BSD UNIX 相兼容。在 UNIX 上可以运行的源代码，一般情况下在 Linux 上重新进行编译后就可以运行，BSD UNIX 的执行文件甚至可以在 Linux 操作系统上直接运行。

1.5　安装 Linux

安装 Linux 操作系统的方法有很多种，如光盘安装、有人值守的网络安装和无人值守的网络安装等。无论我们采用哪种安装方法，都会在硬件系统上直接安装 Linux。由于 Windows 在特殊场景里有一定的不可代替性，因此事实上 Linux 经常安装在虚拟机软件上。

正如 1.3 节中所述，Linux 的用途主要集中在各种应用服务器，所以 Linux 的安装也会结合服务器的集群以及虚拟化，适当采用虚拟机的方式安装 Linux 操作系统。利用虚拟机软件可以在一台计算机上已有操作系统的前提下模拟出来若干台 PC，每台 PC 运行单独的操作系统而互不干扰，也可以实现一台计算机"同时"运行几个操作系统，还可以将这几个操作系统连成一个网络。

本节首先介绍一款目前常用的虚拟机软件 VMware，然后介绍通用的 Linux 安装过程。

1.5.1　VMware 简介

VMware（Virtual Machine ware）公司是一个"虚拟 PC"软件公司，其可提供服务器、桌面虚拟化的解决方案。VMware 虚拟机软件能使用 PC 运行虚拟机、融合器，是用户的桌面虚拟化产品。VMware 工作站（VMware Workstation）的软件开发商和企业的资讯科技人员可以使用虚拟分区的服务器、ESX（Elastic Sky X，是开发代号的缩写）服务器（一种能直接在硬件上运行的企业级虚拟平台，其架构如图 1-5 所示）以及虚拟的对称式多处理机（Symmetrical Multi-Processing，SMP），VMware 虚拟机软件能让一个虚拟机同时使用 4 个

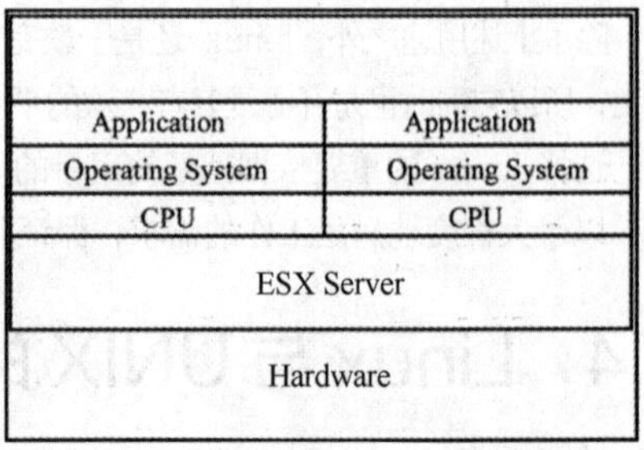

图 1-5　VMware ESX 服务器的架构

物理处理器，能使多个 ESX 服务器分享块存储器。该公司还提供一个虚拟中心来控制和管理虚拟化的 IT 环境，这个虚拟中心包括的组件及功能如下。

- VMotion：让用户可以移动虚拟机。
- DRS：通过物理处理器创造资源工具。
- HA：提供硬件故障自动恢复功能。
- 综合备份：使 LAN-Free 自动备份虚拟机。
- VMotion 存储器：允许虚拟机磁盘自由移动。
- 更新管理器：自动更新修补程序和更新管理。
- 能力规划：VMware 公司的服务供应商执行能力评估。
- 转换器：把本地和远程物理仪器转换到虚拟机。
- 实验室管理：自动化安装、捕捉、存储和共享。
- 多机软件配置：允许桌面系统管理企业资源，以防止不可控台式计算机带来的风险。
- 虚拟桌面基础设施：可主导 PC 在虚拟机上运行的中央管理器和虚拟桌面管理，它是联系用户到数据库中的虚拟机的桌面管理服务器。
- VMware 生命管理周期：可通过虚拟环境提供控制权，实现物理计算机的复用。

1.5.2 VMware 主要产品

1. VMware 工作站

VMware 工作站作为 VMware VMPlayer（VMware VMPlayer 是免费的）增强版软件，它包含一个用于与 Intel x86 架构兼容的计算机操作系统的虚拟机套装，允许多个 x86 和 AMD64（x86_64）虚拟机同时被创建和运行。每个虚拟机实例可以运行自己的客户端操作系统，如 Windows、Linux、BSD 衍生版本等。用简单术语来描述就是，VMware 工作站允许一台真实的计算机同时运行数个操作系统。其他 VMware 产品可帮助在多个宿主计算机之间管理或移植 VMware 虚拟机。

将工作站和服务器转移到虚拟机环境中可使系统管理简单化、缩减实际的底板面积，并减少对硬件的需求。

2. VMware 服务器

2006 年 7 月 12 日，VMware 公司发布了 VMware 服务器产品的 1.0 版本。VMware 服务器（VMware Server，旧称 VMware GSX Server）可以创建、编辑、运行虚拟机。VMware 公司将 VMware 服务器产品作为单独付费的产品出售，这是因为希望用户最终能选择升级至 VMware ESX 服务器产品。

3. VMware ESX 服务器

VMware ESX 服务器使用了一个用来在硬件初始化后替换原 Linux 剥离所有权的内核，该产品基于美国斯坦福大学的 SimOS。ESX 服务器 3.0 的服务控制平台源自一个 RHEL 7.2 修改的版本——它是作为一个用来加载 VMkernel 的引导加载程序来运行的，并提供了各种管理界面，如命令行界面（CLI）、浏览器界面、远程控制台。该虚拟化系统管理的方式提供了更小的管理开销以及更好的控制和为虚拟机分配资源时能达到的粒度（指精细的程度），同时也增强了安全性，从而使 VMware ESX 服务器成为一种企业级产品。

1.5.3 安装 RHEL 7/CentOS 7

在安装过程中可以对硬盘分区（建议在安装之前使用专门的分区工具对硬盘进行分区）。

分区是一个难点。在分区之前，我们建议读者备份重要的数据。

1．硬盘设备

在 Linux 系统中，一切都以文件的方式存放于系统中（包括硬盘），这是 Linux 操作系统与其他操作系统的本质区别之一。根据硬盘的接口技术不同，目前常见的硬盘种类有以下 3 种。

① 串行先进技术总线附属接口（Serial Advanced Technology Attachment，SATA）硬盘。

② 小型计算机系统接口（Small Computer System Interface，SCSI）硬盘。

③ 串行小型计算机系统接口（Serial Attached SCSI，SAS）硬盘。

2．硬盘分区

（1）Linux 硬盘分区命名

Linux 通过字母和数字的组合对硬盘分区进行命名，如 hda2、hdb6、sda1 等。

（2）Linux 硬盘分区方案

安装 RHEL 7 时，需要在硬盘建立 Linux 使用的分区。在大多情况下，建议至少为 Linux 建立以下 3 个分区。

① /boot 分区：该分区用于引导系统，占用的硬盘空间很少，其中包含 Linux 内核及 GRUB 的相关文件，分区大小建议为 500MB 左右。

② /（根）分区：Linux 将大部分的系统文件和用户文件都保存在根分区上，所以该分区一定要足够大，分区大小建议为 20GB 左右。

③ swap 分区：该分区的作用是充当虚拟内存，原则上是物理内存的 1.5～2 倍（当物理内存大于 1GB 时，swap 分区为 1GB 即可）。例如，物理内存为 128MB，那么 swap 分区的大小应该为 192～256MB。

 /、/boot、/home、/tmp、/usr、/var、/opt、swap 可安装在独立的分区上。

实例 1-1　硬盘安装 RHEL 7。

下面介绍硬盘安装 RHEL 7 的详细过程。

假设对硬盘按照以下方案进行分区。

Windows 分区：

```
C:WINDOWS XP/7/8  50GB              // /dev/sda1
D:                                  // /dev/sda5
E:                                  // /dev/sda6
F:                                  // /dev/sda7
G:                                  // /dev/sda8
```

Linux 分区：

```
/          20GB     ext4/xfs        // /dev/sda9
/boot      500MB    ext3            // /dev/sda10
/opt       30GB     ext3            // /dev/sda11
swap       1～2GB   swap            // /dev/sda12
```

第 1 步：存放光盘镜像文件及安装分区工具等。

rhel-server-7.0-x86_64-dvd.iso 的大小为 3.34GB 左右。如果安装 CentOS-7.0-1406-x86_64-DVD.iso（大小为 4.12GB 左右），则不能将它放在 FAT32 分区（FAT32 分区里单个文件的大小不能大于 4GB）中，而是要将其放在 ext3 分区（/opt）中。

下载在 Windows 下读写 ext2/ext3 分区的工具 Ext2Fsd-0.51，安装并运行。

为 ext3 分区分配盘符。用鼠标右键单击该分区，在弹出的快捷菜单中选择【更改装点盘符】→【工具与设置】→【配置文件系统驱动】，或者用鼠标右键单击该分区，在弹出的快捷菜单中选择【配置文件系统】。

第2步：解压 isolinux、images 目录。

把 rhel-server-7.0-x86_64-dvd.iso（或 CentOS-7.0-1406-x86_64-DVD.iso）的 isolinux、images 目录解压到 ext3 分区中。

 下面又分为两种情况：一，基于 Windows XP 硬盘安装 RHEL 7/CentOS 7；二，基于 Windows 7/8 硬盘安装 RHEL 7/CentOS 7。

第3步（Windows XP）：下载 Grub For Dos（grub4dos 0.4.4），将其解压后，把里面的文件和文件夹复制到 C:\下。

第4步（Windows XP）：修改 boot.ini，在最后添加一行 C:\grldr="GRUB For Dos"，保存并退出。

或第3步（Windows 7/8）：下载、安装 EasyBCD。

或第4步（Windows 7/8）：打开 EasyBCD，选择【Add New Entry】→【Neo Grub-Install】。

第5步：编辑 menu.lst（Windows XP 中是 C:\menu.lst），添加如下几行。

```
title Install-RHEL7/CentOS7
    root (hd0,10)                              //注意(hd0,10)和下面的sda11都表示ext3分区
    kernel /isolinux/vmlinuz linux repo=hd:/dev/sda11:/
    initrd /isolinux/initrd. img
    boot
```

第6步：重启系统，依次选择【GRUB For Dos】→【Install-RHEL7/CentOS7】。

第7步：选择安装过程中的语言，如选择【Chinese(Simplified)】，单击【继续】按钮，即可进入安装信息摘要的中文界面，如图1-6所示。安装好系统后，再配置网络参数。

 安装过程中的语言不是指 Linux 系统所用语言，而是安装过程中安装界面上显示的语言。

第8步：本地化（日期和时间、键盘、语言支持）设置。

在图1-6中，单击【本地化】中的【日期和时间】，修改系统时区，地区选择【亚洲】，城市选择【上海】。

在图1-6中，单击【本地化】中的【键盘】，选择【汉语】键盘布局。

在图1-6中，单击【本地化】中的【语言支持】，建议选择【中文】→【简体中文（中国）】。

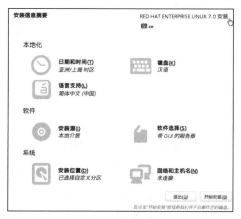

图1-6　集中配置界面

第9步：软件（安装源、软件选择）设置。

在图1-6中，单击【软件】中的【安装源】，选择【自动检测到的安装介质】。利用硬盘安装时，前面的安装步骤设置好后，系统会自动检测到.iso文件，即 rhel-server-7.0-x86_64-dvd.iso。

在图1-6中，单击【软件】中的【软件选择】，打开的界面如图1-7所示。

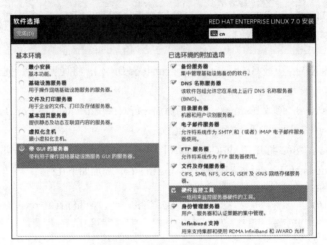

图1-7　软件选择界面

在图1-7中，可选的软件组类型较多，而且默认安装的是一个非常小的、甚至不完整的系统，我们可以根据自己的具体需求进行选择。初学者建议选择【带GUI的服务器】。

第10步：系统安装目标位置设置。

在图1-8中可以选择存储设备为【本地标准磁盘】，也可以选择【添加硬盘】。如果不希望自动配置分区，也可以选择【其他存储选项】中的【我要配置分区】进行自定义的分区配置。单击【系统】中的【安装位置】，创建20.48GB存储空间，单击【继续】按钮，打开的界面如图1-9所示。

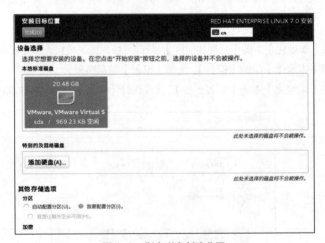

图1-8　指定磁盘创建分区

如图1-9所示，首先创建根分区，在【挂载点】文本框中输入"/"，在【文件系统】下拉列表中选择【xfs】，指定【期望容量】大小为17.51GB；再创建swap分区，在【挂载点】文本框中输入"swap"，在【文件系统】下拉列表中选择【swap】，指定【期望容量】大小为2GB；最后创建boot分区，在【挂载点】文本框中输入"/boot"，【文件系统】下拉列表中选择【ext4】，指定【期望容量】大小为500MB。

图 1-9　手动分区

完成手动分区后，单击【完成】按钮，在接下来打开的界面中单击【接受更改】按钮，如图 1-10 所示，确认对硬盘分区进行格式化操作。

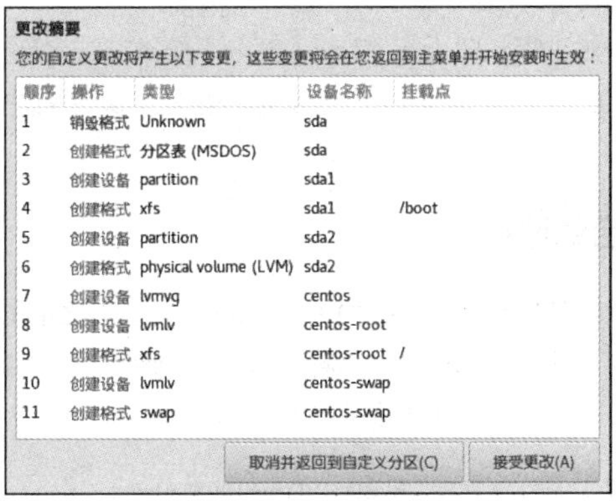

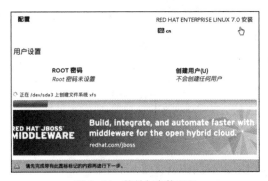

图 1-10　分区确认

第 11 步：安装软件包。完成以上操作后，单击【开始安装】按钮，进入软件包安装过程，这个安装过程需要一段时间，用户请耐心等待，界面如图 1-11 所示。

在图 1-11 中，单击【ROOT 密码】按钮，为系统中的超级用户（root 用户）设置一个密码，超级用户账号具有最高权限。注意，该密码很重要，其至少为 6 个字符及 6 个字符以上（含有特殊字符）。

图 1-11　软件包安装界面

在图 1-11 中，单击【创建用户】按钮，可以创建普通用户，这里建议创建一个。

较长时间的安装过程完成后，单击【重启】按钮。

第 12 步：登录后打开 GNOME 桌面。重启 RHEL 7 后将首次出现启动选择菜单，选择【Linux】菜单项，启动 Linux 操作系统。随后，将进行首次引导配置（第一次启动并进入 RHEL 7 时需要），读者可以根据提示进行相关的设置，大多数情况下是单击【前进】按钮。最后出现登录界面，安装后的初始化过程到此结束。

1.6　RHEL 的启动流程

1.6.1　RHEL 7 的大概启动流程

启动的流程分为以下几步。

第 1 步：从基本输入/输出系统（Basic Input Output System，BIOS）到内核（或者从 BIOS Extensible Firmware Interface System Partition（可扩展固件接口系统分区）到 GRUB 2）。

（1）把 GRUB 安装在 MBR（Master Boot Record，主引导记录）上。

（2）把 GRUB 安装在 Linux 分区。

第 2 步：从内核到 Login Prompt（登录提示）。

内核执行之后，将生成第一对进程，即 init 和 rc（部分系统放弃或者部分放弃 systemd，进程管理使用 OpenRC），也就是执行/sbin/init。init 根据/etc/inittab 运行相应的脚本来进行系统的初始化，如设置键盘、字体、装载模块和网络等。

1.6.2　RHEL 7 的详细启动流程

在 RHEL 7 中，SysVinit 软件包中的 init 已经由 systemd 替换。与之前的版本相比，RHEL 7 的启动流程发生了比较大的变化。熟悉其启动流程非常重要，这样对系统的排错有很大帮助。

（1）第 1 阶段：BIOS Legacy（遗留）初始化（见图 1-12）。

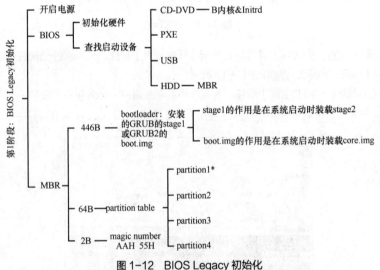

图 1-12　BIOS Legacy 初始化

（2）第 2 阶段：GRUB/GRUB 2 启动引导（见图 1-13、图 1-14）。

（3）第 3 阶段：内核引导（见图 1-13、图 1-14）。

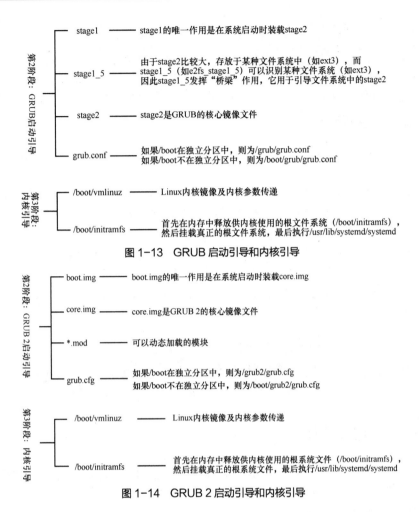

图 1-13　GRUB 启动引导和内核引导

图 1-14　GRUB 2 启动引导和内核引导

/boot 文件夹中文件的说明如表 1-2 所示。

表 1-2　/boot 文件夹中文件的说明

文件	说明
config-3.10.0-121.el7.x86_64	系统内核的配置文件，内核编译完成后保存的就是这个配置文件
grub2	开机管理程序 GRUB 相关数据目录
initramfs-3.10.0-121.el7.x86_64.img	VFS 的文件，它是 Linux 系统启动时模块供应的主要来源
symvers-3.10.0-121.el7.x86_64.gz	模块符号信息
system.map-3.10.0-121.el7.x86_64	系统内核中的变量对应表，也可以理解为索引文件
vmlinuz-3.10.0-121.el7.x86_64	用于启动的压缩内核镜像文件，是/arch/\<arch\>/boot 中的压缩镜像文件

（4）第 4 阶段：systemd。在内核加载完毕并进行完硬件检测与驱动程序加载后，主机硬件已经准备就绪了，这时候内核会启动一号进程（/usr/lib/systemd）。

在 RHEL 7 系统中，/etc/inittab 文件不再使用。该文件只有一些注释信息，内容如下。

```
# inittab is no longer used when using systemd.
# ADDING CONFIGURATION HERE WILL HAVE NO EFFECT ON YOUR SYSTEM.
# Ctrl-Alt-Delete is handled by /etc/systemd/system/ctrl-alt-del.target
```

```
# systemd uses 'targets' instead of runlevels. By default, there are two main targets:
# multi-user. target: analogous to runlevel 3
# graphical. target: analogous to runlevel 5
# To set a default target, run:
# ln -sf /lib/systemd/system/<target name>.target /etc/systemd/system/default.target
```

1.6.3 Linux 的运行级别

Linux 操作系统共有 7 个运行级别，每个级别对应相应的启动进程，用户可以根据操作系统的用途来调整级别。

运行级别是指操作系统当前正在运行的功能级别。从 0 到 6 的各个级别具有不同的功能。Linux 功能强大，为了适应不同用户对服务的启动配置要求，它提供了运行级别。这些级别在/etc/inittab 文件中指定。由 init 进程自动加载后，进入相应的运行级别（0~6）。每个级别都包含这个级别将要启动的 Linux 服务项目，不同级别将要启动的服务不尽相同。所有的服务脚本都存放在/etc/rc.d/init.d 目录下，我们可以使用命令 ls/etc/rc.d/init.d 查看。0~6 运行级别的配置服务脚本分别存放在/etc/rc.d 目录下的 rc0.d, rc1.d, …, rc6.d 下，我们可以使用 ls 命令查看。我们还可以使用 init 命令来改变当前系统的运行级别，例如，init 0 实际上就表示关机的命令，init 6 就表示重启系统的命令（其他见 8.4.1 小节）。

 很多入侵者千方百计地提升权限来将运行级别改成 6 或 0。

1.7 Linux 的 GUI

图形用户界面（Graphical User Interface，GUI）又称图形用户接口，它是指采用图形方式显示的计算机操作用户界面。一个桌面环境（Desktop Environment），有时称为桌面管理器，其可为计算机提供 GUI。但严格来说，窗口管理器和桌面环境是有区别的。桌面环境结合 Xorg 客户端来提供通用 GUI 元素，如图标、工具栏、壁纸等。大多数桌面环境提供一套整合的应用程序和实用工具。此外，桌面环境自带的程序与该桌面环境的整合效果是最理想的。其他的小型窗口管理器有很多，例如 Openbox、i3、Awesome 等都是常用的 X Windows 窗口管理器。

1.7.1 KDE Plasma 与 GNOME

KDE Plasma（K Desktop Environment Plasma）和 GNOME 是 Linux 中常用的图形界面操作环境。KDE 不仅是一个窗口管理器，还有很多配套的应用软件和方便使用的桌面环境，如任务栏、开始菜单、桌面图标等。GNOME 是 GNU Network Object Model Environment 的缩写。与 KDE 一样，GNOME 也是一个功能强大的综合环境。另外，其他 UNIX 系统常常使用 KDE 作为桌面环境。

1.7.2 KDE Plasma 安装和切换

KDE 是由 Plasma 桌面环境、库、框架（KDE Frameworks）和应用组成的软件项目，是一种运行于 Linux、UNIX 以及 FreeBSD 等操作系统上的自由图形式桌面环境。整个系统采用的都是挪威 Trolltech 公司所开发的 Qt 程序库（现属于芬兰 Digia 公司）。KDE 是 Linux 操作系统上流行的桌面环境之一，它为用户提供一个网络透明的现代化桌面环境。

此外，KDE 是 UNIX 上可用的、易于使用的现代桌面环境。KDE 和一些如 Linux 这样自由的类 UNIX 系统

一起组成一个对任何人都可用、可修改其源代码的完全自由和开放的计算平台，而且完全免费。同时，KDE
还发布了大量可用的、能与商业操作系统/桌面组合的合适替代品，为计算机用户带来一个开放、可靠、稳定
和专利自由的计算环境。KDE 深受世界范围内的科学家和计算机专业人士的喜爱。

KDE/KDE Plasma 的安装命令如下。

```
[root@localhost ~]# yum groups install KDE Desktop\Debugging\and\Performance\Tools
已加载插件: fastestmirror和langpacks
Repository base is listed more than once in the configuration
Repository updates is listed more than once in the configuration
没有安装组信息文件:
Maybe run: yum groups mark convert (see man yum)
Loading mirror speeds from cached hostfile
 * base: mirrors.aliyun.com
 * elrepo: mirrors.tuna.tsinghua.edu.cn
 * extras: mirrors.aliyun.com
 * updates: mirrors.aliyun.com
base                                          | 3.6 KB    00:00
docker-ce-stable                              | 3.5 KB    00:00
elrepo                                        | 2.9 KB    00:00
extras                                        | 2.9 KB    00:00
updates                                       | 2.9 KB    00:00
警告: 分组desktop-debugging不包含任何可安装软件包
正在解决依赖关系
--> 正在检查事务
--> 软件包akonadi.x86_64.0.1.9.2-4.el7会被安装
--> 正在处理依赖关系qt4(x86-64)>=4.8.5, 它被软件包akonadi-1.9.2-4.el7.x86_64需要
--> 正在处理依赖关系libsoprano.so.4()(64bit), 它被软件包akonadi-1.9.2-4.el7.x86_64需要
事务概要
安装50个软件包(+147个依赖软件包)
总下载量: 189MB
安装大小: 572MB
Is this ok [y/d/N]: y
Downloading packages:
(1/197): LibRaw-0.19.2-1.el7.x86_64.rpm          | 308 KB   00:00
(2/197): OpenEXR-libs-1.7.1-7.el7.x86_64.rpm     | 217 KB   00:00
(3/197): akonadi-1.9.2-4.el7.x86_64.rpm          | 725 KB   00:01
(4/197): akonadi-mysql-1.9.2-4.el7.x86_64.rpm    | 16 KB    00:00
总计:                              2.3 MB/s | 189 MB   01:21
Running transaction check
Running transaction test
Transaction test succeeded
Running transaction
  正在安装   : kde-filesystem-4-47.el7.x86_64              1/197
  正在安装   : ruby-libs-2.0.0.648-36.el7.x86_64           2/197
  验证中     : khotkeys-4.11.19-13.el7.x86_64            195/197
  验证中     : kwrite-4.10.5-6.el7.x86_64                196/197
  验证中     : xcb-util-keysyms-0.4.0-1.el7.x86_64       197/197
已安装:
  akonadi.x86_64 0:1.9.2-4.el7
  akonadi-mysql.x86_64 0:1.9.2-4.el7
  ark.x86_64 0:4.10.5-4.el7
```

```
    bluedevil.x86_64 0:2.1-1.el7
    xcb-util-image.x86_64 0:0.4.0-2.el7
    xcb-util-keysyms.x86_64 0:0.4.0-1.el7
完毕!
[root@localhost ~]# echo "exec startkde">> ~/.xinitrc
[root@localhost ~]# startx
```

安装操作系统时安装 KDE，如图 1-15 所示。

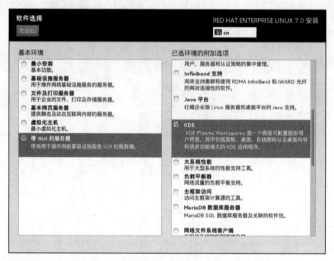

图 1-15　安装操作系统时安装 KDE

打开 Kick off 应用程序启动器，选择【应用程序】→【设置】→【系统设置】，打开 KDE 控制中心。打开 KDE 控制中心后，界面中将对 KDE 控制中心的主要配置选项进行简单介绍，此时切换到 Plasma。

KDE 工具列表如图 1-16 所示。

图 1-16　KDE 工具列表

KDE 显示活动管理器，如图 1-17 所示。

图 1-17　KDE 显示活动管理器

KDE Kick off 程序管理器如图 1-18 所示。

图 1-18　KDE Kick off 程序管理器

1.7.3　GNOME 安装和切换

　　GNOME 是一个简单、易用的桌面环境。GNOME 控制面板（Panel）是 GNOME 操作界面的核心，用户可以通过它启动应用软件、运行程序和访问桌面区域。GNOME 控制面板内容很丰富，一般包括主菜单、程序启动器图标、工作区切换器、窗口列表、通知区域、插件小程序等。RHEL 7 中不提供 GNOME 桌面环境，CentOS 7 中支持 GNOME 桌面环境。用户可以在初始定制安装 CentOS 7 时选择安装选项进行安装，CentOS 7 中安装 GNOME 桌面的界面如图 1-19 所示。

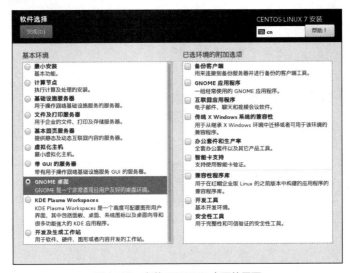

图 1-19　安装 GNOME 桌面的界面

执行命令如下。

```
[root@localhost ~]# yum groups install GNOME Desktop\Debugging\and\Performance\Tools
[root@localhost ~]# echo "exec gnome-session">> ~/.xinitrc
[root@localhost ~]# startx
```

GNOME 应用程序工具如图 1-20 所示。

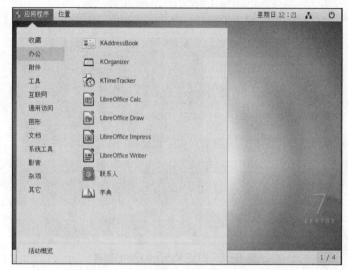

图 1-20　GNOME 应用程序工具

GNOME 位置如图 1-21 所示。

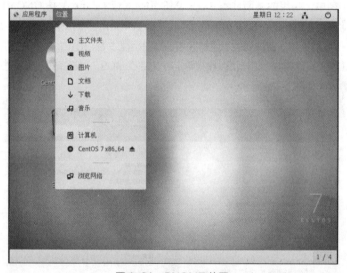

图 1-21　GNOME 位置

本章小结

　　Linux 操作系统目前已经成为网络服务器和软件开发（尤其是嵌入式和内核开发）的主要操作系统之一。了解与 Linux 操作系统相关的技术是计算机工作者非常必要的一项学习任务。

　　本章先介绍 Linux 的发展历史、简述 UNIX 的发展以及 Linux 的相关技术标准，同时介绍 Linux 的发行版和内核版以便读者今后能够有目的地选择适合自己的操作系统版本，还详细介绍 Linux 的系统架构和用途。接下来，本章介绍目前流行的虚拟机系统 VMware，又介绍 RHEL 7 的安装过程与启动过程，以便读者能够对 Linux 有一个初步的认识，并能够架设 Linux 操作系统环境。最后，本章还介绍了 Linux 操作系统的 GUI，同时介绍在不同发行版中 KDE 和 GNOME 两种桌面环境的安装过程。

思考与练习

一、选择题

1. Linux 操作系统的创始人和主要设计者是（　　）。

A. 蓝点 Linux   B. AT&T 公司的贝尔实验室

C. 赫尔辛基大学   D. Linus Torvalds

2. Linux 内核遵守的许可条款是（　　）。

A. GDK   B. GDP

C. GPL   D. GNU

3. Linux 通过 VFS 支持多种不同的文件系统，Linux 默认的文件系统是（　　）。

A. VFAT   B. ISO 9660

C. ext 系列   D. NTFS

4. 关于 swap 分区，下列叙述正确的是（　　）。

A. 用于存储备份数据的分区

B. 用于存储内存出错信息的分区

C. 在 Linux 引导时用于装载内核的分区

D. 作为虚拟内存的一个分区

5. 在下列分区中，Linux 默认的分区是（　　）。

A. FAT32   B. ext3

C. FAT   D. NTFS

6. 自由软件的含义是（　　）。

A. 用户不需要付费   B. 软件可以自由修改和发布

C. 只有软件作者才能向用户收费   D. 软件发行商不能向用户收费

二、填空题

1. Linux 的版本分为_____和_____。

2. 如果计算机目前只有一块 SATA 硬盘，现插入一个 U 盘，显示的名称应为_____。

3. 关闭 Linux 系统的命令为_____。

4. 安装 Linux 时最少需要两个分区，分别是_____和_____。

5. Linux 操作系统为用户提供了两种接口，分别是_____和_____。

6. VFS 支持的文件系统类型为_____、_____、_____。

7. 在 Linux 的 GNOME 桌面中拖曳是桌面操作的主要方式之一，它包括_____、_____两种。

三、简答题

1. Linux 创始人是谁？Linux 操作系统的诞生、发展和成长过程始终依赖着的重要支柱都有哪些？

2. 简述在虚拟机中安装 RHEL 7 的过程。

3. 简述 Linux 的几个运行级别及其相应的含义。

4. 简述 Linux 系统的运行级别及各个级别适应的场合。

5. 简述 RHEL 7 中改变文件管理器的属性设置步骤。

6. Linux 内核主要由几个部分组成？每个部分的作用是什么？

7. 叙述 Linux 操作系统的 3 个主要部分及其功能。

8. 比较 RHEL 7 的 GUI 中 KDE 和 GNOME 的异同，分析 KDE 的优势。

9. 在 RHEL 7 的 KDE Plasma 中结合面板、桌面、K 菜单和文件管理器，简述选择 KDE 的不同风格。

10. GNOME 操作界面与 Windows 操作系统的界面有哪些相同和不同？

11. 在 GNOME 的风格设置中能改变 GNOME 控制面板、桌面、窗口管理器和文件管理器的属性，请试着操作，看看有什么变化。

12. GNOME 的文件图标可以被自由选择，并且大小可变，请试着操作。

第2章

系统管理

Linux 操作系统的设计目标就是为许多用户同时提供服务。为了给用户提供更好的服务，系统管理员需要进行合适的系统管理。本章主要介绍用户和组管理、进程管理、服务管理。

2.1　用户和组管理

Linux 是一款多用户、多任务的操作系统，它允许多个用户同时使用系统。为了保证用户之间的独立性，它允许用户保护自己的资源不受非法访问。为了使用户之间可以共享信息和文件，它也允许用户分组工作。

当安装好 Linux 后，系统默认的账号为 root，即系统管理员账号。该账号对系统有完全的控制权，可对系统进行任何设置和修改。下面介绍进行用户和组管理的相关命令使用方法。

2.1.1　用户管理

Linux 系统中存在 3 种用户：超级用户、系统用户和普通用户。系统中的每一个用户都有一个 ID，ID 是区分用户的唯一标志。

① 超级用户的 ID 是 0。

② 系统用户的 UID 范围在 RHEL 7/CentOS 7 中为 1～999，在之前的版本中为 1～499，但大多数 ID 是不能登录的，因为它们的登录 Shell 为/sbin/nologin。

③ 普通用户的 ID 范围在 RHEL 7/CentOS 7 中为 1000～65535，在之前的版本中为 500～65535。

用户默认配置信息存放在/etc/login.defs 文件中，用户基本信息存放在/etc/passwd 文件中，用户密码等安全信息存放在/etc/shadow 文件中。在这里介绍有关用户管理的几个命令：useradd、passwd、userdel、usermod、chage、su。

1. useradd 命令

语法：useradd [选项] [用户账号]

功能：创建用户账号。账号创建好之后，再用 passwd 设置账号密码，也可以用 userdel 删除账号。使用 useradd 命令创建的账号被保存在/etc/passwd 文件中。useradd 命令常用选项及其功能如表 2-1 所示。

用 useradd 命令添加一个名为 username 的用户，useradd 命令会自动把/etc/skel 目录中的文件复制到用户的主目录，并设置适当的权限（除非添加用户时用-m 选项，即用命令 useradd -m xxx）。

用户能否使用 Linux 系统取决于该用户在系统中有没有账号。

表 2-1　useradd 命令常用选项及其功能

选项	功能	选项	功能
-c	加上备注文字。备注文字保存在 passwd 文件的备注栏中	-m	自动创建用户的主目录
-d	指定用户登录时的起始目录	-M	不要自动创建用户的主目录
-D	变更默认值	-n	取消创建以用户为名的组
-e	指定账号的有效期限	-r	创建系统账号
-f	指定在密码过期后多少天关闭该账号	-s	指定用户登录后所使用的 Shell
-g	指定用户所属的组	-u	指定用户 ID
-G	指定用户所属的附加组	—	—

2. passwd 命令

语法：passwd [选项] 用户账号

功能：passwd 命令可以用于超级用户更改自己的密码（或口令），也可以更改别人的密码。如果 passwd 命令后面没有用户账号，就表示更改超级用户自己的密码。如果 passwd 命令后面有一个用户账号，就表示为这个用户设置或更改密码。当然，用户账号必须是已经用 useradd 命令添加的账号才可以。只有超级用户可以修改其他用户的密码，普通用户只能用不带选项的 passwd 命令修改自己的口令。在早期的 Linux 版本中，经过加密程序处理的口令存放在 passwd 文件的第二个字段中。但是为了防范有人对这些加密过的密码进行破解，Linux 把这些加密过的密码移到/etc/shadow 文件中，而原来的/etc/passwd 文件中放置密码的地方只留一个 x 字符；对/etc/shadow 文件只有超级用户有读取的权限，这就叫作"影子账户"功能。

出于系统安全考虑，Linux 系统中的每一个用户除了有用户账号外，还有其对应的用户口令。因此，使用 useradd 命令后，还要使用 passwd 命令为每一位新增加的用户设置口令。passwd 命令常用选项及其功能如表 2-2 所示。

表 2-2　passwd 命令常用选项及其功能

选项	功能
-d	删除账号的密码，只有具备超级用户权限的用户才可以使用
-l	锁定已经命名的账号，只有具备超级用户权限的用户才可使用
-n	设置最小密码使用时间（单位为天），只有具备超级用户权限的用户才可使用
-S	检查指定用户的密码认定种类，只有具备超级用户权限的用户才可使用
-u	解开账号锁定状态，只有具备超级用户权限的用户才可使用
-x	设置最大密码使用时间（单位为天），只有具备超级用户权限的用户才可使用

实例 2-1　添加用户。

下面介绍添加用户步骤。

第 1 步：添加用户账号 ccutsoft。

添加用户账号 ccutsoft 会自动在/home 处产生一个目录 ccutsoft 来放置该用户的文件，这个目录叫作主目录（Home Directory）。该用户的主目录是/home/ccutsoft，创建其他用户也是如此。但超级用户的主目录与上面不一样，其主目录是/root。

第 2 步：为 ccutsoft 设置口令。

为 ccutsoft 设置口令，在"New UNIX password:"后面输入新的口令（在屏幕上看不到这个口令的具体值）。如果口令很简单，系统将会给出提示信息，要求输入新口令。输入正确后，这个新口令被加密并放入/etc/shadow 文件中。选取一个不易被破译的口令是很重要的。口令应该至少有 6 位（最好是 8 位）字符，并且应该是大小写字母、标点符号和数字混合的。

第 3 步：查看 passwd 文件的变化。

口令设置好后，查看 passwd 文件的变化。以下是添加用户 ccutsoft 之前的 passwd 文件内容。

```
by 0Profile:/var/lib/oprofile:/sbin/nologin
50 tcpdump:x:72:72::/:/sbin/nolgoin
```

以下是添加用户 ccutsoft 之后的 passwd 文件内容。

```
by 0Profile:/var/lib/oprofile:/sbin/nologin
50 tcpdump:x:72:72::/:/sbin/nolgoin
51 ccutsoft:x:1001:1001::/home/ccutsoft:/bin/bash
```

passwd 文件中字段的安排如下。

```
用户账号:密码:UID:GID:用户描述:用户主目录:用户登录Shell
```

/etc/shadow 文件中字段的安排（包括 8 个冒号和 9 个字段）如下。

用户账号：密码：上次改动密码的日期：密码不可被改动的天数：密码需要重新变更的天数：密码需要变更期限和警告期限：账号失效期限：账号取消日期：保留

 用户标识码（UID）和组标识码（GID）的编号从 1000 开始。如果创建用户账号或组时未指定标识码，那么系统会自动指定从 1000 开始且尚未使用的号码。

3. userdel 命令

语法：userdel [–r] [用户账号]

功能：删除用户账号及其相关的文件。如果不加选项，那么只会删除用户账号，而不会删除该账号的相关文件。

选项：–r 表示删除用户主目录以及目录中的所有文件。

使用 userdel 命令删除用户的操作如下。

```
[root@localhost ~]# ls /home
ccutsoft
[root@localhost ~]# userdel - r ccutsoft
[root@localhost ~]# ls /home
[root@localhost ~]#
```

第 1 步：查看有哪些用户主目录。

第 2 步：执行带–r 选项的 userdel 命令。

第 3 步：查看用户主目录的变化。

如果要临时禁止用户登录系统，那么不用删除用户账号，此时可以采取临时查封用户账号的办法。具体方法为编辑口令文件/etc/passwd，将一个 "*" 放在要查封用户的密码域，执行命令如下。这样该用户就不能登录系统了，但是它的用户主目录、文件以及组信息仍被保留。如果以后要使该账号成为有效账号，只需将 "*" 换为 "x" 即可。

```
50 tcpdump:x:72:72::/:/sbin/nologin
51 ccutsoft:*:1000:1000::/home/ccutsoft:/bin/bash
```

4. usermod 命令

语法：usermod [选项] 用户账号

功能：修改用户信息。

usermod 命令常用选项及其功能如表 2–3 所示。

表 2–3　usermod 命令常用选项及其功能

选项	功能
–c	改变用户描述信息
–d	改变用户的主目录。如果加上–m，则会将旧的主目录移动到新的目录中（–m 应加在新的目录之后）
–e	设置用户账户的过期时间
–g	改变用户的主属组
–G	设置用户属于哪些组
–l	改变用户的账号
–s	改变用户的默认 Shell
–u	改变用户的 UID
–L	封住密码，使密码不可用
–U	为用户密码解锁

在 GNOME 桌面环境的终端窗口中执行 system-config-users 命令，可以看到【用户管理器】窗口，在其中可以进行用户和组管理。

5. chage 命令

语法：chage [选项] 用户账号

功能：更改用户密码过期信息。

chage 命令常用选项及其功能如表 2-4 所示。

表 2-4 chage 命令常用选项及其功能

选项	功能
-l	列出账号和密码的有效期限
-m	密码可更改的最小天数。0 表示任何时候都可以更改密码
-M	密码保持有效的最大天数
-I	停滞时期。如果一个密码已过期（即超过指定的天数），那么此账号将不可用
-d	指定密码最后修改的日期
-E	账号到期的日期。过了这个日期，此账号将不可使用。0 表示立即过期，-1 表示永不过期
-W	密码到期前，用户提前收到报警信息的天数

6. su 命令

语法：su [选项] 用户账号

功能：将当前用户变更为其他用户，需要输入该用户的密码（超级用户除外）。

su 命令常用选项及其功能如表 2-5 所示。

表 2-5 su 命令常用选项及其功能

选项	功能
-f	不必读启动文件（如 csh.cshrc 等），仅用于 csh 或 tcsh 两种 Shell
-l	使用这个选项执行 su 命令，大部分环境变量（例如 HOME、SHELL 和 USER 等）都是以该使用者（USER）为主，并且工作目录也会改变。假如没有指定 USER，默认情况下是 root
-m、-p	使用这两个选项执行 su 命令时不改变环境变量
-c	变更账号为 USER，执行命令（command）后再变回原来用户

2.1.2 组管理

Linux 中每一个用户都要属于一个或多个组。有了用户组，就可以将用户添加到组中，这样就方便管理员对用户的集中管理。Linux 系统中组分为 root 组、系统组、普通用户组 3 类。当一个用户属于组时，这些组中只能有一个作为该用户的主属组，其他组就被称为此用户的次属组。组基本信息保存在/etc/group 文件中，组密码信息保存在/etc/gshadow 文件中。

超级用户可以直接修改/etc/group 文件以达到管理组的目的，也可以使用以下命令修改。

groupadd：添加一个组。

groupdel：删除一个已存在组（注意不能为主属组）。

groupmod -n ＜新组名＞ ＜原组名＞：更改组名。

gpasswd -a ＜用户名＞ ＜用户组＞：将一个用户添加到一个组中。

gpasswd -d ＜用户名＞ ＜用户组＞：将一个用户从一个组中删除。

newgrp ＜新组名＞：用户可用此命令临时改变用户的主属组（注意被改变的新主属组中应该包括此用户）。

下面具体讲述各命令的语法和功能。

1. groupadd 命令

语法：groupadd [选项] [组名]

功能：创建一个新组。groupadd 命令是用来在 Linux 系统中创建用户组的。这样，只要为不同的用户组赋予不同权限，再将不同的用户按需要加入不同的组中，用户就能获得所在组拥有的权限。这种方法在 Linux 中有许多用户时是非常方便的。添加组，执行命令如下。

```
[root@localhost ~]# ls /home
zth ccutsoft
[root@localhost ~]# groupadd workgroup
[root@localhost ~]# useradd - u 1002 - g workgroup ccut
[root@localhost ~]# ls /home
ccut ccutsoft
[root@localhost ~]#
```

相关文件有/etc/group 和/etc/gshadow。

/etc/group 文件中字段的安排如下。

组名称：组密码：GID：组里面的用户成员

/etc/gshadow 文件中字段的安排（包括 3 个冒号和 4 个字段）如下。

用户组名：用户组密码：用户组管理员的名称:成员列表

2. groupdel 命令

语法：groupdel [选项] 组名

功能：删除群组。

需要从系统上删除组时，我们可用 groupdel 命令来完成这项工作。如果该组中包含某些用户，必须先使用 userdel 命令删除这些用户，才能使用 groupdel 命令删除组。如果有任何一个群组的用户在线上，则不能移除该组。

3. groupmod 命令

语法：groupmod [选项] 组名

功能：更改 GID 或名称。

groupmod 命令常用选项及其功能如表 2-6 所示。

4. gpasswd 命令

语法：gpasswd [选项] 组名

功能：管理组。

gpasswd 命令常用选项及其功能如表 2-7 所示。

给组账号设置完密码以后，用户登录系统。使用 newgrp 命令输入给组账号设置的密码，就可以临时添加指定组，还可以管理组用户，并且组用户具有组权限。

gpasswd 命令使用情况如下所示。

```
# gpasswd    -A ccutsoft mygroup    //将ccutsoft设
为mygroup群组的管理员
S gpasswd    -a  aaa mygroup        //ccutsoft可以
向mygroup群组添加用户aaa
```

5. newgrp 命令

语法：newgrp [-] [group]

表 2-6　groupmod 命令常用选项及其功能

选项	功能
-g	设置要使用的 GID
-n	设置要使用的群组名称
-o	重复使用 GID

表 2-7　gpasswd 命令常用选项及其功能

选项	功能
-a	添加用户到组
-d	从组中删除用户
-A	指定管理员
-M	设置组成员列表
-r	删除密码
-R	限制用户加入组。只有组成员才可以用 newgrp 加入该组

功能：如果一个用户同时隶属于两个或两个以上组，且需要切换到其他用户组来执行一些操作，此时可以使用 newgrp 命令切换当前所在组。

newgrp 命令使用情况如下所示。

```
[root@localhost~]# useradd -G test cc
[root@localhost~]# id cc
    uid=1033(cc)gid=1004(cc)groups=1004(cc), 1003(test)
[root@localhost~]# su - cc
[cc@localhost ~ ]$ id
    uid=1003(cc) gid=1004(cc)groups=1004(cc), 1003(test) context=unconfined_u:
unconfined_r:unconfined_t:s0-s0:c0.c1023
[ccutsoft@localhost ~ ]$ newgrp test
[ccutsoft@localhost ~ ]$ id
    uid = 1003(ccutsoft) gid=1003(test) groups=1004(cc), 1003(test) context=
unconfined_u:unconfided_r: unconfined_t:s0-s0:c0.c1023
[ccutsoft@localhost  ~]$
```

在上例中，系统有一个账户 cc，cc 不是 test 群组的成员。使用 newgrp 命令切换到 test 组，需要输入该组密码，即可让 cc 账户暂时加入 test 群组并成为该组成员，之后 cc 建立的 group 文件也会是该组成员。所以该方式可以在为 cc 建立文件时暂时使用其他的组，而不是 cc 本身所在的组。

使用 gpasswd test 命令设置密码，就是让知道该群组密码的人可以暂时切换到 test 组并具备相应的权限，如下所示。

```
[root@localhost ~]# gpasswd test
Changing the password for group test
New Password:
Re-enter new password:
[root@localhost~]# su - ccutsoft
[ccutsoft@localhost ~]$ id
    uid=1000( ccutsoft ) gid=1000(stg) groups=1000(ccutsoft),10(wheel) context=unconfined_u:
unconfined_r:unconfined_t:s0 - s0:c0.c1023
[ccutsoft@localhost ~]$ newgrp test
password:
[ccutsoft@localhost ~]$ id
    uid=1000(ccutsoft) gid=1003(test) groups=1000(ccutsoft),10(wheel),1003(test) context=
    unconfined_u:unconfined.r:unconfined_t:SO-SO:CO.C1023
    [ccutsoft@localhost  ~]$
```

2.2　进程管理

进程是程序在一个数据集合上的一次具体执行过程。每一个进程都有一个独立的进程号（Process ID，PID），系统可通过 PID 来调度、操控进程。

Linux 系统的原始进程是 init，init 的 PID 总是 1。一个进程可以产生另一个进程。除了 init 以外，所有的进程都有父进程。Linux 是一款多用户、多任务的操作系统，它可以同时高效地执行多个进程。为了更好地协调这些进程的执行，用户需要对进程进行相应的管理。下面介绍几个用于进程管理的命令及其使用方法。

2.2.1　进程概述

1．进程的定义

进程是操作系统中的概念。每当我们执行一个程序时，对于操作系统来讲就创建了一个进程。在这个过程中，伴随着资源的分配和释放。简单地说，进程是一个程序的一次执行过程。

2. 进程与程序的区别

程序是静态的，它是一些保存在磁盘上的命令的有序集合。进程是一个动态的概念，它是程序执行的过程，如创建、调度和消亡等。

3. Linux 系统中进程的表示

在 Linux 系统中，进程由一个叫 task_struct 的结构体描述，也就是说 Linux 中的每个进程对应一个 task_struct 结构体。该结构体记录了进程的一切。task_struct 结构体非常庞大，我们没必要去了解它的字段，只需要了解其主要内容就可以了。通过对 task_struct 结构体分析就能看出一个进程至少要包含以下内容。

（1）PID。PID 就像我们的身份证号码一样，每个人的都不一样。进程号也是如此。

（2）进程的状态。标识进程是处于运行态、等待态、停止态或死亡态。

（3）进程的优先级和时间片。不同优先级的进程，被调度运行的次序不一样，一般是高优先级的进程先运行。时间片标识一个进程被处理器运行的时间。

（4）虚拟内存。大多数进程有一些虚拟内存（内核线程和守护进程没有），并且 Linux 必须跟踪内存如何映射到系统的物理内存。

（5）处理器相关上下文。一个进程可以被认为是系统当前状态的总和。当一个进程运行时，它要使用处理器的寄存器、栈等，这是进程的处理器上下文（context）。并且，当一个进程被暂停时，所有的处理器相关上下文必须保存在该进程的 task_struct 中。当进程被调度器重启时，其处理器上下文将从这里恢复。

2.2.2 查看进程

查看进程信息一般有 3 种方式：ps 命令、pstree 命令和 top 命令。除此之外，还有一个查看占用文件进程的 lsof 命令。下面就分别介绍这 4 个命令。

1. ps 命令

语法：ps [选项]

功能：显示系统中进程的信息，如 PID、控制进程的终端、执行时间和命令。根据选项不同，系统可列出不同进程。无选项时只列出从当前终端上启动的进程。ps 命令常用选项及其功能如表 2-8 所示。

表 2-8　ps 命令常用选项及其功能

选项	功能
a	显示所有终端的进程
u	显示进程所有者的信息
x	显示所有不连接终端的进程（如守护进程）
P	显示指定 PID 信息
−a	显示当前终端下执行的进程
−u	显示指定用户的进程
−U	列出属于该用户的进程状态，也可使用用户名称来指定
−e	显示所有进程
−f	显示进程的父进程
−l	以长列表的方式显示信息

ps 命令列出的是当前进程（就是执行 ps 命令时刻的进程）的快照。如果想要获取动态的信息，此时可以使用 top 命令。

要对进程进行监测和控制，首先必须了解当前进程的情况，也就是需要查看当前进程。使用 ps 命令可以确定哪些进程正在运行、进程是否结束、进程有没有僵死、哪些进程占用了过多资源等。Linux 的进程有以下 4 种状态。

（1）运行：正在运行或在就绪队列中等待。

（2）中断：休眠中，在等待某个条件的发生或接收某个信号。

（3）僵死：进程已终止，但 PCB 仍存在，直到父进程调用 wait4() 将其释放。

（4）停止：进程收到 SIGSTOP、SIGSTP、SIGTIN、SIGTOU 信号后停止运行。

2. pstree 命令

语法：pstree [选项] [<PID>|<用户名称>]

功能：用 ASCII 字符显示树状结构，可清楚地表达程序间的关系。如果不指定 PID 或用户名称，则会把系统启动时的第一个程序视为基层，并显示之后的所有程序。若指定用户名称，便会以隶属于该用户的第一个程序作为基层，然后显示该用户的所有程序。pstree 命令常用选项及其功能如表 2-9 所示。

表 2-9　pstree 命令常用选项及其功能

选项	功能
-a	显示每个程序的完整命令，其中包含路径、参数或常驻服务的标志
-c	不使用精简标志法
-G	使用 VT100 终端机的列绘图字符
-h	列出树状结构时，特别标明现在执行的程序
-H<PID>	此选项的效果与-h 选项类似，但要特别标明指定的程序
-l	采用长列格式显示树状结构
-n	用 PID 排序。预设是以程序名称来排序的
-p	显示 PID
-u	显示用户名称
-U	使用 UTF-8 列出绘图字符
-V	显示版本信息

3. top 命令

语法：top [选项]

功能：动态显示进程信息。该命令可通过不断刷新当前状态来显示最新信息，它类似于 Windows 的任务管理器。如果在前台执行该命令，它将独占前台直到用户终止该程序。比较准确地说，top 命令提供了对系统处理器的实时状态监视。它将显示系统中以 PID 排序的任务列表，如图 2-1 所示。

图 2-1 的结果中，前 5 行是系统整体的统计信息，第 6 行以下都是进程信息。

第 1 行是任务队列信息，其内容分别为系统当前时间、系统运行时间、当前登录用户数、系统负载（即任务队列的平均长度，3 个数值分别为 1 分钟、5 分钟、15 分钟前到现在的平均值）。

第 2 行为与进程相关的信息，内容分别为进程总数、正在运行的进程数、休眠的进程数、停止的进程数、僵尸进程数。

第 3 行为 CPU 的信息，当有多个 CPU 时，这些内容可能会超过两行。其内容分别为用户空间占用 CPU 百分比、内核空间占用 CPU 百分比、用户进程空间内改变过优先级的进程占用 CPU 百分比、空闲 CPU 百分比、等待输入/输出的 CPU 时间百分比、CPU 处理硬件中断的时间、CPU 处理软中断的时间、虚拟机耗费的 CPU 时间（如果存在）。

第 4 行为内存信息，内容分别为物理内存总量、使用的物理内存总量、空闲内存总量、用作内核缓存的内存量。

第 5 行为交换分区信息，内容分别为交换区总量、使用的交换区总量、空闲交换区总量、缓冲的交换区总量。

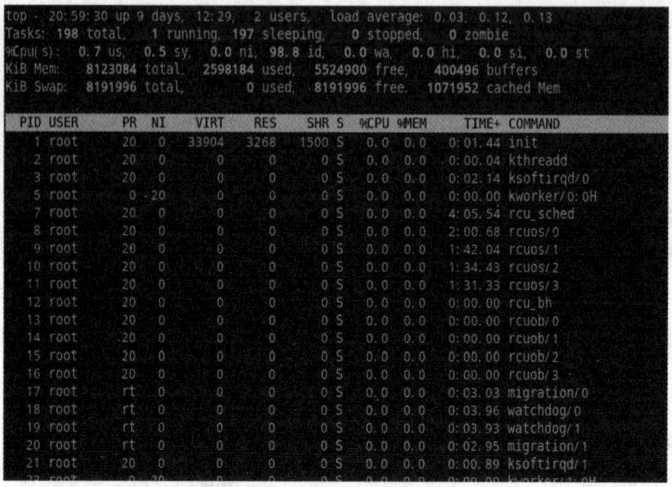

```
top - 20:59:30 up 9 days, 12:29,  2 users,  load average: 0.03, 0.12, 0.13
Tasks: 198 total,   1 running, 197 sleeping,   0 stopped,   0 zombie
%Cpu(s):  0.7 us,  0.5 sy,  0.0 ni, 98.8 id,  0.0 wa,  0.0 hi,  0.0 si,  0.0 st
KiB Mem:   8123084 total,  2598184 used,  5524900 free,   400496 buffers
KiB Swap:  8191996 total,        0 used,  8191996 free.  1071952 cached Mem

  PID USER      PR  NI    VIRT    RES    SHR S  %CPU %MEM     TIME+ COMMAND
    1 root      20   0   33904   3268   1500 S   0.0  0.0   0:01.44 init
    2 root      20   0       0      0      0 S   0.0  0.0   0:00.04 kthreadd
    3 root      20   0       0      0      0 S   0.0  0.0   0:02.14 ksoftirqd/0
    5 root       0 -20       0      0      0 S   0.0  0.0   0:00.00 kworker/0:0H
    7 root      20   0       0      0      0 S   0.0  0.0   4:05.54 rcu_sched
    8 root      20   0       0      0      0 S   0.0  0.0   2:00.68 rcuos/0
    9 root      20   0       0      0      0 S   0.0  0.0   1:42.04 rcuos/1
   10 root      20   0       0      0      0 S   0.0  0.0   1:34.43 rcuos/2
   11 root      20   0       0      0      0 S   0.0  0.0   1:31.33 rcuos/3
   12 root      20   0       0      0      0 S   0.0  0.0   0:00.00 rcu_bh
   13 root      20   0       0      0      0 S   0.0  0.0   0:00.00 rcuob/0
   14 root      20   0       0      0      0 S   0.0  0.0   0:00.00 rcuob/1
   15 root      20   0       0      0      0 S   0.0  0.0   0:00.00 rcuob/2
   16 root      20   0       0      0      0 S   0.0  0.0   0:00.00 rcuob/3
   17 root      rt   0       0      0      0 S   0.0  0.0   0:03.03 migration/0
   18 root      rt   0       0      0      0 S   0.0  0.0   0:03.96 watchdog/0
   19 root      rt   0       0      0      0 S   0.0  0.0   0:03.93 watchdog/1
   20 root      rt   0       0      0      0 S   0.0  0.0   0:02.95 migration/1
   21 root      20   0       0      0      0 S   0.0  0.0   0:00.89 ksoftirqd/1
```

图 2-1　top 命令运行结果

从第 6 行开始显示的都是进程信息，其内容按列顺序分别为：PID 为进程 ID；USER 为进程所有者的用户名；PR 为进程优先级；NI 为 nice 值，值的范围从-20 到+19（不同系统的值范围是不一样的），正值表示低优先级，负值表示高优先级，值为 0 则表示不会调整该进程的优先级；VIRT 为进程使用的虚拟内存总量（单位为 KB）；RES 为进程使用的未被换出的物理内存大小（单位为 KB）；SHR 为共享内存大小（单位为 KB）；S 为进程状态（D 表示不可中断的睡眠状态、R 表示运行、S 表示睡眠、T 表示跟踪/停止、Z 表示僵尸进程）；%CPU 为上次更新到现在的 CPU 时间占用百分比；%MEM 为进程使用的物理内存百分比；TIME+为进程使用的 CPU 时间总计（单位为 1/100s）；COMMAND 为命令名。

top 命令可以按 CPU 使用量、内存使用量和执行时间对任务进行排序，而且该命令的很多特性都可以通过交互式命令或者在个人定制文件中进行设置。top 命令常用选项及其功能如表 2-10 所示。

表 2-10　top 命令常用选项及其功能

选项	功能
-d	指定每两次屏幕信息刷新之间的时间间隔
-p	通过指定监控 PID 来仅仅监控某个进程的状态
-q	该选项将使 top 没有任何延迟地进行刷新，如果调用程序有超级用户权限，那么 top 将以尽可能高的优先级运行
-S	指定累计模式
-s	使 top 命令在安全模式中运行，这将去除交互命令所带来的潜在危险
-i	使 top 不显示任何空闲或者僵尸进程
-c	显示整个命令行而不只显示命令名

在 top 命令的执行过程中还可以使用一些交互命令。从使用角度来看，熟练地掌握这些命令比掌握 top 命令的选项还重要一些。这些命令都是单字母的，如果在命令行选项中使用了–s 选项，则其中一些命令可能会被屏蔽。具体的 top 交互命令及功能如表 2-11 所示。

表 2-11　top 交互命令及功能

命令	功能
Ctrl+L	擦除屏幕并重写信息
h 或?	显示帮助画面，给出一些简短的命令总结说明
k	终止一个进程。系统将提示用户输入需要终止进程的 PID，以及需要发送给该进程的信号。一般终止进程可以使用信号 15；如果不能正常终止，那就使用信号 9 强制终止该进程。默认值是信号 15。在安全模式中此命令被屏蔽
i	忽略闲置和僵尸进程。这是一个开关式命令
q	退出程序
r	重新安排一个进程的优先级。系统提示用户输入需要改变进程的 PID 以及需要设置的进程优先级值。输入一个正值将使优先级降低，反之则可以使该进程拥有更高的优先级。默认值是 10
S	切换到累计模式
s	改变两次刷新之间的延迟时间。系统将提示用户输入新的时间，单位为 s。如果有小数，就换算成 ms。输入 0 则系统将不断刷新，默认值是 5s。需要注意的是，如果设置太小的时间值，很可能会引起不断刷新，从而用户根本来不及看清显示的情况，而且系统负载也会极大增加
f 或 F	从当前显示内容中添加或者删除项目
o 或 O	改变显示项目的顺序
l	切换显示平均负载和启动时间信息
m	切换显示内存信息
t	切换显示进程和 CPU 状态信息
c	切换显示命令名称和完整命令行
M	根据驻留内存大小进行排序
P	根据 CPU 使用百分比大小进行排序
T	根据时间/累计时间进行排序
W	将当前设置写入~/.toprc 文件中。这是写 top 配置文件的推荐方法

4. lsof 命令

语法：lsof [选项] 文件名

功能：lsof 为 list open files 的缩写，其功能是列出当前系统打开的文件。在 Linux 环境下，任何事物都以文件的形式存在。通过文件不仅可以访问常规数据，还可以访问网络连接和硬件，如传输控制协议（TCP）和用户数据报协议（UDP）套接字等。系统在后台都为应用程序分配了一个文件描述符，无论这个文件的本质如何，该文件描述符为应用程序与基础操作系统的交互提供了通用接口。应用程序所打开文件的文件描述符列表提供了大量关于这个应用程序本身的信息，通过 lsof 工具能够查看这个列表对系统监测以及排错的情况，这样将对用户是很有帮助的。lsof 命令常用选项及其功能如表 2-12 所示。

表 2-12 lsof 命令常用选项及其功能

选项	功能
-c <进程名>	显示某进程现在打开的文件
-c -p <PID>	显示进程号为 PID 的进程现在打开的文件
-g <GID>	显示归属某一用户组的进程情况
+d <目录名>	显示目录下被进程开启的文件

2.2.3 终止进程

语法：kill [选项] PID

功能：进程可以使用命令手动终止，该命令就是 kill。它是 Linux 中用于进程管理的常用命令。使用 Ctrl+C 组合键通常可以终止一个前台进程，但是一个后台进程就需用 kill 命令来终止，具体方法为需要先用 ps、PIDof、pstree 或 top 等工具获取 PID，然后使用 kill 命令来终止该程序。

一般情况下，首先使用 ps -ef 命令确定要终止进程的 PID，然后输入以下命令：kill PID。注意标准的 kill 命令通常都能达到目的，即终止进程，并把进程的资源释放给系统。然而，如果进程启动了子进程，则只终止父进程，子进程仍在运行，因此仍消耗资源。为了防止出现这些所谓的"僵尸进程"，应确保在终止父进程之前，先终止其所有的子进程。kill 命令常用选项及其功能如表 2-13 所示。

表 2-13 kill 命令常用选项及其功能

选项	功能
-l	信号。若不加信号的编号，则使用"-l"会列出全部的信号名称
-15	发信号让进程正常退出，是缺省模式
-9	强制终止某个进程
-a	当处理当前进程时，不限制命令名和进程号的对应关系
-u	指定用户

注：在使用 kill 命令时，用户启动的进程以注销的方式进行结束。当使用"-9"选项时，kill 命令也试图终止所留下的子进程。但这个命令也不是总能成功，有时仍然需要先手动终止子进程，然后终止父进程。

2.3 服务管理

Linux 提供了许多功能强大的服务，这些服务按照功能可以分为以下两类。

系统服务：某些服务对象是 Linux 系统本身或 Linux 系统的用户，这样的服务就是系统服务。例如，打印机支持服务 lpd、监控软 RAID（Redundant Array of Independent Disks，独立磁盘冗余阵列）状态的 mdmonitor 服务等都是系统服务。

网络服务：提供给网络中其他用户使用的服务就是网络服务。例如，FTP 服务、Telnet 服务、Samba 服务等都是网络服务。

以上很多服务（尤其是网络服务）都会在本书后文中详细介绍，本节主要介绍一些服务的通用命令。

2.3.1　chkconfig 命令

语法：chkconfig [选项][系统服务]或 chkconfig [--level <级别代号>][系统服务][on/off/reset]

功能：chkconfig 在没有使用参数运行时，显示用法。如果加上服务名，那么会检查这个服务是否在当前运行级别启动。如果是，返回 true，否则返回 false。如果在服务名后面指定了 on、off 或者 reset，那么 chkconfig 会改变指定服务的启动信息。on 和 off 分别是指服务被启动和停止，reset 是指重置服务的启动信息，无论服务的现在是启动还是停止状态。系统默认 on 和 off 只对运行级别 3、4、5 有效，但是 reset 可以对所有运行级别有效。该命令也可以用来激活和解除服务。chkconfig --list 命令用来显示系统服务列表，以及这些服务在运行级别 0~6 中是已经被启动还是停止。chkconfig 命令还能用来设置某一服务在指定的运行级别内被启动还是停止。chkconfig 命令常用选项及其功能如表 2-14 所示。

表 2-14　chkconfig 命令常用选项及其功能

选项	功能
--add	增加所指定的系统服务，由 chkconfig 命令管理，同时在系统启动的叙述文件内增加相关数据
--del	删除所指定的系统服务，不再由 chkconfig 命令管理，同时在系统启动的叙述文件内删除相关数据
--level<级别代号>	指定读系统服务要在哪一个运行级别中开启或关闭（具体级别见 8.1.4 小节）

需要说明的是，level 选项可以指定要查看的运行级别而不一定是当前运行级别。对于每个运行级别，只能有一个启动脚本或者停止脚本。当切换运行级别时，init 不会重启已经启动的服务，也不会再次停止已经停止的服务。

2.3.2　service 命令

语法：service [选项]

功能：用于对系统服务进行管理，如启动（start）、停止（stop）、重启（restart）、查看状态（status）等。service 命令本身是一个 Shell 脚本，它在/etc/init.d/目录查找指定的服务脚本，然后调用该服务脚本来完成任务。service 命令运行指定服务（称之为 System V 初始脚本）时，把大部分环境变量去掉了，只保留 LANG 和 TERM 两个环境变量，并且把当前路径置为/，也就是说，是在一个可以预测的、非常干净的环境中运行服务脚本。这种脚本保存在/etc/init.d 目录中，它至少要支持 start 和 stop。

2.3.3　systemctl 命令

语法：systemctl [选项]

功能：systemctl 是一个 systemd 工具，其主要负责控制 systemd 系统和服务管理器。systemd 是一个系统管理守护进程、工具和库的集合，用于取代 system5 初始进程。systemd 的功能是集中管理和配置类 UNIX 系统。在 Linux 生态系统中，systemd 被部署到了大多数的标准 Linux 发行版中。systemctl 命令常用选项及其功能如表 2-15 所示，其中，"⟷"表示前后命令作用一样。

表 2-15　systemctl 命令常用选项及其功能

选项	功能
systemctl	列出所有的系统服务
systemctl start [unit type]	启动服务
systemctl stop [unit type]	停止服务

续表

选项	功能
systemctl restart [unit type]	重启服务
systemctl enable [unit type]	设置服务开机启动
systemctl disable [unit type]	设置服务禁止开机启动
systemctl poweroff⇔init0	系统关机
systemctl reboot⇔init6	系统重启
systemctl is-active [unit type]	查看服务是否运行
systemctl is-enable [unit type]	查看服务是否设置为开机启动
systemctl mask [unit type]	注销指定服务
systemctl unmask [unit type]	取消注销指定服务
systemctl get-default	获得当前的运行级别

本章小结

Linux 是一款多用户、多任务的操作系统，因此用户和组管理是其最基本的功能之一。用户和组管理主要包括用户账号和群组的增加、删除、修改以及查看等操作。另外，本章还介绍了进程管理、服务管理以及其他相关命令的使用方法，特别是服务管理，这部分内容是 RHEL 7 较之前版本变化比较大的部分。

思考与练习

一、选择题

1. 当安装好 Linux 后，系统默认的超级用户账号是（   ）。

A. administrator B. guest

C. root D. boot

2. 在 Linux 系统中，将加密过的密码放到（   ）文件中。

A. /etc/shadow B. /etc/passwd

C. /etc/password D. other

3. 用于终止某一进程执行的命令是（   ）。

A. end B. stop

C. kill D. free

4. （   ）目录存放用户密码信息。

A. /boot B. /etc

C. /var D. /dev

5. 默认情况下管理员创建了一个用户，就会在（   ）目录下创建一个用户主目录。

A. /usr B. /home

C. /root D. /dev

6. 以下哪个命令可以将普通用户转换成超级用户？（   ）

A. super B. passwd

C. tar D. su

7. 以下哪个命令可以终止一个用户的所有进程?（　　　）

A. skill all   B. skill

C. kill   D. kill all

8. usermod 命令无法实现的操作是（　　　）。

A. 账户重命名   B. 删除指定的账户和对应的主目录

C. 加锁与解锁用户账户   D. 对用户密码进行加锁或解锁

9. 以下（　　　）用户可以修改其他用户的口令。

A. 所有   B. 系统

C. 超级   D. 普通

二、填空题

1. 在 RHEL 7 系统中创建用户账号的命令是_____。

2. 在 RHEL 7 系统中设置账号密码的命令是_____。

3. 在 RHEL 7 系统中更改用户密码过期信息的命令是_____。

4. 在 RHEL 7 系统中创建一个新组的命令是_____。

5. 在 Linux 系统中，以_____方式访问设备。

6. 在 Linux 系统中存在 3 种用户：_____、_____、_____。

7. 在 Linux 系统中用户基本信息存放在_____文件中。用户密码等安全信息存放在_____文件中。

8. Linux 系统中组分为 3 类：_____、_____、_____。

三、简答题

1. 简述在 Linux 系统中使用用户管理器对用户账号和群组进行增加、删除等操作的过程。

2. 在 Linux 系统中，如何使用命令来显示内存使用情况?

3. 简述进程与程序的区别。

第3章

磁盘与文件管理

对于任意一个通用操作系统，磁盘管理、文件与目录管理是其必不可少的功能。Linux 操作系统也提供了非常强大的磁盘、文件与目录的管理功能。本章主要介绍磁盘管理、文件与目录管理、管道与重定向、Vi 编辑器。

3.1 磁盘管理

在 Linux 操作系统中，如何高效地对磁盘空间进行使用和管理是一项非常重要的技术。本节将对文件系统挂载、磁盘空间使用情况的查看、文件系统的备份与还原等进行介绍。

3.1.1 文件系统挂载

文件系统是操作系统最为重要的部分之一，它定义了磁盘上存储文件的方法和数据结构。每种操作系统都有自己的文件系统，如 Windows 操作系统所用的文件系统主要有 FAT16、FAT32 和 NTFS，Linux 操作系统所用的文件系统主要有 ext3、ext4、xfs 等。在磁盘分区上创建文件系统后，Linux 操作系统就能在磁盘分区上存储和读取文件。

在 Linux 中，每个文件系统都被解释为由一个根目录为起点的目录树结构。Linux 将每个文件系统挂载在系统目录树中的某个挂载点上。Linux 能够识别许多文件系统，目前比较常见的可识别文件系统有如下几种。

（1）ext3/ext4/xfs：这些是 Linux 操作系统中使用最多的文件系统。ext3 即添加日志功能的 ext2，可与 ext2 无缝兼容。RHEL 5 默认使用的是 ext3；RHEL 6 默认使用的是 ext4，它能够与 ext3 无缝兼容，我们可以通过几个简单的命令将 ext3 升级到 ext4；RHEL 7 中默认使用的是 xfs。

（2）swap：用于 Linux 磁盘交换分区的文件系统。

（3）VFAT：扩展的 DOS 文件系统（FAT32），支持长文件名。

（4）MS-DOS：DOS、Windows 和 OS/2 使用该文件系统。

（5）NFS：网络文件系统（Network File System）。

（6）SMBFS/CIFS：支持服务器信息块（Server Message Block，SMB）协议的网络文件系统。

（7）ISO 9660：CD-ROM 的标准文件系统。

文件系统是文件存放在磁盘等存储设备上的组织办法。一个文件系统的好坏主要体现在对文件和目录的组织上。目录提供了一条方便、有效的管理文件途径，即能够从一个目录切换到另一个目录，而且可以设置目录和文件的权限、设置文件的共享程度。

通过使用 Linux，用户可以设置目录和文件的权限，以便允许或拒绝其他用户的访问。Linux 目录采用多级树状结构，用户可以浏览整个系统，进入任何一个已授权进入的目录以访问文件。

内核、Shell 和文件系统一起形成了基本的操作系统结构，它们使得用户可以运行程序、管理文件以及使用系统。此外，Linux 操作系统还有很多被称为实用工具的程序，它们可辅助用户完成一些特定的任务。

文件挂载主要有两种方式：手动挂载和系统启动时挂载。下面对相关命令进行介绍。

1. mount 命令（手动挂载）

语法：mount [选项] [参数]

功能：将设备挂载到挂载点处。设备是指要挂载的设备名称，挂载点是指文件系统中已经存在的一个目录名。mount 命令常用选项及其功能如表 3-1 所示。

表 3-1　mount 命令常用选项及其功能

选项	参数	功能
-t	msdos	MS-DOS 文件系统，即 FAT16
	vfat	Windows 9x 文件系统，即 FAT32
	ext4/xfs	Linux 常用的文件系统

续表

选项	参数	功能
-t	ntfs	NTFS
	iso9660	CD-ROM 的标准文件系统
	swap	交换分区文件系统
-o	ro	以只读方式挂载设备
	rw	以读写方式挂载设备
	loop	把文件当成硬盘分区挂载到系统

2. umount 命令

语法：umount [选项] [设备名] [挂载点]

功能：将用 mount 命令挂载的文件系统卸载。

3. blkid 命令

语法：blkid [选项] [设备名]

功能：查看块设备（包括交换分区）的文件系统类型、标签、通用唯一识别码（Universally Unique Identifier，UUID）、挂载目录等信息。

4. /etc/fstab 文件（系统启动时挂载）

虽然用户可以使用 mount 命令来挂载一个文件系统，但若将挂载信息写入/etc/fstab 文件（/etc/fstab 文件内容见图 3-1）中，将会简化这个过程。当系统启动时，系统就会从/etc/fstab 读取配置项，自动将指定的文件系统挂载到指定的目录。

/etc/fstab 文件内容共有 6 列，其结构如下：第 1 列[file system]，为要挂载的分区或存储设备；第 2 列[mount point]，为文件系统挂载的位置；第 3 列[type]，为要挂载设备或分区的文件系统类型，支持许多种文件系统；第 4 列[options]，为挂载时使用的参数；第 5 列[dump]，为 dump 选项，dump 工具通过这个选项位置上的数字来决定文件系统是否需要备份；第 6 列[fsck]，为 fsck 选项，fsck 命令通过检测该字段来决定文件系统通过什么顺序来扫描检查，根文件系统“/”对应的该字段值应该为 1，其他文件系统应该为 2。

```
[root@localhost ~]# cat /etc/fstab

#
# /etc/fstab
# Created by anaconda on Wed Dec 22 08:28:18 2021
#
# Accessible filesystems, by reference, are maintained under '/dev/disk'
# See man pages fstab(5), findfs(8), mount(8) and/or blkid(8) for more info
#
/dev/mapper/centos-root /                       xfs     defaults        0 0
UUID=910438c2-d423-414f-8f6e-056dd15e284f /boot                   xfs     defaults        0 0
/dev/mapper/centos-swap swap                    swap    defaults        0 0
```

图 3-1 /etc/fstab 文件内容

3.1.2 配置磁盘空间

1. df 命令

语法：df [选项] [设备或文件名]

功能：检查文件系统的磁盘空间使用情况，显示所有文件系统对 i 节点（inode）和磁盘块的使用情况。我们可以利用该命令来获取磁盘被使用了多少空间，当前还剩下多少空间。磁盘空间的使用情况包括文件系统安装的目录名、块设备名、总字节数、已用字节数、剩余节数等信息。df 命令常用选项及其功能如表 3-2 所示。

表 3-2　df 命令常用选项及其功能

选项	功能	选项	功能
-a	显示所有系统文件	-k	指定块大小为 1KB
-B <块大小>	指定显示时的块大小	-l	只显示本地文件系统
-h	以容易阅读的方式显示	-t <文件系统类型>	只显示指定类型的文件系统
-H	以 1000B 为换算单位来显示	-T	输出时显示文件系统类型
-i	显示索引字节信息（i 节点信息）	--sync	在取得磁盘使用信息前，先执行 sync 命令

实例 3-1　df 命令参考实例。

下面介绍使用 df 命令显示各种环境下文件系统的使用情况。

（1）显示磁盘分区使用情况，如图 3-2 所示。

```
[root@localhost ~]# df
Filesystem                1K-blocks      Used Available Use% Mounted on
devtmpfs                     914476         0    914476   0% /dev
tmpfs                        931552         0    931552   0% /dev/shm
tmpfs                        931552     10548    921004   2% /run
tmpfs                        931552         0    931552   0% /sys/fs/cgroup
/dev/mapper/centos-root    38770180  11595164  27175016  30% /
/dev/sda1                   1038336    187808    850528  19% /boot
tmpfs                        186312        32    186280   1% /run/user/0
```

图 3-2　显示磁盘分区使用情况

（2）以容易阅读的方式显示磁盘分区使用情况，如图 3-3 所示。

```
[root@localhost ~]# df -h
Filesystem                Size  Used Avail Use% Mounted on
devtmpfs                  894M     0  894M   0% /dev
tmpfs                     910M     0  910M   0% /dev/shm
tmpfs                     910M   11M  900M   2% /run
tmpfs                     910M     0  910M   0% /sys/fs/cgroup
/dev/mapper/centos-root    37G   12G   26G  30% /
/dev/sda1                 1014M  184M  831M  19% /boot
tmpfs                     182M   32K  182M   1% /run/user/0
```

图 3-3　以容易阅读的方式显示磁盘分区使用情况

（3）显示文件所在的磁盘分区使用情况，如图 3-4 所示。

```
[root@localhost ~]# df /etc/dhcp/
Filesystem                1K-blocks      Used Available Use% Mounted on
/dev/mapper/centos-root    38770180  11595164  27175016  30% /
```

图 3-4　显示文件所在的磁盘分区使用情况

（4）显示文件系统类型为 xfs 的磁盘分区使用情况，如图 3-5 所示。

```
[root@localhost ~]# df -t xfs
Filesystem                1K-blocks      Used Available Use% Mounted on
/dev/mapper/centos-root    38770180  11595112  27175068  30% /
/dev/sda1                   1038336    187808    850528  19% /boot
```

图 3-5　显示文件系统类型为 xfs 的磁盘分区使用情况

2. du 命令

语法：du [选项] [文件名]

功能：统计目录（或文件）所占磁盘空间的大小，显示磁盘空间的使用情况。该命令逐级进入指定目录的每一个子项目并显示该目录占用文件系统数据块（大小为 1024B）的情况。若没有给出文件名，则对当前目录进行统计以显示目录或文件所占磁盘空间大小。du 命令常用选项及其功能如表 3-3 所示。

表 3-3　du 命令常用选项及其功能

选项	功能	选项	功能
-a	显示目录中所有文件的大小	-g	以 GB 为单位显示文件大小
-k	以 KB 为单位显示文件大小	-h	以易读方式显示文件大小
-m	以 MB 为单位显示文件大小	-s	仅显示总计文件大小

实例 3-2　du 命令参考实例。

下面介绍 du 命令的几种常用情况。

（1）以易读方式显示文件大小，执行命令如下。

```
[root@localhost ~]# du -h ccut/
```

（2）以易读方式显示文件夹内所有文件大小，执行命令如下。

```
[root@localhost ~]# du -ah ccut/
```

（3）输出当前目录下各个子目录所使用的空间大小，执行命令如下。

```
[root@localhost ~]# du -hc - max-depth=1 ccut/
```

（4）显示指定文件所占空间大小，执行命令如下。

```
[root@localhost ~]# du log2021.log
```

3.1.3　其他磁盘相关命令

1. fdisk 命令

语法：fdisk [选项] [磁盘分区]

功能：划分磁盘分区，查看磁盘分区信息。fdisk 命令常用选项及其功能如表 3-4 所示。

表 3-4　fdisk 命令常用选项及其功能

选项	功能
-b	指定每个分区的大小
-l	列出指定的外部设备的分区表情况
-s	将指定的分区大小输出到标准输出上，单位为区块
-u	搭配-l 选项列表，会用分区数量取代柱面数量来表示每个分区的起始地址
-v	显示版本信息

实例 3-3　fdisk 命令参考实例。

下面介绍 fdisk 命令的两种常用情况。

（1）查看所有分区情况，执行命令如下。

```
[root@localhost ~]# fdisk -l
```

（2）对选择磁盘进行分区，执行命令如下。

```
[root@localhost ~]# fdisk /dev/sdb
```

2. mkfs 命令

语法：mkfs [选项] [文件类型] [磁盘分区]

功能：格式化指定分区。mkfs 命令常用选项及其功能如表 3-5 所示。

表 3-5　mkfs 命令常用选项及其功能

选项	功能
−V	详细显示模式
−t	给定分区系统的形式，Linux 的预设形式为 ext4

实例 3-4　mkfs 命令参考实例。

下面介绍 mkfs 命令的两种常用情况。

（1）在/dev/hda5 上创建一个 MS-DOS 分区系统，同时检查是否存在坏道，并且将操作过程详细显示出来，执行命令如下。

```
[root@localhost ~]# mkfs -V -t msdos -c /dev/hda5
```

（2）将/dev/sda6 分区格式化为 ext4 格式，执行命令如下。

```
[root@localhost ~]# mkfs -t ext4 /dev/sda6
```

3.1.4　文件系统的备份与还原

1．dump 命令

语法：dump [−b <区块大小>][−B <区块数量>][−d <密度>][−f <设备名称>][−h <层级>][−s <磁带长度>][−T <日期>][目录或文件系统]

功能：将目录或整个文件系统备份至指定的设备中或备份成一个大文件。

2．restore 命令

语法：restore [选项][文件名]

功能：还原由转储操作所备份下来的文件或整个文件系统（一个分区）。restore 命令所进行的操作与 dump 命令相反，转储操作可用来备份文件，而还原操作则写回这些已备份的文件。

restore 命令常用选项及其功能如表 3-6 所示。

表 3-6　restore 命令常用选项及其功能

选项	功能
−b	设置区块大小，单位为 B
−c	不检查转储操作的备份格式，仅允许读取使用旧格式的备份文件
−C	使用对比模式，将备份文件与现行文件相互对比
−D	允许用户指定文件系统的名称
−f	备份文件从指定文件中读取备份数据，进行还原操作
−h	仅还原目录而不包括与该目录相关的所有文件
−i	使用互动模式进行还原操作时，restore 命令将依序询问用户
−m	还原指定节点编号的文件或目录，而非采用文件名称指定
−r	进行还原操作
−x	设置文件名称，且从指定的存储媒介中读入它们。若该文件已存在备份文件中，则将其还原到文件系统内
−R	全面还原文件系统时，指明检查应从何处开始进行

实例 3-5　restore 命令参考实例。

下面介绍 restore 命令的 3 种常用情况。

（1）将已执行 dump 命令的存储文件进行还原操作，执行命令如下。

```
[root@localhost ~]# restore -rf /dev/nst0
```
（2）从备份文件仅提取/etc 目录并还原，执行命令如下。
```
[root@localhost ~]# restore -xf /dev/nst0 /etc
```
（3）进行交互式还原，执行命令如下。
```
[root@localhost ~]# restore -if /dev/nst0
```

3.2　文件与目录管理

目录是文件系统中的一个单元，其中可以存放文件和目录。文件和目录以层次结构的方式进行管理。

3.2.1　Linux 文件系统的目录结构

1. 目录树

Linux 文件系统的目录结构类似一棵倒立的树，并以一个名为根（/）的目录开始向下延伸。Linux 操作系统不同于其他操作系统，如在 Windows 操作系统中，系统有多少分区就有多少个根，这些根之间是并列的；而在 Linux 操作系统中，无论系统有多少个分区都只有一个根，从根开始延伸出其他各目录及子目录，Linux 目录树的结构已在 1.3.2 小节中讲述。

2. 绝对路径和相对路径

Linux 操作系统中的文件路径分为绝对路径和相对路径两种。

绝对路径：由根目录"/"开始写起的文件名或目录名称，例如/home/ccutsoft/.bashrt。

相对路径：相对于当前路径文件名的写法，例如./home/ccutsoft 等。

3.2.2　Linux 的文件和目录管理

1. 查看目录内容

（1）cd 命令。

语法：cd [目录名]

功能：切换当前目录至指定目录下。cd 命令可以说是 Linux 中最基础的命令之一，其他命令的操作大多数是建立在使用 cd 命令的基础上的。

（2）pwd 命令。

语法：pwd [选项]

功能：查看当前工作目录的完整路径。一般情况下，pwd 命令执行时不带任何选项。如果目录有链接时，用 pwd –P 可以显示出实际路径，而不是显示链接路径。

（3）ls 命令。

语法：ls [选项]

功能：对于每个目录，该命令将列出其中的所有子目录与文件；对于每个文件，该命令将输出文件名及其他信息；若未给出目录名或文件名时，使用 ls 命令就会显示当前目录的信息。默认情况下，输出条目按字母顺序排序。

（4）nautilus 命令。

语法：nautilus [目录]

功能：使用文件管理器 Nautilus 打开文件夹。

2. 查看文件内容

（1）more 命令。

语法：more [选项] [文件名]

功能：一页一页地显示内容，以方便用户逐页阅读。该命令还具有查找字符串的功能，用"/字符串"可以查询字符串所在位置。基本操作是按 Space 键，可以显示下一页；按 Q 键，可以跳出 more 状态。

（2）less 命令。

语法：less [选项] [文件名]

功能：less 命令的作用与 more 命令的作用十分相似，也可以用来浏览文本文件的内容。less 命令克服了 more 命令不能向上一页浏览的问题，可以简单地使用 PageUp 键向上翻页来浏览已经看过的部分。同时，因为 less 命令并未在一开始就读入整个文件，所以在遇上大型文件的时候，它会比一般的文本编辑器读取速度快。

（3）cat 命令。

语法：cat [选项] [文件 1][文件 2]

功能：把文件串连接后传送到标准输出（输出到屏幕或重定向到另一个文件）。

（4）tac 命令。

语法：tac [文件名]

功能：将文件从最后一行开始向前输出到屏幕上。

（5）head 命令。

语法：head [选项] [文件名]

功能：显示文件的前几行，默认显示为 10 行。head 命令常用选项及其功能如表 3-7 所示。

表 3-7　head 命令常用选项及其功能

选项	功能
-n	后面接数字，代表显示几行
-c	后面接数字，指定显示头部内容的字符数
-v	总是显示文件名的头信息
-q	不显示文件名的头信息

显示文件名的头信息，并显示文件前两行，执行命令如下。

```
[root@localhost ~]# head -v -n 2 test.txt
==> test.txt <==
hello world
hello ccutsoftnetlab
```

显示文件前 5 个字符，执行命令如下。

```
[root@localhost ~]# head -c 5 test.txt
hello
```

（6）tail 命令。

语法：tail [选项] [文件名]

功能：显示文件的后几行，默认显示为 10 行。

（7）wc 命令。

语法：wc [选项] [文件名]

功能：统计文件中的行数、字数和字符数。若不指定文件名称或文件名包含"–"，则 wc 命令会从标准输入读取数据。

3. 查看文件类型

（1）file 命令。

语法：file [文件名]

功能：通过探测文件内容判断文件类型。该命令使用权限是所有用户。

（2）stat 命令。

语法：stat [选项] [文件名]

功能：以文字格式来显示节点处的内容。

4. 文件校验及目录操作命令

（1）cksum 命令。

语法：cksum [文件名]

功能：检查文件的循环冗余校验（Cyclic Redundancy Check，CRC）是否正确。指定文件交给 cksum 命令计算，它会返回计算结果（即校验和），以供用户核对文件是否正确无误。若不指定任何文件名或所给的文件名包含"–"，则 cksum 命令从标准输入读取数据。

（2）md5sum 命令。

语法：md5sum [选项] [文件名]

功能：用于逐位对文件的内容进行校验，生成校验文件的 Md5 值。

（3）touch 命令。

语法：touch [–d<日期>] [–t<时间>] [文件名]

功能：当文件存在时，改变文件的时间（包括存取时间和更改时间）；当文件不存在时，创建对应名称的文件。

（4）mkdir 命令。

语法：mkdir [选项] [目录名]

功能：创建指定名称的目录，并要求创建目录的用户在当前目录有写的权限，且指定名称不能是当前目录中已有的目录名称。mkdir 命令常用选项及其功能如表 3–8 所示。

表 3–8　mkdir 命令常用选项及其功能

选项	功能
–p	递归创建多级目录
–m	创建目录的同时，设置目录的权限
–z	设置安全上下文
–v	显示目录的创建过程

（5）rmdir 命令。

语法：rmdir [选项] [目录名]

功能：删除空目录。该命令可以从一个目录删除一个或多个子目录。

（6）mv 命令。

语法：mv [选项] [源文件或目录] [目标文件或目录]

功能：将文件或目录改名，或者将文件由一个目录转移到另一个目录。

（7）rm 命令。

语法：rm [选项] [文件或目录]

功能：删除不需要的文件或目录。该命令可以删除一个目录中的一个（或多个）文件或目录，也可以将某个目录及其下的所有文件和子目录删除。rm 命令常用选项及其功能如表 3–9 所示。

表 3-9　rm 命令常用选项及其功能

选项	功能
-f	忽略不存在的文件，不会出现报警信息
-i	删除前会询问用户是否操作
-r/R	递归删除
-v	显示命令的详细执行过程

（8）cp 命令。

语法：cp [选项] [源文件或目录] [目标文件或目录]

功能：将给出的文件或目录复制到另一个目录中。

5. 文件搜索命令

（1）locate 命令。

语法：locate [关键字]

功能：将文件名或目录名中包含指定关键字的路径全部显示出来。locate 命令其实是 find -name 的另一种写法，但是其搜索速度要比后者快得多，其原因在于 locate 命令不是搜索具体目录，而是搜索一个数据库（/var/lib/mlocate/mlocate.db），这个数据库中含有本地所有文件的绝对路径。Linux 操作系统自动创建这个数据库，并且每天自动更新一次，所以使用 locate 命令可能查不到最近变动过的文件。为了避免这种情况，用户可以在使用 locate 命令之前，先使用 updatedb 命令手动更新。

（2）which 命令。

在 Linux 操作系统中，不同命令对应的命令文件放在不同的目录中。使用 which（或 whereis）命令可以快速地查找命令的绝对路径。

语法：which [命令]

功能：显示一个命令的完整路径和别名。在 PATH 环境变量指定的路径中，搜索某个系统命令的位置，并且返回第一个搜索结果。也就是说，使用 which 命令就可以看到某个系统命令是否存在，以及执行的到底是哪个位置的命令。

（3）whereis 命令。

语法：whereis [选项] [文件名]

功能：搜索一个命令的完整路径及其帮助文件。whereis 命令只能用于程序名的搜索，而且只能搜索二进制文件（使用选项-b）、man 说明文件（使用选项-m）和源代码文件（使用选项-s）。如果省略选项，则返回所有信息。

（4）type 命令。

语法：type [选项] 文件名 [文件名…]

功能：type 命令不是标准的查找命令，它用来区分某个命令是 Shell 自带的还是由 Shell 外部独立二进制文件提供的。如果一个命令是外部命令，那么使用 type -P 会显示该命令的路径，此时命令功能相当于 which 命令的功能。

（5）find 命令。

语法：find [路径] [选项]

功能：find 命令的功能很强大，它可以根据文件的名称、大小、属性、类型等进行单条件查找，也可以进行多条件查找并对查找到的文件进行处理。find 命令常用选项及其功能如表 3-10 所示。

表 3-10　find 命令常用选项及其功能

选项	功能
-name	按名称查找
-size	按大小查找
-user	按属性查找
-type	按类型查找
-iname	忽略大小写

实例 3-6　find 命令参考实例。

下面介绍 find 命令的常用情况。

（1）使用-name 选项查看/etc 目录下所有以.conf 为扩展名的配置文件，执行命令如下。

```
[root@localhost ~]# find /etc -name *.conf
```

（2）使用-size 选项查看/etc 目录下大于 1MB 的文件，执行命令如下。

```
[root@localhost ~]# find /etc -size +1M
```

（3）查找当前用户主目录下的所有文件，执行命令如下。

```
[root@localhost ~]# find $HOME -print
```

（4）列出当前目录及子目录下所有文件和文件夹，执行命令如下。

```
[root@localhost ~]# find .
```

（5）在/home 目录下查找以.txt 为扩展名的文件，执行命令如下。

```
[root@localhost ~]# find /home -name "*.txt"
```

（6）在/var/log 目录下忽略大小写来查找以.log 为扩展名的文件，执行命令如下。

```
[root@localhost ~]# find /var/log -iname "*.log"
```

（7）搜索超过 7 天未被访问的所有文件，执行命令如下。

```
[root@localhost ~]# find . -type f -atime +7
```

（8）搜索访问时间超过 10 分钟的所有文件，执行命令如下。

```
[root@localhost ~]# find . -type f -amin +10
```

（9）查找出/home 下不是以.txt 为扩展名的文件，执行命令如下。

```
[root@localhost ~]# find /home ! -name "*.txt"
```

6. 文件操作命令

（1）grep 命令。

语法：grep [选项] [模式] [文件 1,文件 2,...]

功能：逐行搜索指定的文件或标准输入，并显示匹配模式的每一行。grep 命令可以指定模式搜索文件，通知用户在什么文件中搜索与指定模式匹配的字符串，并输出所有包含该字符串的文本行(文本行的最前面是该行所在的文件)。grep 命令一次只能搜索一个指定模式，它有一组选项，利用这些选项可以改变输出方式。

（2）sed 命令。

语法：sed [选项] [文件名]

功能：按顺序逐行将文件读入内存。系统执行 sed 命令指定的所有操作，并在完成请求的修改之后将文本行放回到内存中，以将其转储至终端。sed 命令常用选项及其功能如表 3-11 所示。

表 3-11　sed 命令常用选项及其功能

选项	功能
-e 或--expression=<脚本>	以指定的脚本来处理输入的文本文件
-f<脚本文件>或--file=<脚本文件>	以指定的脚本文件来处理输入的文本文件
-n、--quiet 或--silent	仅显示脚本处理后的结果

（3）tr 命令。

语法：tr [选项] [第一字符集] [第二字符集] [文件名]

功能：主要用于删除文件中的控制字符或进行字符转换，且只能进行字符的替换、缩减和删除，不能用来替换字符串。

7．文件的合并和分割

（1）echo 命令。

语法：echo [选项] [字符串或环境变量]

功能：在屏幕上显示一段文字，一般起到提示的作用。

（2）uniq 命令。

语法：uniq [选项] [输入文件] [输出文件]

功能：合并文件中相邻的、重复的行，对重复的行只显示一次。

（3）cut 命令。

语法：cut -c list [文件名]

　　　cut -b list [-n] [文件名]

　　　cut -f list [-d delim] [-s] [文件名]

功能：提取文件中指定的内容。-c、-b、-f 分别表示字符、字节、字段；list 表示-c、-d、-f 的操作范围；-n 常常表示具体数字；文件名表示要操作的文本文件名称；deilm 表示分隔符，默认情况下为制表符；-s 表示不包括那些不含分隔符的行。

（4）paset 命令。

语法：paset [选项] [文件名]

功能：合并文件的列。paset 命令会把每个文件以列与列对应的方式，一列列地加以合并。其与 cut 命令完成的功能相反。

（5）join 命令。

语法：join [选项] [文件 1] [文件 2]

功能：查找出两个文件中指定栏位相同的行加以合并，并输出到标准输出。

（6）split 命令。

语法：split [选项] [要分割的文件] [输出文件名]

功能：将一个文件分割成数个，即将大文件分割成较小的文件。在默认情况下，将每 1000 行分割成一个小文件。

8．文件的比较和排序

（1）diff 命令。

语法：diff [选项] [文件 1] [文件 2]

功能：以逐行的方式比较文本文件的差异，显示两个文件的不同之处。若指定要比较的目录，则 diff 命令会比较目录中相同文件名的文件，但不会比较其中的子目录。

（2）patch 命令。

语法：patch [选项] [原始文件] [补丁文件]

功能：给原始文件应用补丁文件，生成新文件。在 Linux 中，diff 命令与 patch 命令经常配合使用，以进行代码维护工作。

（3）cmp 命令。

语法：cmp [选项] [文件 1] [文件 2]

功能：比较两个文件，并显示不同之处的信息。

（4）sort 命令。

语法：sort [选项] [+<起始栏位>–<结束栏位>] [文件名]

功能：将文本文件内容以行为单位来排序。比较原则是从首字符向后，依次按 ASCII 进行比较，默认按升序输出。

9. 文件的链接

链接有两种：硬链接（Hard Link）和符号链接（Symbolic Link）。其中，符号链接又称为软链接。默认情况下，ln 命令生成硬链接，ln –s 命令生成软链接。

语法：ln [选项] [源文件] [新建链接名]

功能：为文件建立在其他路径中的访问方法（链接）。

（1）硬链接。

语法：ln [源文件] [新建链接名]

功能：对文件进行创建。

（2）软连接。

语法：ln –s [源文件] [新建链接名]

功能：对文件或目录进行创建。

10. 设备文件

Linux 沿袭了 UNIX 的风格，将所有设备视为一个文件（映射为一个文件节点），即设备文件。在 Linux 系统中，设备文件分为 3 类：字符设备、块设备、网络设备。块设备并不支持基于字符的寻址。字符设备只能顺序访问，而块设备和网络设备不仅可以顺序访问，还可以随机访问。为了方便管理，Linux 系统将所有的设备文件统一存放在/dev 目录下。

3.2.3　i 节点

Linux 文件系统是 Linux 系统的"心脏"部分，它提供了具有层次结构的目录和文件。文件系统将磁盘空间按每 1024B 划分为一组，每一组也称为块（也有用 512B 为一组的，如 SCO XENIX）；从 0 开始将磁盘的每一块进行编号。

全部块可划分为 4 个部分，分别是引导块、超级块、i 节点表和数据区。前两个部分各占固定的 1 块，第 1 部分为块 0，称为引导块，文件系统不使用该块；第 2 部分为块 1，称为超级块，超级块含有许多信息，其中包括磁盘大小和其他两个部分的大小。从块 2 开始是第 3 部分 i 节点表，i 节点表中含有 i 节点的相关信息，表的块数是可变的，本节将详细讨论。i 节点表之后的所有块组成第 4 部分，也就是数据区，负责数据存储，用于存放系统中文件的内容。

文件的逻辑结构和物理结构是十分不同的，逻辑结构是用户输入 cat 命令后所看到的文件串，用户可得到表示文件内容的字符流。物理结构是文件实际上如何存放在磁盘上的存储格式。当用户存取文件时，Linux 文件系统将以正确的顺序取出各块，并给用户提供文件的逻辑结构。

当然，在 Linux 系统中一定会有一个表，告诉文件系统如何将物理结构转换为逻辑结构。这样就涉及 i 节点了。每个 i 节点是一个 64bit 大小的表，其中含有一个文件的信息，如文件大小、文件所有者、文件存取许可方式，以及文件为普通文件、目录文件，还是特殊文件等信息。i 节点中重要的一项是磁盘地址表，i 节点的结构如图 3-6 所示。图 3-6 中 15 个指针很有特色。其中指针 1~指针 12 称为直接指针，它们直接指向数据块；指针 13 称为一级间接指针，它指向的是直接指针；指针 14 称为二级间接指针；指针 15 称为三级间接指针。

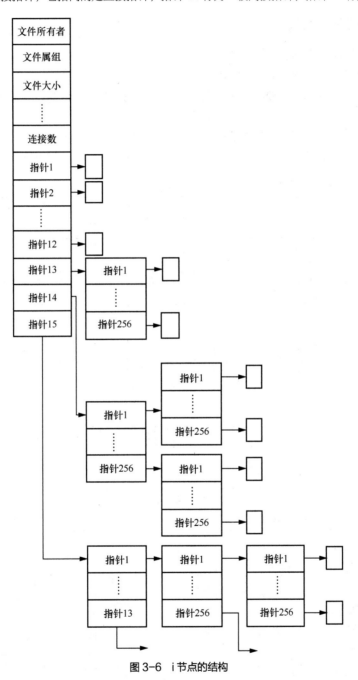

图 3-6　i 节点的结构

这样，在 Linux 系统中，文件最大为 16842762 块，即 17246988288B。在实际应用中，Linux 系统对文件的最大容量（一般为 1~2MB）有更实际的限制，以防止用户无意中建立一个用完整个磁盘中所有块的文件。

从图 3-6 中可以看出，i 节点中并不保存文件。文件系统将文件名转换为 i 节点的方法是利用了目录文件。

一个目录文件实际上是一个含有目录表的文件。每个文件在目录表中有一个入口项，入口项中含有文件名和与文件对应的 i 节点号。当用户输入 cat filename 时，文件系统就在当前目录表中查找名为 filename 的入口项，得到与文件 filename 相应的 i 节点号，然后开始读取含有文件 filename 内容的块。因此可以说是目录文件建立了文件名与 i 节点之间的联系。

3.2.4　文件的压缩与打包

压缩是指将一个大的文件通过某个压缩算法变成小文件。注意：压缩只对一个文件进行操作；要对多个文件进行压缩时就要借助打包，即应先打包再压缩。

打包是将多个文件或目录变成一个总的文件，并增加一些附加的信息来注明文件的信息，如文件的位置。

1. tar 命令

语法：tar [选项] [打包、压缩后的文件名][要打包、压缩的文件名或目录名]

功能：可以对目录进行先打包再压缩，形成.tar.gz/.tar.bz2 压缩文件。tar 命令常用选项及其功能如表 3-12 所示。

表 3-12　tar 命令常用选项及其功能

选项	功能
-z	调用 gzip/gunzip 程序(gzip 是 GNU 组织、开发的压缩程序,形成.gz 文件,对应的解压缩程序为 gunzip)
-j	调用 bzip2/bunzip2 程序（bzip2 是压缩能力更强的压缩程序，形成.bz2 文件，对应的解压缩程序为 bunzip2 ）
-Z	调用 compress/uncompress 程序（compress 也是一种压缩程序，形成.z 文件，对应的解压缩程序为 uncompress。.z 文件不常用 ）

2. gzip 命令

语法：gzip [选项] [文件名]

功能：对某一文件进行压缩，形成.gz 文件，而不能将整个目录压缩成一个文件。直接使用 gzip 程序，压缩完以后会删除原始文件。gzip 命令常用选项及其功能如表 3-13 所示。

表 3-13　gzip 命令常用选项及其功能

选项	功能
-d	解压缩
-l	对每个压缩文件，显示下列字段：压缩文件的大小、未压缩文件的大小、压缩比、未压缩文件的名称
-v	对每一个压缩和解压缩的文件显示文件名及压缩比
-r	递归式地查找指定目录并压缩/解压缩其中的所有文件或者是解压缩

gzip -v *对当前目录下所有文件进行压缩，对每个文件形成一个.gz 压缩文件，并显示文件名和压缩比。

gzip -dv *对当前目录下的所有.gz 压缩文件进行解压缩并显示文件名和压缩比。

gunzip *对当前目录下的压缩文件进行解压缩。

3. bzip2 命令

语法：bzip2 [选项] [文件名]

功能：bzip2 命令常用选项及其功能如表 3-14 所示。

4. zip 命令和 unzip 命令

为了压缩和解压缩 Windows 下常用的.zip 文

表 3-14　bzip2 命令常用选项及其功能

选项	功能
-v	压缩或解压缩文件时，显示详细的信息
-z	强制压缩
-k	压缩完之后，保留原文件
-d	解压缩

件，Linux 提供的 zip 和 unzip 命令可以把多个文件打包、压缩成一个文件。这一点与 gzip、bzip2 是不一样的。

zip 命令语法：zip [压缩文件] [原文件]

unzip 命令语法：zip [压缩文件]

5. rar 命令

若要压缩或解压缩.rar 文件，用户要先安装 RAR for Linux 软件。安装后会有 rar 和 unrar 命令，这两个命令的操作与 zip 命令的操作相同。

3.2.5 文件与目录的权限

Linux 系统中的每个文件和目录都有访问权限。Linux 系统通过访问权限来确定某个用户是否可以通过某种方式对文件或目录进行操作。文件和目录的访问权限分为读、写和执行。文件在创建的时候会自动把该文件的读、写权限分配给其所有者，使所有者能够显示和修改该文件；也可以将这些权限改变为其他的组合形式。一个文件若提供执行权限，则允许它作为一个程序被执行。我们可以用 chmod 命令来重新设定文件的访问权限，也可以用 chown 命令来更改某个文件或目录的所有者。

1. chmod 命令

语法：chmod [选项] [u|g|o|a] [+|-|=] [mode] [文件名]

功能：改变文件或目录的读、写和执行权限，控制文件或目录的访问权限。修改访问权限的方法有符号法和八进制数字法两种，此语法中给出的是符号法的命令格式。

在 Linux 中有 3 种不同类型的用户可对文件或目录进行访问，即文件所有者、同组用户和其他用户。文件所有者一般是文件的创建者，文件所有者可以允许同组用户有权访问文件，还可以将文件的访问权限赋予系统中的其他用户。

实例 3-7　chmod 命令参考实例。

下面介绍 chmod 命令的几种常用情况。

（1）为文件 ccut.conf 的属主增加执行权限，执行命令如下。

```
[root@localhost ~]# chmod u+x /etc/ccut.conf
```

（2）为文件 ccut.conf 的所属组去掉写权限，同时将其他用户设置为只有执行权限，而文件属主的权限不变，执行命令如下。

```
[root@localhost ~]# chmod g-w,o=x /etc/ccut.conf
```

（3）将文件 ccut.conf 的权限设置为：属主拥有全部权限；属组拥有读写权限；其他用户拥有只读权限，执行命令如下。

```
[root@localhost ~]# chmod 764 /etc/ccut.conf
```

2. umask 命令

语法：umask [-s] [权限掩码]

功能：指定在创建文件或目录时预设的权限掩码，即文件的创建掩码。如果使用-s 选项，那么用符号法来表示权限掩码；如果不使用-s 选项，那么用八进制数字法来表示权限掩码。

当在 Linux 系统中创建一个文件或目录时，系统会有一个默认权限。这个默认权限是根据 umask 值、文件或目录的基数来确定的。一般用户的默认 umask 值为 002，系统用户的默认 umask 值为 022。用户可以自主改动 umask 值，并且值在改动后立刻生效。文件的基数为 666，目录的基数为 777。

新创建文件的权限掩码是 666-umask。出于安全考虑，系统不允许为新创建的文件赋予执行权限，用户必须在创建新文件后用 chmod 命令增加执行权限。

新创建目录的权限掩码是 777-umask。

3.3 管道与重定向

3.3.1 管道

管道是两个进程间进行单向通信的一种机制。因为管道传递数据具有单向性，所以管道又称为半双工管道，这一特点决定了使用管道的局限性。管道符"|"的作用是将一个程序的标准输出作为另一个程序的标准输入。用管道符也可以启动多个进程，管道命令的格式如下。

命令1|命令2|命令3|…|命令n

> **实例 3-8　管道命令的使用。**

下面是管道命令的几种常用情况。

```
# ls -R l /etc|more
# cat test|more
# cat /etc/passwd|grep root
```

特点：数据只能由一个进程流向另一个进程（其中一个读管道，另一个写管道）。如果要进行双工通信，此时需要建立两个管道。

使用管道进行通信时，两端的进程向管道读写数据是通过创建管道时系统设置的文件描述符进行的。本质上说，管道也是一种文件，但它又与一般的文件有所不同。它可以解决使用文件进行通信的一些问题，因为文件只存储在内存中。

当然，管道还有一些不足，如管道没有名称（匿名管道）、管道的缓冲区大小是受限制的、管道传输无格式的字节流需要管道输入方和输出方事先约定好数据格式等。虽然其存在许多不足，但是对于一些简单的进程间通信，管道还是为用户操作提供了方便。

3.3.2 重定向

有时，用户需要将命令的输出/输入转移到其他文件或标准输出中，其中主要包括如下情况。

（1）需要将屏幕输出的很重要的信息存储下来。

（2）不希望后台执行的程序干扰屏幕正常的输出结果。

（3）希望保存一些系统的例行命令执行结果（例如写在/etc/crontab 中的文件）。

（4）想用 2> /dev/null 将已知的一些执行命令可能存在的错误信息删除。

（5）错误信息与正确信息需要分别输出。

利用重定向技术可以实现以上情况中的操作。下面介绍与重定向相关的符号及功能等。

1. 重定向符号

重定向符号及其功能如表 3-15 所示。

2. 标准错误重定向符号

标准错误重定向符号及其功能如表 3-16 所示。

表 3-15　重定向符号及其功能

重定向符号	功能
>	输出重定向到一个文件或设备，覆盖原来的文件
>!	输出重定向到一个文件或设备，强制覆盖原来的文件
>>	输出重定向到一个文件或设备，追加到原来的文件
<	输入重定向到一个程序

表 3-16　标准错误重定向符号及其功能

标准错误重定向符号	功能
2>	将一个标准错误输出重定向到一个文件或设备，覆盖原来的文件 b-shell
2>>	将一个标准错误输出重定向到一个文件或设备，追加到原来的文件
2>&1	将一个标准错误输出重定向到标准输出，1 代表标准输出
>&	将一个标准错误输出重定向到一个文件或设备，覆盖原来的文件 c-shell
|&	将一个标准错误输出用管道重定向到另一个命令来作为输入

注：Linux 中的 Shell 有多重类型，其中 b-shell 和 c-shell 是最常用的两种。关于这两种 Shell 的相关知识，本书中不再介绍，请读者自行学习。

3. 命令重定向

bash 命令在执行的过程中，主要有 3 种状况。命令重定向功能如表 3-17 所示。

表 3-17　命令重定向功能

名称	代码	别称	使用的方式
标准输入	0	stdin	<
标准输出	1	stdout	1>
错误输出	2	stderr	2>

3.4　Vi 编辑器

3.4.1　Vi 概述

Vi（Visual Interface）是一款由美国加州大学伯克利分校的 Bill Joy 研究、开发的文本编辑器。它为用户提供一个全屏幕的窗口编辑器。窗口一次可以显示一屏幕的编辑内容，并可以上下滚动。Vi 是 Linux 和 UNIX 系统中标准的文本编辑器，可以说几乎每一台 Linux 或 UNIX 主机都会提供这款软件。Vi 工作在字符模式下，由于不需要图形界面，它成为效率很高的文本编辑器。尽管在 Linux 上也有很多图形编辑器可用，但 Vi 在系统和服务器管理方面的能力是那些图形编辑器所无法比拟的。Vim 是从 Vi 发展出来的一个文本编辑器。

3.4.2　Vi 的操作模式

基本上 Vi 可分为 3 种操作模式，分别是命令模式（Command Mode）、插入模式（Insert Mode）和末行模式（Last Line Mode）。各模式的功能如下。

（1）命令模式：控制屏幕上光标的移动、字符的删除、移动或复制某区段及进入插入模式或末行模式。

（2）插入模式：唯有在插入模式时，才可进行文字、数据输入，按 Esc 键可回到命令模式。

（3）末行模式：可控制存储文件或离开编辑器，也可设置编辑环境，如寻找字符串、列出行号等。

我们可以把 Vi 简化成两个模式，即将末行模式也算作命令模式，从而把 Vi 分成命令模式和插入模式。这两种模式的切换方式如图 3-7 所示。

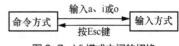

图 3-7　Vi 模式之间的切换

3.4.3　Vi 模式的基本操作

1．命令模式（可进入其他模式）

命令模式是用户进入 Vi 后的初始状态。在此模式中，可输入"vi"命令，让 Vi 完成不同的工作。

2．插入模式（在命令模式中输入 a、i、o、A、I、O）

在插入模式下，可对编辑的文件添加新的内容。这时在该模式下配合 Plugin 可以实现代码自动补全功能。

3．末行模式（在命令模式中输入：）

末行模式主要用来进行一些文字编辑辅助操作，如字符串查找、替换和保存文件等。在命令模式中输入
"："就可进入末行模式。在该模式下，若完成了输入命令或命令出错，就会退出 Vi 或返回命令模式。

4．可视化模式（在命令模式中输入 v）

在命令模式下输入"v"，则进入可视化模式。在该模式下，用户可以移动光标以选定要操作的字符串，输
入 c 剪切选定块的字符串，输入 y 复制选定块的字符串。

5．查询模式（在命令模式中?、/）

在命令模式中输入?、/等字符，则进入查询模式。在该模式下，用户可以向上或向下查询文件中的某个关
键字。

本章小结

在一个通用的操作系统中，磁盘、文件与目录文件管理是必不可少的功能。为此，本章介绍磁盘管理命令
如 mount、umount、df 和 du 等的用法，文件与目录管理命令如 ls、mkdir、rmdir、find 和 grep 等的用法。
文件的压缩与解压缩也是经常要进行的操作，因此本章主要介绍 gzip、gunzip 和 tar 这 3 个常用的命令。为了
保证系统的安全性，还要为不同用户分配不同的权限，因此本章主要介绍 chmod、umask 和 chown 命令。最
后，本章还介绍 Vi 编辑器的基本操作。

思考与练习

一、选择题

1．用户编写了一个文本文件 a.txt，想将该文件名称改为 txt.a，下列命令（　　　）可以实现。

A．cd a.txt txt.a　　　　　　　　　　　　B．echo a.txt > txt.a

C．rm a.txt txt.a　　　　　　　　　　　　D．cat a.txt > txt.a

2．若要将当前目录中的 myfile.txt 文件压缩成 myfile.txt.tar.gz，则实现的命令为（　　　）。

A．tar −cvf myfile.txt myfile.txt.tar.gz　　　　B．tar −zcvf myfile.txt myfile.txt.tar.gz

C．tar −zcvf myfile.txt.tar.gz myfile.txt　　　　D．tar −cvf myfile.txt.tar.gz myfile.txt

3．假设文件 fileA 的软链接为 fileB，那么删除 fileA 后，下列描述正确的是（　　　）。

A．fileB 也随之被删除

B．fileB 仍存在，但属于无效文件

C．因为 fileB 未被删除，所以 fileA 会被系统自动重新建立

D．fileB 会随 fileA 的删除而被系统自动删除

4．下列关于 i 节点的描述中错误的是（　　　）。

A．i 节点能描述文件占用的块数

B．i 节点和文件是一一对应的

C. i 节点描述了文件大小和指向数据块的指针

D. 通过 i 节点可以实现文件的逻辑结构和物理结构的转换

二、填空题

1. Linux 系统中使用最多的文件系统是_____。

2. 列出磁盘分区信息的命令是_____。

3. 将设备挂载到挂载点处的命令是_____。

4. 查看块设备（包括交换分区）的文件系统类型的命令是_____。

5. 查看或设置 ext2/ext3/ext4 分区卷标的命令是_____。

6. 查看或设置 xfs 分区卷标的命令是_____。

7. 统计目录（或文件）所占磁盘空间大小的命令是_____。

8. 为文件建立在其他路径中的访问方法的命令是_____，链接有_____和_____两种。

9. 将磁盘分区或文件设置为 Linux 交换分区的命令是_____。

10. 检查文件系统并尝试修复错误的命令是_____。

11. 对系统的磁盘操作活动进行监视，汇报磁盘活动统计情况的命令是_____。

12. 将内存缓存区内的数据写入磁盘的命令是_____。

13. 显示目录内容的命令有_____。

14. 查看文件内容的命令有_____。

15. cat 命令的功能是_____。

16. Linux 文件挂载方式主要有_____、_____、_____。

17. Linux 文件链接方式有_____、_____。

18. Linux 系统中文件的基本类型包括_____、_____、_____、_____。

19. 删除一个非空子目录/tmp 的命令是_____。

三、思考题

1. /ect/fstab 文件中每条记录的各个字段有什么作用？

2. 哪些措施可以增强文件与目录的安全性？

3. 简述如何创建一个用户。

四、上机题

1. 选择一个文件系统，对其进行挂载，然后访问其中的内容，再对其进行卸载。

2. 选用本章介绍的命令建立目录，并对文件和目录进行移动、复制、删除以及改名等操作。

3. 首先使用 chown 命令改变某一文件或目录的所有者，然后使用 chmod 命令设置其他用户对该文件或目录的读、写和执行权限。

4. 使用 find 命令查找某一大小为 20MB ~ 30MB 的文件。

5. 使用 gzip 命令对文件进行压缩。

6. 使用 tar 命令对文件进行压缩和解压缩。

第4章

软件包管理

在 Linux 操作系统中安装软件的过程要比在 Windows 操作系统中的过程烦琐，普通用户在安装软件时也会遇到不同的问题。Linux 操作系统中常见的软件包安装方式有 RPM 和 YUM 两种。本章将针对这两种方式介绍 Linux 操作系统中软件包的安装过程。

4.1　RPM

4.1.1　RPM 简介

Red Hat 软件包管理器（Red Hat Package Manager，RPM）是由 Red Hat 公司开发的软件包安装和管理程序。使用 RPM，用户可以自行安装和管理 Linux 上的应用程序和系统工具。

因为有了 RPM，在 RHEL 7 里安装和升级软件包变得更轻松、简单。RPM 文件包含组成应用软件所需要的全部程序文件、配置文件和数据文件，甚至还包括相关的文档。用户只需简单的操作，RPM 就可以从一个 RPM 软件包里把一切都替用户安装好。用户甚至还可以制作自己的 RPM 软件包。用户可以使用几种基于窗口的 RPM 工具来管理自己的 RPM 软件包，如安装新软件或者卸载已有软件。这些工具都提供了简单、易用的软件包管理界面，使用户能够方便地获取某个软件包的详细资料（包括它将安装文件的完整清单等）。另外，作为这些管理工具的一部分，Red Hat 公司的发行版本还对其 CD-ROM 上的软件包提供了软件管理功能。

4.1.2　RPM 的使用

1. 使用 RPM 安装软件

从一般意义上说，软件包的安装其实就是文件的复制，即把软件所用到的各个文件复制到特定目录。安装 RPM 软件包也是如此。RPM 文件名由 "包名称+版本号+发布版本号+架构" 组成。例如，文件 "MySQL-client-3.23.57-1.i386.rpm"，"MySQL-client" 是包名称，"3.23.57" 是版本号，"1" 是发布版本号，"i386" 是架构。

当安装 RPM 软件包时，RPM 会先检查系统是否可以安装这个版本的软件包，并提示软件包文件会被安装的位置，然后安装软件包，并将已安装软件包的信息登记到软件包数据库中。

语法：rpm [安装选项 1 安装选项 2 ...] [软件包名 1] [软件包名 2] ...

功能：详细安装选项及其功能如表 4-1 所示。通用选项和其他 RPM 选项及其功能如表 4-2 所示。

表 4-1　详细安装选项及其功能

选项	功能	选项	功能
-excludedocs	不安装软件包中的文件	-nodeps	不检查依赖关系
-force	忽略软件包及文件的冲突	-noscripts	不运行预安装和后安装脚本
-ftpport port	指定 FTP 的端口号为 port	-percent	以百分比的形式显示安装进度
-ftpproxy host	将 host 作为 FTP 代理	-prefix path	安装到由 path 指定的路径下
-h(hhash)	安装时输出散列记号（#）	-replacefiles	替换属于其他软件包的文件
-ignorearch	不检查软件包的结构	-replacepkgs	强制重新安装已安装的软件包
-ignoreos	不检查软件包运行的操作系统	-test	只对安装进行测试，不实际安装
-includedocs	安装软件包中的文件	-nodeps	不检查依赖关系

表 4-2　通用选项和其他 RPM 选项及其功能

选项	功能	选项	功能
-dbpath path	设置 RPM 资料库所在的路径为 path	-help	显示帮助文件
-root path	让 RPM 将 path 指定的路径作为根目录，这样预安装程序和后安装程序都会安装到这个目录下	-initdb	创建一个新的 RPM 资料库
		-quiet	尽可能地减少输出
		-rebuilddb	重建 RPM 资料库
-v	显示附加信息	-version	显示 RPM 的当前版本
-vv	显示调试信息	—	—

实例 4-1　安装 MySQL-client 软件包。

下面给出了安装 MySQL-client 软件包的常见方式和过程。

```
[root@localhost ~]# rpm -ivh  MySQL-client-3.23.57-1.i386.rpm
Preparing...                 ###########################################[100%]
   1:MySQL-client            ###########################################[100%]
```

2. 使用 RPM 删除软件

语法：rpm -e [删除选项 1 删除选项 2 ...] [软件名 1] [软件名 2] ...

这里可用 --erase 代替 -e，效果相同。

参数：软件名 1、软件名 2 是将要删除的 RPM 软件包的名称。

功能：详细删除选项及其功能如表 4-3 所示。

表 4-3　详细删除选项及其功能

选项	功能
-nodeps	不检查依赖关系

实例 4-2　使用 RPM 删除软件。

下面给出了使用 RPM 删除软件的步骤。

第 1 步：删除 Webmin 程序。

```
[root@localhost ~]# rpm -e webmin
Running uninstall scripts.
Subroutine list_servers redefined at/usr/libexer/webmin/servers/servers-lib.pl line 92.
Subroutine list_servers_sorted redefined at /usr/libexec/webmin/servers/servers-lib.
pl line 111.
Subroutine get_server redefined at/usr/libexec/webmin/servers/servers-lib.pl line 143.
Subroutine save_server redefined at/usr/libexec/webmin/servers/servers-lib.pl line 158.
Subroutine delete_server redefined at/usr/libexec/webmin/servers/servers-lib.pl line
175.
Subroutine can_use_server redefined at/usr/libexec/webmin/servers/servers-lib.pl line
188.
Subroutine list_all-groups redefined at/usr/libexec/webmin/servers/servers-lib.pl line
208.
Subroutine logged_in redefined at/usr/libexec/webmin/servers/servers-lib.pl line 278.
```

```
Subroutine get_server_types redefined at/usr/libexec/webmin/servers/servers-lib.pl line
303.
Subroutine this_server redefined at/usr/libexec/webmin/servers/servers-lib.pl line 313.
Subroutine get_my_address redefined at/usr/libexec/webmin/servers/servers-lib.pl line
332.
Subroutine address_to_broadcast redefined at/usr/libexec/webmin/servers/servers-lib.
pl line 361.
Subroutine test_server redefined at/usr/libexec/webmin/servers/servers-lib.pl line 375.
Subroutine find_cron_job redefined at/usr/libexec/webmin/servers/servers-lib.pl line
394.
Subroutine find_servers redefined at/usr/libexec/webmin/servers/servers-lib.pl line 407.
[root@localhost ~]#
```

第 2 步：删除 httpd 程序（Web 服务器进程）。由于 httpd 与其他程序存在依赖关系，故仅使用-e 选项是不能达到删除目的的。如果一定要删除，应使用--nodeps 选项。

```
[root@localhost ~]# rpm - e httpd
```
错误：依赖检测失败。
```
        Httpd-mmn=20120211×8664被（已安装）mod_auth_kerb-5.4-28.el7.×86_64需要
        Httpd-mmn=20120211×8664被（已安装）mod_nss-1.0.8-32.el7.×86_64需要
        Httpd-mmn=20120211×8664被（已安装）mod_wsgi-3.4-11..el7.×86_64需要
        Httpd >=2.4.6.7被（已安装）ipa-server-3.3.3-28.el7.×86_64需要
[root@localhost ~]#
```

3. 使用 RPM 升级软件

语法：rpm –U [升级选项 1 升级选项 2...] [包文件 1] [包文件 2]...

这里可用--upgrade 代替-U，效果相同。

参数：包文件 1、包文件 2 是将要升级的 RPM 软件包的名称。

功能：详细升级选项及其功能如表 4-4 所示。

表 4-4　详细升级选项及其功能

选项	功能	选项	功能
–excludedocs	不安装软件包中的文件	–ignorearch	不检查软件包的结构
–port-force	忽略软件包及文件的冲突	–replacefiles	替换属于其他软件包的文件
–ftpport port	指定 FTP 的端口号为 port	–ignoreos	不检查软件包运行的操作系统
–ftpproxy host	用 host 作为 FTP 代理	–replacepkgs	强制重新安装已安装的软件包
–percent	以百分比的形式显示安装进度	–includedocs	安装软件包中的文件
–prefix path	安装到由 path 指定的路径下	—	—

实例 4-3　使用 RPM 升级软件。

下面给出了使用 RPM 升级软件的步骤。

第 1 步：执行第一条命令（带-Uvh 选项），安装 Webmin。

第 2 步：执行第二条命令（带-Uvh --force 选项）。尽管 Webmin 软件已经安装，但我们可以使用-- force 选项进行强行升级。

```
[root@localhost ~]# rpm Uvh webmin-1.680-1noarch.rpm
警告: webmin-1.680-1.noarch.rpm: 头v3 DSA/SHA1 Signature.密钥 ID 11f63c51: NOKEY
准备中......                    ###############################[100%]
Operating system is redhat Enterprise linux
正在升级/安装......
   1:webmin-1.680-1             ###############################[100%]
Webmin install complate.You can now login to https://localhost.localadomain:10000/
[root@localhost ~]# rpm Uvh --force webmin-1.680-1noarch.rpm
警告: webmin-1.680-1.noarch.rpm: 头v3 DSA/SHA1 Signature.密钥 ID 11f63c51: NOKEY
准备中......                    ###############################[100%]
正在升级/安装......
   1:webmin-1.680-1.            ###############################[100%]
Webmin install complate.You can now login to https://localhost.localadomain:10000/
```

4. 使用 RPM 查询软件

语法：rpm -q [查询选项 1 查询选项 2...] <软件名|软件包名|文件名>

这里可用-query 代替-q，效果相同。

查询选项及其功能如表 4-5 所示。

表 4-5　查询选项及其功能

类别	查询选项	功能
信息选项	-c	显示配置文件列表
	-d	显示文件列表
	-i	显示软件包的概要信息
	-l	显示软件包中的文件列表
	-s	显示软件包中的文件列表并显示每个文件的状态
	<null>	显示软件包的全部标识
	--dump	显示每个文件的所有已校验信息
	--provides	显示软件包提供的功能
	--queryformat 或--qf	以用户指定的方式显示查询信息
	--requires 或-R	显示软件包所需功能
	--scripts	显示安装、卸载、校验脚本
详细选项	-a	查询所有安装的软件包
	-f<file>	查询 file 属于哪个软件包
	-g<group>	查询属于 group 组的软件包
	-p<file>或 "-"	查询软件包的文件
	--whatprovides<x>	查询提供了 x 功能的软件包
	--whatrequires<x>	查询所有需要 x 功能的软件包

实例 4-4　使用 RPM 查询软件。

下面给出了使用 RPM 查询软件的步骤。

执行带-qa 选项的 rpm 命令查询 webmin 和以 http 开头的软件。

```
[root@localhost ~]# rpm -qa webmin
webmin-1680-1.noarch
[root@localhost ~]# rpm -qa http*
httpd-tools-2.4.6-17.el7.x86_64
httpcomponents-client-4.2.5-4.el7.x86_64
httpd-2.4.6-17.el7.x86_64
httpcomponents-core-4.2.4-6.el7.noarch
```

5. 使用 RPM 检查软件包

语法：rpm –K <软件包名>

–K：检查 RPM 软件包的 GPG（GNU Privacy Guard，GNU 加密保护）签名，在检查之前应该先使用以下命令导入 Red Hat 公司的 GPG Key 文件。GPG Key 文件在 Red Hat 提供的安装光盘与系统中都有。

```
rpm -import/etc/pki/rpm-gpq/RPM-GPG-KEY-redhat-release
```

6. 使用 RPM 校验软件

语法：rpm – V｜–Va <软件名>

–V 表示校验软件；–Va 表示校验所有软件。当一个软件包被安装后，用户可以对其进行校验，以检测软件是否被用户修改过。若校验出被修改地方，则可以看到以下几项：S 表示文件大小；M 表示文件权限与类型；5 表示 MD5 求和；U 表示文件的所有者；G 表示文件的所属组；T 表示更改时间。

7. 使用 rpm2cpio、cpio 提取 RPM 软件包中的特定文件

如果不小心把/ete/mail/sedmail.mc 修改坏了，又没有备份原始文件，此时可以从 RPM 软件包中提取出原始文件。

第 1 步：确定/etc/mail/sedmail.mc 属于哪个 RPM 软件包，执行命令如下。

```
# rpm -qt /etc/mail/sendmail.mc
sendmail-8.14.7-4.el7.x86-64
```

第 2 步：从.iso 中提取出 sendmail-8.14.7-4.el7.x86-64.rpm（或者通过其他方式取得），执行命令如下。

```
# mount/opt/rhe1-server-7.0-x86_64-dvd.iso/mnt/iso/
```

第 3 步：确认 sendmail.mc 的路径，执行命令如下。

```
# rpm-qlp /mnt/iso/packages/sendmail-8.14.7-4.el7.x86_64.rpm | grep sendmail.mc
/etc/mail/sendmail.mc
```

在提取 sendmail.mc 之前，有必要确认它的相对路径，执行命令如下。

```
# rpm2cpio /mnt/iso/packages/sendmail-8.14.7-4.el7.x86_64.rpm | cpio-t| grep sendmail.mc
./etc/mail/sendmail.mc
```

现在可以提取 sendmail.mc 了。执行下面的命令，将文件提取到当前目录。

```
[root@localhost ~]# rpm2cpio /mnt/iso/packages/sendmail-8.14.7-4.el7.
x86_64.rpm | cpio -idv ./etc/mail/sendmail.mc
./etc/mail/sendmail.mc
etc/mail/sendmail.mc
```

cpio 命令后的文件路径./etc/mail/sendmail.mc 必须与前面查询的相对路径一样，否则提取不成功。

cpio 选项说明如下。

–t：表示列出，与--list 等同。注意，此时列出的是"相对路径"。

–i：表示抽取，与--extract 等同。

–d：创建目录，与--make-directories 等同。

–v：冗余信息输出，与--verbose 等同。

8. 使用图形界面的软件包管理工具

在终端窗口中执行 gpk –application 命令，可以打开【软件包管理者】窗口。我们可以通过光盘或网络来安装软件包。

9. 二进制包

在 Linux 系统中，扩展名为.bin 的文件是二进制文件，它也是源程序经编译后得到的机器语言程序。有一些软件可以发布以.bin 为扩展名的安装包。

安装很简单：给下载来的.bin 文件加上执行权限，便可以执行安装。下面以流媒体播放器 RealPlayer for Linux 为例来安装二进制软件包。

```
# chmod 755 RealPlayer11GOLD.bin
# ./RealPlayer11GOLD.bin
```

10. 源代码包

在 Linux 中，使用的软件都是开源的。用户可以得到软件的源代码包，源代码包经过编译后再进行安装。源代码包往往会含有很多源代码文件，如.h 文件、.c 文件、.cc 文件、.cpp 文件等。

安装过程如下。

```
# tar zvxf ×××.tar.gz          //解压缩
# cd ×××
# ./configure                  //配置
# ./configure --help           //查看configure选项
# make                         //编译
# make install                 //安装
# make uninstall               //卸载
```

4.2 YUM

4.2.1 YUM 简介

YUM（Yellow Dog Updater Modified）是一个在 Fedora、RHEL 以及 CentOS 中的 Shell 前端软件包管理器。基于 RPM，它能够从指定的服务器自动下载 RPM 软件包并安装能够自动处理依赖性关系，且一次安装所有依赖的软件包，无须烦琐地下载、安装。

如今的操作系统中都已经安装了 YUM 工具，如果没有安装，用户可以自行从网上下载、安装。用以下 wget 命令可以直接从网上下载 YUM，下载的文件会放在当前目录下。

```
[root@squid yum]# wget YUM官方网站安装文件的链接
```

YUM 工具的使用可参考官方网站的说明。

4.2.2 YUM 的使用

> 实例 4-5 YUM 的使用。

下面给出了使用 YUM 安装软件的步骤。

第 1 步：认识 YUM 的主配置文件 yum.conf。

YUM 的全局配置信息都存储在配置文件/etc/yum.conf 中，对其中配置选项的说明如下。

cachedir：YUM 缓存的目录。YUM 将下载的 RPM 软件包存放在 cachedir 指定的目录下。

keepcache：缓存是否保存，1 表示保存，0 表示不保存。

metadata_expire：过期时间。

debuglevel：除错级别，级别为 0 ~ 10，默认级别是 2。

logfile：YUM 的日志文件，默认是/var/log/yum.log。

pkgpolicy：包的策略，它一共有 newest 和 last 两个选项。如果设置了多个仓库 Repository，而同一款软件在不同的仓库中同时存在，YUM 应该安装哪一个呢？如果是 newest，那么 YUM 会安装最新的版本；如果是 last，那么 YUM 会将服务器 ID 依据字母表顺序排序，并选择最后那个服务器上的软件进行安装。默认是 newest。

distroverpkg：指定一个软件包，YUM 会根据这个包判断软件的发行版，默认是 redhat-release，也可以是安装的任何针对自己使用的发行版 RPM 软件包。

tolerent：表示 YUM 是否容忍命令行提示与软件包有关的错误，它有 1 和 0 两个选项。如果设置为 1，那么命令行不会提示错误信息。默认是 0。

exactarch：表示是否只升级与所安装软件包的 CUP 体系一致的软件包，它有 1 和 0 两个选项。如果设置为 1，并且已经安装了一个 i386 体系的 RPM 软件包，那么 YUM 不会用 i686 体系的软件包来升级。

obsoletes：允许更新陈旧的 RPM 软件包。

gpgcheck：代表是否进行 GPG 校验，它有 1 和 0 两个选项。

plugins：是否允许使用插件，0 表示不允许，1 表示允许。一般会用 yum-fastestmirror 这个插件。

retries：网络连接发生错误后的重试次数。如果设置为 0，则会无限重试。

exclude：排除某些软件在升级名单之外。它可用通配符，列表中各个项目要用空格隔开。

```
[main]
cachedir=/var/cache/yun/$basearch/$releasever
keepcache=0
debuglevel=2
logfile=/var/log/yun.log
exactarch=1
obsoletes=1
gpgcheck=1
plugins=1
installonly_linit=3
......
# This is the default, if you make this bigger yum won't see if the metadata
# is never on the remote and so you'll "gain" the bandwidth of not having to
# download the new metadata and "pay" for it buy yum not having correct
# information
# It is esp. Improtant, to have correct metadata, for distributions like
# Fedora which don't keep old packages. if you don't like this checking
# interupting your command line usage, it's much better to have someing
# manually check the metadata once an hour (yum-updatesd will do this).
# metadata_expire=90m

# PUT YOUR REPOS HERE OR IN separate files named file.repo
# in/etc/yum.repos.d
```

第 2 步：认识 YUM 客户端的配置文件。

YUM 客户端的配置文件是在本地的/etc/yum.repos.d 目录下以.repo 结尾的多个文件中。

第 3 步：修改 YUM 资源库（仓库）。

所有仓库的设置都遵循如下格式。

```
[updates]
name=Centos-sreleasever-Updates
```

```
mirrorlist=http://mirrorlist.org/?release=sreleaever&arch=sbasearch&repo=updates
# baseur1=http://mirror.centos.org/centos/s releasever/updates/sbasearch/
enabled=1
gpgcheck=1
gpgkey=file:///etc/pki/rpm-gpg/RPG-GPG-KEY-Centos-7
```

对其中配置选项的说明如下。

updates：用于区别各个不同的仓库，它必须为一个独一无二的名称。

name：对仓库的描述。

baseurl：服务器设置中最重要的部分之一。只有设置正确，才能获取软件包。它的格式如下。

```
baseurl=url://serverl/path/to/repository/
ur1://server2/path/to/repository/
ur1://server3/path/to/repository/
```

其中 URL 支持的协议有 HTTP、FTP 和 File 3 种。baseurl 后可以跟多个 URL，也可以改为下载速度比较快的镜像站点。但是 baserul 只能有一个，也就是说如下格式是错误的。

```
baseurl=url://serverl/path/to/repository/
baseurl=url://server2/path/to/repository/
baseurl=url://server3/path/to/repository/
```

其中 URL 指向的目录必须是这个 repository 目录的父目录（即 repodata 目录），它也支持$releasever、$basearch 这样的变量。$releasever 是指当前发行版；$basearch 是指 CPU 体系，如 i386 体系、Alpha 体系。

> 每个镜像站点中 repodata 目录的路径可能不一样。设置 baseurl 之前一定要先登录相应的镜像站点来查看 repodata 目录所在的位置，然后才能设置 baseurl。

enable：用于确认是否禁止 YUM 使用这个仓库。enable=0 表示禁止 YUM 使用这个仓库；enable=1 表示 YUM 使用这个仓库。如果没有设置 enable 选项，那么相当于 enable=1。

gpgcheck：用于确认安装前是否对 RPG 软件包进行检测。gpgcheck=0 表示安装前不对 RPG 软件包进行检测；gpgcheck=1 表示安装前对 RPG 软件包进行检测。

gpgkey：GPG 文件的位置。

首先将/etc/yum.repos.d 目录中的文件都移到备份目录中，然后在此目录中创建/etc/yum.repos.d/rhel-rc.repo 文件，文件内容如下。

```
[rhel.rc]
name=red hat enterprse linux 7 rc. $basearch
baseural=http://ftp.redhat.com/pub/redhat/rahel/rc/7/sever/$basearch/os/
enabled=1
priority=1
gpgcheck=1
gpgkey=file:///etc/pki/rpm-gpg/rpm-gpg-key-redhat-release

[rhel-rc-optionl]
name=red hat enterprise linux 7 rc optional-$baseaech
baseurl=http://ftp.redhat.com/pub/redhat/rhel/rc/7/sever-optional/$basearch/os/
priorty=1
gpgcheck=1
gpgkey=file:///etc/pki/rpm-gpg/rpm-gpg-key-redhat-release
```

第 4 步：导入 Key。

使用 YUM 之前，先要导入每个仓库的 GPG Key。YUM 使用 GPG 对软件包进行校验，以确保下载软件包的完整性，所以要到各个仓库中找到 GPG Key 文件，文件名一般是 rpm-gpg-key*等的形式，将它们下载，然后用 rpm --import ×××.txt 命令将它们导入，我们也可以执行如下命令导入 GPG Key。

```
* rpm --import GPG Key文件的URL
```

第 5 步：使用 YUM。

YUM 的基本操作包括软件的安装（本地安装、网络安装）、升级（本地升级、网络升级）、卸载、查询。

（1）用 YUM 安装、删除软件。

用 YUM 安装、删除软件的命令及功能如表 4-6 所示。

表 4-6 用 YUM 安装、删除软件的命令及功能

命令	功能
yum [y] install <package_name>	安装指定的软件包。安装前，YUM 会查询仓库，如果有相应软件包，则检查其依赖冲突关系。如果没有依赖冲突关系，那么下载、安装；如果有依赖关系，则会给出提示，询问是否要同时安装依赖或删除冲突的软件包
yum localinstall <package_name>	安装一个本地已经下载的软件包
yum groupinstall <组名>	如果仓库为软件包分了组，则可以通过安装此组来完成安装这个组里面的所有软件包
yum [-y] remove <package_name>	删除指定的软件包。同安装一样，YUM 也会查询仓库，给出解决依赖关系的提示
yum [-y] erase <package_name>	删除指定的软件包
yum groupremove <组名>	卸载组里面所包含的软件包

如果要使用 YUM 安装 Firefox，用户可以执行 yum install Firefox 命令。

如果本地有 RPM 软件包×××.rpm，用户可以执行 yum localinstall ×××.rpm 命令来安装。

如果不是 root 超级用户，该类用户可以执行 su –c 'yum install Firefox'命令。

（2）用 YUM 检查、升级软件。

用 YUM 检查、升级软件的命令及功能如表 4-7 所示。

表 4-7 用 YUM 检查、升级软件的命令及功能

命令	功能
yum check-update	检查可升级的软件包
yum update	升级所有可升级的软件包
yun update kernel kernel-source	升级指定的软件包，如升级 kernel 和 kernel-source
yum –y update <package_name>	升级所有可升级的软件包，-y 用于将全部问题自动应答为是
yum update <package_name>	仅升级指定的软件
yum upgrade	大规模的版本升级。与 yum update 不同的是，它连陈旧的、淘汰的软件包也升级
yum groupupdate <组名>	升级组里面的软件包

（3）用 YUM 搜索、查询软件。

用 YUM 搜索、查询软件的命令及功能如表 4-8 所示。

表 4-8 用 YUM 搜索、查询软件的命令及功能

命令	功能
yum search <keyword>	搜索匹配特定字符的软件包
yum list	列出仓库中所有可以安装或更新的软件包
yun list updates	列出仓库中所有可以更新的软件包
yum list installed	列出所有已安装的软件包
yum list extras	列出所有已安装但不在仓库中的软件包
yum list <package_name>	列出所指定的软件包
yum deplish <package_name>	查看程序对软件包的依赖情况
yum groupinfo <组名>	显示程序组信息
yum info <package_name>	获取软件包信息
yum info	列出仓库中所有可以安装或更新的软件包信息
yum info updates	列出仓库中所有可以更新的软件包信息
yum info installed	列出所有已安装的软件包信息
yum info extras	列出所有已安装但不在仓库中的软件包信息
yum provides <package_name>	列出软件包提供的文件

（4）清除 YUM 缓存。

YUM 会把下载的软件包和头文件存储在缓存中，而不会自动删除。如果觉得软件包和头文件占用了磁盘空间，用户可以对它们进行清除。清除 YUM 缓存的命令及功能如表 4-9 所示。

表 4-9 清除 YUM 缓存的命令及功能

命令	功能
yum clean packages	清除缓存目录（/var/cache/yum）下的软件包
yum clean headers	清除缓存目录下的头文件
yum clean oldheaders	清除缓存目录下陈旧的头文件
yum clean、yum clean all	清除缓存目录下的软件包以及陈旧的头文件

不建议 YUM 在开机时自动运行，因为它会让系统的运行速度变慢。此时，我们执行 ntsysv --level 35 命令，在出现的文本用户窗口（TUI）中取消 YUM 即可。此后，如果需要更新软件包，我们可以采用手动更新。

实例 4-6 使用 createrepo 命令创建本地仓库。

下面给出了使用 createrepo 命令创建本地仓库的步骤。

第 1 步：创建挂载 .iso 文件的目录，执行命令如下。

```
# mkdir -p /cdrom/iso
```

第 2 步：使用 loop 设备方式挂载 .iso 文件，执行命令如下。

```
# mount -o loop /opt/rhel-server-7.0-x86_64-dvd.iso /cdrom/iso
```

第 3 步：创建一个仓库，执行命令如下。创建仓库之前需要确认系统已经安装 createrepo 软件包。这个软件包是一个非限制软件包，系统默认不会安装。

```
# cd /cdrom
```

```
# createrepo.        //createrepo后加一个点，其作用是在当前目录下生成一个仓库数据文件夹
# yum clean all
```

第 4 步：创建 local.repo 文件，执行命令如下。

```
# cat /etc/yum.repos.d/local.repo   //以下为local.repo文件内容

[RHEL-local]         //[]中的字符串不能有空格
name=RHEL local repo
baseurl=fil://cdrom
enabled=1
priority=1
gpgcheck=0

# yum repolist all   //查看拥有的安装源

已加载插件：langpacks,product-id,subscription-manager
源标识          原名称              状态
RHEL-local      RHEL local repo     启用：4,389
repolist:4,389
```

这样，YUM 工具就可以使用.iso 文件作为安装源了。

本章小结

本章主要介绍安装和升级 RPM 软件包。通过对 RPM 软件包的学习，读者能够自行完成 RPM 软件包的安装、删除、检查和升级等操作。虽然 RPM 是一个功能强大的软件包管理工具，但是它有一个缺点就是当检测到软件包的依赖关系时，用户只能手动配置软件；而 YUM 可以自动解决软件包间的依赖关系，并且可以通过网络安装和升级软件包。

思考与练习

一、选择题

1. RPM 是由（   ）公司开发的软件包安装和管理程序。
A. Microsoft   B. Red Hat
C. IBM   D. DELL

2. 使用 rpm 命令安装软件包时，所用的选项是（   ）。
A. –i   B. –e
C. –U   D. –q

3. 如果需要找出/etc/my.conf 文件属于哪个包，可以执行（   ）命令。
A. rpm –q /etc/my.conf   B. rpm –requires /etc/my.conf
C. rpm –qf /etc/my.conf   D. rpm –q | grep /etc/my.conf

4. 以下哪个命令用来只更新已经安装过的 rpm 软件包？（   ）
A. rpm –U *.rpm   B. rpm –F *.rpm
C. rpm –e *.rpm   D. rpm –q *.rpm

5. 查看一个 RPM 软件配置文件的存放位置可以使用的命令是（   ）。
A. rpm –qc rpm1   B. rpm –Vc rpm1
C. rpm --config rpm1   D. rpm –qa --config rpm1

6. 在 rpm 命令中，卸载 RPM 软件包使用的选项是（　　）。

A. -i
B. -v
C. -e
D. -U

二、填空题

1. RPM 文件包含组成应用软件所需要的全部程序文件、_____、_____，甚至还包括相关的文档。

2. 在终端窗口中执行_____命令，可以打开【软件包管理者】窗口。

3. YUM 会把下载的软件包和头文件存储在_____中，而不会自动删除。

4. YUM 是一个在 Fedora、_____以及 CentOS 中的 Shell 前端软件包管理器。

三、简答题

1. 在 RHEL 7 中 createrepo 命令如何创建本地仓库？

2. 在 RHEL 7 中使用 rpm 命令如何删除 Webmin 软件？

3. 在 RHEL 7 中使用 rpm 命令如何查询 RPM 软件包是否安装？

4. 在 RHEL 7 中使用 rpm 命令如何查询系统中所有已安装的 RPM 软件包？

5. 在 RHEL 7 中使用 rpm 命令如何查询 RPM 软件包的详细信息？

6. 在 RHEL 7 中使用 rpm 命令如何查询 RPM 软件包中的文件列表？

第5章

网络基本配置

Linux 下的网络配置方式有很多种，如用 CLI、GUI、Netconfig 和修改配置文件等。其中比较常用的是 CLI 和 GUI，但是 CLI 中的命令很多时候只能一次性生效，所以有些情况下也需要通过修改配置文件来配合完成配置工作，最终达到用户配置网络的目的。

本章将针对 CLI 和修改配置文件的方式讲解如何对 Linux 下的网络进行配置，GUI、Netconfig 方式的配置在本书中不做介绍。

5.1 网络环境配置

5.1.1 网络接口配置

1. 配置主机名

计算机系统的主机名可用来标识主机，其在网络中具有唯一性。在 Linux 中配置主机名的命令为 hostname，如查看当前主机名使用 hostname 命令，临时设置主机名使用 "hostname 新主机名" 命令，但是这样不会将配置保存到/etc/sysconfig/network 配置文件中，系统重启后修改的主机名就会失效；如果想让修改后的主机名长期生效，此时需要修改/etc/sysconfig/network 文件中 HOSTNAME 的值，然后重启计算机系统。例如，若想将系统主机名设置为 ccut，配置如下。

```
# hostname ccut
```

2. 修改配置文件

（1）/etc/sysconfig/network 文件。

/etc/sysconfig/network 文件负责对 Linux 系统中的网卡进行整体设置，主要配置信息如下。

```
# cat /etc/sysconfig/network
NETWORKING=yes              //表示系统是否使用网络服务功能
HOSTNAME=localhost          //设置主机名
GATEWAY=222.27.50.254       //默认网关
FORWARD_IPv4=false          //表示是否开启IP数据包的转发。单网卡情况下该配置值为false
```

（2）/etc/sysconfig/network-scripts 文件。

Linux 系统中网卡的默认名称是 ifcfg-eno16777736。/etc/sysconfig/network-scripts 文件是网卡详细信息的配置文件，主要配置信息如下。

```
# cat /etc/sysconfig/network-scripts/ifcfg-eno16777736
网卡类型: TYPE=Ethernet
地址分配模式: BOOTPROTO=static
网卡名称: NAME=eno16777736
是否启动: ONBOOT=yes
IP地址: IPADDR=192.168.10.10
子网掩码: NETMASK=255.255.255.0
网关地址: GATEWAY=192.168.10.1
DNS地址: DNS1=192.168.10.1
硬件地址: HWADDR=xx:xx:xx:xx:xx:xx
```

3. ifconfig 命令

（1）显示网卡的配置信息。

ifconfig 命令常用显示网卡配置信息的形式有如下 3 种。

```
ifconfig                    //显示当前活动网卡的配置信息
ifconfig -a                 //显示系统中所有网卡的配置信息
ifconfig <网卡名称>          //显示指定网卡的配置信息
```

ifconfig 命令显示的信息如图 5-1 所示。

（2）为网卡配置 IP 地址。

语法：# ifconfig <网卡名称> IP 地址 netmask 子网掩码

例如，将当前网卡 ifcfg-eno16777736 的 IP 地址设置为 192.168.0.133，将子网掩码设置为 255.255.255.0，执行命令如下。

```
# ifconfig ifcfg-eno16777736 192.168.0.133 netmask 255.255.255.0
```

```
[root@localhost ~]# ifconfig
eno16777736: flags=4163<UP,BROADCAST,RUNNING,MULTICAST>  mtu 1500
        inet 192.168.0.133  netmask 255.255.255.0  broadcast 192.168.0.255
        ether 00:0c:29:ae:a7:0e  txqueuelen 1000  (Ethernet)
        RX packets 29702  bytes 3635746 (3.4 MiB)
        RX errors 0  dropped 0  overruns 0  frame 0
        TX packets 43  bytes 6805 (6.6 KiB)
        TX errors 0  dropped 0 overruns 0  carrier 0  collisions 0

lo: flags=73<UP,LOOPBACK,RUNNING>  mtu 65536
        inet 127.0.0.1  netmask 255.0.0.0
        inet6 ::1  prefixlen 128  scopeid 0x10<host>
        loop  txqueuelen 0  (Local Loopback)
        RX packets 2  bytes 140 (140.0 B)
        RX errors 0  dropped 0  overruns 0  frame 0
        TX packets 2  bytes 140 (140.0 B)
        TX errors 0  dropped 0 overruns 0  carrier 0  collisions 0
```

图 5-1　ifconfig 命令显示的信息

（3）启用或禁用网卡。

语法：# ifconfig <网卡名称> <up/down>

 我们也可以用# ifup <网卡设备名>和# ifdown <网卡设备名>代替上述命令。若要重启整个网络，可以使用#service network restart 命令。

（4）设置主机 MAC 地址。

语法：# ifconfig　<网卡名称> hw ether MAC

 此外，也可以通过创建/etc/ethers 文件来完成此功能。

4. route 命令

（1）添加主机路由。

语法：# route add –host IP 地址 dev <网卡设备名>

　　　# route add –host IP 地址 gw IP

（2）添加网络路由。

语法：# route add –net IP 地址　netmask MASK <网卡设备名>

　　　# route add –net IP 地址　netmask MASK gw IP

　　　# route add –net IP 地址　/24 eth1

用 route add –net 命令添加网络路由如图 5-2 所示。

```
[root@localhost ~]# route add -net 192.168.0.0/24 gw 172.16.36.1
[root@localhost ~]# route -n
Kernel IP routing table
Destination     Gateway         Genmask         Flags Metric Ref    Use Iface
192.168.0.0     172.16.36.1     255.255.255.0   UG    0      0        0 eth0
172.16.0.0      0.0.0.0         255.255.0.0     U     0      0        0 eth0
```

图 5-2　用 route add –net 命令添加网络路由

（3）添加默认网关。

语法：# route add default gw IP 地址

（4）删除路由。

语法：# route del –host IP dev <网卡>

（5）查看路由信息。

route 或 route –n　　　　　　　//route –n 表示不解析名称，列出信息的速度会比 route 命令快

route 命令及执行结果如图 5-3 所示，route −n 命令及执行结果如图 5-4 所示。

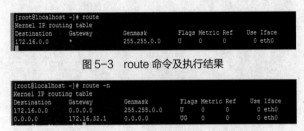

图 5-3　route 命令及执行结果

图 5-4　route −n 命令及执行结果

5. arp 命令

（1）查看 ARP 缓存。

语法：# arp

（2）添加 IP 地址和 MAC 地址绑定。

语法：# arp −s IP MAC　　　//绑定后 IP 地址与 MAC 地址的映射为静态的

（3）删除 IP 地址。

语法：# arp −d IP

5.1.2　网络配置文件

在 Linux 系统中，TCP/IP 网络是通过若干个文本文件进行配置的，用户需要编辑这些文件来完成联网工作。系统中有关网络配置的重要文件主要有/etc/sysconfig/network、/etc/hosts、/etc/services、/etc/host.conf、/etc/nsswitch.conf、/etc/resolv.conf、/etc/xinetd.d 等，其中/etc/sysconfig/network 在 5.1.1 小节中已经介绍，本小节不再介绍。

1. /etc/hosts

/etc/hosts 中不但包含了 IP 地址与对应网络主机的完整域名之间的映射，还包含主机别名。IP 地址使计算机容易识别主机，人为记忆 IP 地址却比较困难。为了解决这个问题，创建/etc/hosts 这个文件。下面是一个例子。

```
127.0.0.1 pc1 localhost.localdomain localhost
192.168.1.100 pc2
192.168.1.101 pc3 pc3alias
```

在这个例子中，主机名是 pc1，主机别名为 localhost，pc3 还有别名 pc3alias。

/etc/hosts 文件相当于主机的 DNS 服务。本机访问网络需要域名解析时，首先找到这个文件，若文件中没有相应的映射，再去请求域名服务器，所以此文件有以下几个作用。

（1）为本机定义主机名以及别名。

（2）将访问频率比较高且非集群或云平台的单机服务器的映射写到此文件中会加速 DNS 过程。

（3）安全工程师可以将已知的非法站点域名与 127.0.0.1 进行映射，这样可以阻止主机在操作者不知情的情况下访问上述站点。

（4）在一个小型局域网中需要域名服务，但是网络中的映射只有为数不多的几条，没有必要配置一台域名服务器。这种情况下可以为局域网手动添加上述的几条映射，节省建设网络的成本。

（5）在没有域名服务器情况下，系统的所有网络程序都通过查询该文件来解析对应于某个主机名的 IP 地址，否则，其他的主机名通常使用 DNS 来解决，DNS 客户部分的配置在文件/etc/resolv.conf 中。

2. /etc/services

/etc/services 中包含服务名和端口号之间的映射，很多系统程序都要使用这个文件。下面是 Linux 安装时默认的/etc/services 中的前几行。

```
......
tcpmux      1/tcp   //TCP port service multiplexer
echo        7/tcp
echo        7/udp
discard     9/tcp    sink   null
discard     9/udp    sink   null
systat      11/tcp   users
daytime     13/tcp
daytime     13/udp
qotd        17/tcp   quote
msp         18/tcp
```

上面最左边一列是服务名；中间一列是端口号，"/"后面是端口类型（可以是 TCP，也可以是 UDP）；端口号后面的列是前面服务的别名。在这个文件中也存在着别名，如 sink 和 null 都是 discard 服务的别名。

3. /etc/host.conf

当系统中同时存在 DNS 域名解析和/etc/hosts 主机表时，由/etc/host.conf 确定主机名解释顺序，示例如下。

```
order hosts,bind          //名称解释顺序，默认为hosts在前
multi on                  //允许主机拥有多个IP地址
nospoof on                //禁止IP地址欺骗
```

order 是关键字，定义先对 hosts 主机表进行名称解释。如果不能解释，再搜索名称为 bind 的服务器（指域名服务器）。

4. etc/nsswitch.conf

etc/nsswitch.conf 是名称服务交换文件。它控制了数据库搜寻的工作，如搜寻承认的主机、用户和群组等。此外，这个文件还定义了所要搜寻的数据库，例如，hosts: files dns，指明主机数据库来自 files（/etc/hosts file）和 DNS，并且 files 优先于 DNS。下面是一个典型 etc/nsswitch.conf 文件的例子。

```
passwd:           compat
group:            compat
shadow:           compat
hosts:            files dns
networks:         files
protocols:        db files
services:         db files
ethers:           db files
rpc:              db files
netgroup:         nis
```

5. /etc/resolv.conf

/etc/resolv.conf 是 DNS 域名解析的配置文件。它的格式很简单，每行以一个关键字开头，后接配置选项。resolv.conf 的关键字主要有以下 4 个。

```
nameserver                //定义域名服务器的IP地址
domain                    //定义本地域名
search                    //定义域名的搜索列表
sortlist                  //对返回的域名进行排序
```

示例如下。

```
nameserver 202.198.176.1 //最多3个域名服务器地址
```

6. /etc/xinetd.d 目录

类似于 Windows 中的 svchost，在 Linux 中有一个超级服务程序 inetd。大部分的网络服务都是由 inetd 启动的，

如 chargen、echo、finger、talk、telnet、wu-ftpd 等。RHEL 7.0 之前的版本是在/etc/inetd.conf 中配置文件的；RHEL 7.0 之后，将其改成一个 xinetd.d 目录。关于网络服务，我们将在后文进行详细介绍。

5.1.3　Telnet 配置

Telnet 通常用来远程登录，Telnet 程序是基于 Telnet 协议的远程登录客户端程序。Telnet 协议是 TCP/IP 协议族中的一员，也是 Internet 远程登录服务的标准协议和主要方式。它为用户提供了在本地计算机上完成远程工作的功能。用户在终端上使用 Telnet 程序可连接到服务器，例如终端用户可以在 Telnet 程序中输入命令，就像直接在服务器的控制台上输入一样，这些命令会在服务器上运行，从而实现在本地控制服务器。要开始一个 Telnet 会话，用户必须输入用户名和密码来登录服务器。Telnet 是常用的远程控制 Web 服务器的程序。

Telnet 采用明文传送报文，安全性不太好，所以很多 Linux 服务器都不开放 Telnet 方式，而改用更安全的 SSH 方式。但仍然有很多别的系统可能采用了 Telnet 方式来提供远程登录，因此，我们明白 Telnet 客户端的使用方式仍是很有必要的。Telnet 还可有别的用途，如确定远程服务的状态和确定远程服务器的某个端口是否能访问等。

下面介绍 Telnet 的使用过程。

（1）在绝大多数 Linux 系统中，默认情况下是没有安装 Telnet 的。为了使用 Telnet，这里需要安装 telnet-server。

（2）安装完成后会在/etc/xinetd.d/目录下生成一个 telnet 文件。

（3）设置/etc/xinetd.d/telnet，将 disable= yes 设置成 disable= no。以下是配置此文件的例子。

```
service telnet
{
disable=no                              //激活Telnet服务
bind=202.198.176.11                     //绑定的IP地址
only_from=202.198.0.0/16                //只允许202.198.0.0～202.198.255.255 这个网段进入
only_from=.edu.cn                       //只有教育网才能进入
no_access=202.198.176.{71,72}           //这两个IP地址禁止登录
access_times=8:00-12:00 20:00-23:59     //每天只有这两个时间段开放服务
......
}
```

（4）启动 Telnet 服务。Telnet 服务是由超级服务 xinetd 来管理的，因此这里启动和停止 Telnet 服务只需通过修改/etc/xinetd.d/telnet 中 disable 的值，然后执行以下命令即可。

```
# systemctl restart xinetd
```

（5）设置 Telnet 服务自启动，执行命令如下。

```
# chkconfig telnet on
```

（6）设置超级用户远程登录 Telnet 服务。默认情况下，系统是不允许超级用户远程登录的。如果要使用超级用户直接登录，需设置如下内容。

```
# echo 'pts/0' >>/etc/securetty
# echo 'pts/1' >>/etc/securetty
```

完成后重启 xinetd 服务。

```
# systemctl restart xinetd
```

（7）修改防火墙设置，开放 23 号端口。编辑/etc/sysconfig/iptables 文件，添加如下一行内容。

```
-A INPUT -m state --state NEW -m tcp -p tcp --dport 23 -j ACCEPT
```

然后重启防火墙。

```
# service iptables restart
```

接下来，用户就可以正常使用 Telnet 来完成相应工作了。

5.2　网络调试与故障排查

5.2.1　常用网络调试命令

1. ping 命令

ping 命令主要通过互联网控制报文协议（Internet Control Message Protocol，ICMP）数据包来进行整个网络的状况报告。当然，最重要的就是 ICMP type 0、8 这两个类型，它们分别是请求和回送网络状态是否存在的特性。要特别注意的是，ping 命令需要通过 IP 数据包来传送 ICMP 数据包，而 IP 数据包里有一个相当重要的生存时间（Time To Live，TTL）属性，它是一个很重要的路由特性。

```
# ping [-b|c|s|t|n|M] IP
```

-b：后面接的是广播的 IP 地址，用在需要对整个网段的主机执行 ping 命令时。

-c：后面接的是执行 ping 的次数，例如，-c 3。

-s：发送出去的 ICMP 数据包大小，默认为 56（B），再加 8B 的 ICMP 表头信息。

-t：TTL 的数值，默认为 255，每经过一个节点就会减 1。

-n：不进行 IP 与主机名的反查，直接使用 IP 地址。

-M：主要检测网络最大传输单元（Maximum Transmission Unit，MTU）的数值大小。

> **实例 5-1　检测与 202.198.176.1 的连通性。**

下面给出了使用 ping 命令检测与主机之间连通性的步骤。

```
# ping -c 3 202.198.176.1
PING 202.198.176.1 (202.198.176.1) 56(84) bytes of data.
64 bytes from 202.198.176.1: icmp_seq=0 ttl=243 time=9.16 ms
64 bytes from 202.198.176.1: icmp_seq=1 ttl=243 time=8.98 ms
64 bytes from 202.198.176.1: icmp_seq=2 ttl=243 time=8.80 ms
--- 202.198.176.1 ping statistics ---
3 packets transmitted, 3 received, 0% packet loss, time 2002
msrtt min/avg/max/mdev=8.807/8.986/9.163/0.164 ms, pipe 2
```

ping 命令较简单的功能就是传送 ICMP 数据包去判断对方主机响应是否在网络环境中。在上面的响应信息中，有以下几个重要的项需要进行讲解。

（1）64 bytes：表示这次传送的 ICMP 数据包大小为 64B，其为默认值。在某些特殊场合中，要搜索整个网络内的 MTU 时，可以使用-s 2000 等的数值来取代。

（2）icmp_seq=0：ICMP 检测进行的次数，第一次编号为 0。

（3）ttl=243：此 TTL 与 IP 数据包内的 TTL 是相同的。每经过一个带有 MAC 的节点，如路由器，TTL 就会减少 1。默认的 TTL 值因操作系统的不同而不同，Linux 操作系统的默认值为 64，Windows 操作系统的默认值为 128，网络互连设备的默认值为 255。

（4）time=9.16ms：响应时间，单位为 ms（表示 0.001s）。一般来说，响应时间越小，表示两台主机之间的网络连通性越好。

 如果没有加上-c 3，ping 命令默认是持续工作的。如果需要结束，我们可以使用 Ctrl+C 组合键。

实例 5-2　针对整个网段执行 ping 命令来实现查询。

下面给出了使用 ping 命令测试网段广播的步骤。

```
# ping -c 3 -b 222.27.50.255
WARNING: pinging broadcast address          //会告知危险
PING 222.27.50.255 (222.27.50.255) 56(84) bytes of data.
64 bytes from  222.27.50.82: icmp_seq=1 ttl=64 time=0.177 ms
64 bytes from  222.27.50.10: icmp_seq=1 ttl=64 time=0.179 ms (DUP!)
64 bytes from  222.27.50.20: icmp_seq=1 ttl=64 time=0.302 ms (DUP!)
64 bytes from  222.27.50.40: icmp_seq=1 ttl=64 time=0.304 ms (DUP!)
```

针对整台主机执行 ping 命令的检测时可以利用 -b 这个选项。当使用这个选项时，该命令会对整个网段进行检测，所以要慎用。当接收到结尾带（DUP!）的报文时，表示设备收到了序列号相同的响应报文，这也是使用 -b 选项带来的效果。上例中的 4 个响应报文的序列号就全为 1。

如果想要了解有多少台主机活跃在网络中，使用 ping-b broadcast 就能够知道，而不必一台一台主机检测。另外，要特别注意的是：如果接收命令的主机为网络互连设备，那么 TTL 默认值为 255；如果是 Windows 主机，TTL 默认值为 255；如果是 UNIX 类操作系统，那么 TTL 默认值为 64。

加大 ping 包中的帧（frame）对网络性能是有帮助的，因为数据包打包的次数会减少。修改帧大小的选项就是 MTU，网卡的 MTU 值可以通过 ifconfig 或者是 ip 等命令来实现追踪。追踪整个网络传输的最大 MTU 时，较简单的方法是通过 ping 传送一个大数据包，并且不允许中继路由器或交换机将该数据包重组。

实例 5-3　找出 MTU 值的大小。

下面给出了使用 ping 命令找出网络 MTU 值的步骤。

```
# ping -c 2 -s 1000 -M do 222.27.50.27
PING 222.27.50.27 (222.27.50.27) 1000(1028) bytes of data.
1008 bytes from 222.27.50.27: icmp_seq=1 ttl=64 time=0.424 ms    //如果有响应，那么表示可以接收此数据包
                                                                 //如果无响应，那么表示此MTU过大

# ping -c 2 -s 8000 -M do 222.27.50.27
PING 222.27.50.27 (222.27.50.27) 8000(8028) bytes of data.
ping: local error: Message too long, mtu=1500                    //本地MTU的大小为1500，要检测发送8000
                                                                 //报文是无法实现的
```

IP 数据包基本首部已经占用了 20B，再加上 ICMP 的表头有 8B，使用 -s size 的时候，数据包得先扣除 20+8=28 的大小。因此，如果要使用 MTU 的大小为 1500 时，就需要使用 1472 的报文来实现。另外，由于本地网卡的 MTU 也会影响到检测，因此如果想要检测整个网络 MTU 的大小，那么每个可调整的主机就得先使用 ifcofig 或 ip 命令将 MTU 的大小调大，然后进行检测，否则就会像上面的案例一样，出现 "Message too long, mtu=1500" 等的错误信息提示。

2．traceroute 命令

ping 命令只能判断两台主机之间回应与否。从结果来看，它给出的结果只有"通"与"断"，不能给出测试报文的详细路径以及通、断的节点。用户要想知道这些信息就得使用 traceroute 命令。traceroute 命令可以追踪网络数据包的路由途径，预设数据包大小是 40B，用户可自行设置。

traceroute 程序的设计利用 ICMP 及 IP 头文件的 TTL。首先，traceroute 送出一个 TTL 是 1 的 IP datagram（其实，每次送出的为 3 个 40B 的数据包，它包括源地址、目的地址和包发出的时间标签）到目的地，当路径上的第一个路由器（router）收到这个 datagram 时，它将 TTL 减 1。此时，TTL 变为 0 了，所以该路由器会将此 datagram 丢掉，并送回一个 ICMP time exceeded 的消息（包括发 IP 数据包的源地址、IP 数据包的所有内容及路由器的 IP 地址）。traceroute 收到这个消息后，就知道这个路由器在这个路径上。接

着 traceroute 送出另一个 TTL 是 2 的 datagram，发现第 2 个路由器，直至找到目标主机。traceroute 每次将送出的 datagram 的 TTL 加 1 来发现另一个路由器，这个重复的动作一直持续到某个 datagram 抵达目的地。traceroute 在送出 UDP datagrams 到目的地时，它所选择送达的 port number 是一个一般应用程序都不会用的号码（30000 以上）。当此 UDP datagram 到达目的地后，该主机会送回一个 ICMP port unreachable 的消息，而当 traceroute 收到这个消息时，就知道已经到达了目的地。所以 traceroute 在服务器也没有所谓的守护进程（Daemon）。

traceroute 会提取发出 ICMP TTL 到期消息设备的 IP 地址并做域名解析。每次，traceroute 都输出一系列数据，其中包括所经过的路由器的主机名及 IP 地址、3 个数据包每次来回传送所用的时间。

```
# traceroute [-n|m|g] 主机名或IP地址
```

-g：设置路由网关，最多可设置 8 个。

-m：设置检测数据包的最大 TTL。

-n：直接使用 IP 地址而非主机名。

-q：向每个网关发送数据包的个数。

实例 5-4   traceroute 命令的常规用法。

下面给出了使用 traceroute 命令常规用法的步骤。

```
# traceroute 61.135.169.125
traceroute to (61.135.169.125), 30 hops max, 40 byte packets
1 192.168.74.2 (192.168.74.2) 2.606ms 2.771ms 2.950ms
2 211.151.56.57 (211.151.56.57) 0.596ms 0.598ms 0.591ms
3 211.151.227.206 (211.151.227.206) 0.546ms 0.544ms 0.538ms
4 210.77.139.145 (210.77.139.145) 0.710ms 0.748ms 0.801ms
5 202.106.42.101 (202.106.42.101) 6.759ms 6.945ms 7.107ms
6 61.148.154.97 (61.148.154.97) 718.908ms * (202.106.228.25) 5.177ms
7 124.65.58.213 (124.65.58.213) 4.343ms 4.336ms 4.367ms
8 * * *
9 * * *
30 * * *
```

记录按序列号从 1 开始，每个记录就是一跳，每跳表示一个网关，每行有 3 个时间（单位为 ms），其实就是 -q 的默认值为 3，也就是探测主机向每个网关发送 3 个数据包，网关响应后返回的时间。追踪一台主机时会看到有一些行是以星号表示的。出现这样的情况，可能是防火墙禁止了 ICMP 的返回信息，所以我们得不到相关的数据包返回数据。有时某一网关处的延时比较长，可能是某台网关比较阻塞，也可能是物理设备本身的原因。当某台 DNS 出现问题后不能解析主机名、域名时，也会有延时长的现象，这时可以加 -n 选项来避免 DNS 解析，以 IP 地址的格式输出数据。

在局域网中的不同网段之间，我们可以通过 traceroute 来排查问题是主机的问题还是网关的问题。当我们远程访问某台服务器遇到问题时，用 traceroute 追踪数据包所经过的网关，并提交互联网数据中心（Internet Data Center，IDC）服务商，这样也有助于解决问题。

实例 5-5   跳数设置。

下面给出了使用 traceroute 命令限制跳数的案例。

```
# traceroute -m 10 61.135.169.105
traceroute to (61.135.169.105), 10 hops max, 40 byte packets
1 192.168.74.2 (192.168.74.2) 1.534ms 1.775ms 1.961ms
2 211.151.56.1 (211.151.56.1) 0.508ms 0.514ms 0.507ms
3 211.151.227.206 (211.151.227.206) 0.571ms 0.558ms 0.550ms
```

```
4 210.77.139.145 (210.77.139.145) 0.708ms 0.729ms 0.785ms
5 202.106.42.101 (202.106.42.101) 7.978ms 8.155ms 8.311ms
6 202.106.228.37 (202.106.228.37) 772.460ms (202.106.228.25) 2.152ms 61.148.154.97
(61.148.154.97) 772.107ms
7 124.65.58.221 (124.65.58.221) 4.875ms 61.148.146.29 (61.148.146.29) 2.124ms 124.65.58.221
(124.65.58.221) 4.854ms
8 123.126.6.198 (123.126.6.198) 2.944ms 61.148.156.6 (61.148.156.6) 3.505ms 123.126.6.198
(123.126.6.198) 2.885ms
9 * * *
10 * * *
```

3. netstat 命令

netstat 命令用于显示与 IP、TCP、UDP 和 ICMP 等协议相关的统计数据，一般用于检验本机各端口的网络连接情况。Netstat 程序是在内核中访问网络及相关信息的程序，它能提供 TCP 连接、TCP 和 UDP 监听、进程内存管理的相关报告。

如果计算机有时候接收到的数据包出错，TCP/IP 可以容许这些类型的错误，并能够自动重发数据包。但如果累计出错情况的数量占所接收 IP 数据包相当大的百分比，或者它的数量正迅速增加，那么用户应该使用 netstat 命令查一查为什么会出现这些情况。

语法：netstat [-acei][-A<网络类型>][-ip]

netstat 命令各选项含义如下。

-a 或-all：显示所有连线中的套接字（Socket）。

-c 或-continuous：持续列出网络状态。

-e 或-extend：显示网络其他相关信息。

-i 或-interfaces：显示网卡列表。

-A<网络类型>或- <网络类型>：列出该网络类型连线中的相关地址。

实例 5-6　netstat 命令的使用。

下面给出了使用 netstat 命令的输出结果。

```
# netstat
Active Internet connections (w/o servers)
Proto  Recv-Q Send-Q Local Address           Foreign Address         State
tcp    0      268    192.168.120.204:ssh     10.2.0.68:62420         ESTABLISHED
udp    0      0      192.168.120.204:4371 10.58.119.119:domain ESTABLISHED
Active UNIX domain  sockets (w/o servers)
Proto  RefCnt Flags  Type      State      I-Node Path
unix   2      [ ]    DGRAM                1491   @/org/kernel/udev/udevd
unix   4      [ ]    DGRAM                7337   /dev/log
unix   2      [ ]    DGRAM                708823
unix   2      [ ]    DGRAM                7539
unix   3      [ ]    STREAM CONNECTED 7287
unix   3      [ ]    STREAM CONNECTED 7286
```

从整体上看，netstat 命令的输出结果可以分为以下两个部分。

一个是 Active Internet connections，其称为有源 TCP 连接。其中 Recv-Q 和 Send-Q 指的是接收队列和发送队列。它们的数值一般都应该是 0。如果不是，则表示软件包正在队列中堆积，但这种情况非常少见。

另一个是 Active UNIX domain sockets，其称为有源 UNIX 域套接字（与网络套接字一样，但是只能用于本机通信，通信性能可以提高一倍）。其中，Proto 显示连接使用的协议；RefCnt 表示连接到本套接字上的

PID；Flags 表示本套接字的状态标志；Type 显示套接字的类型；State 显示套接字当前的状态；Path 表示连接到套接字的其他进程使用的路径名。

状态说明如下。

（1）LISTEN：监听来自远程 TCP 端口的连接请求。

（2）SYN-SENT：在发送连接请求后，等待匹配的连接请求。

（3）SYN-RECEIVED：在收到和发送一个连接请求后，等待对方对连接请求的确认。

（4）ESTABLISHED：代表一个打开的连接。

（5）FIN-WAIT-1：等待远程 TCP 连接中断请求或先前连接中断请求的确认。

（6）FIN-WAIT-2：从远程 TCP 等待连接中断请求。

（7）CLOSE-WAIT：等待从本地用户发来的连接中断请求。

（8）CLOSING：等待远程 TCP 对连接中断的确认。

（9）LAST-ACK：等待原来发向远程 TCP 的连接中断请求的确认。

（10）TIME-WAIT：等待足够的时间以确保远程 TCP 接收到连接中断请求的确认。

（11）CLOSED：没有任何连接状态。

实例 5-7　netstat –a 命令的使用。

下面给出了使用 netstat –a 命令的输出结果。其中显示了一个所有的有效连接信息列表，包括已创建的连接（状态为 ESTABLISHED），也包括监听的连接（状态为 LISTENING）的连接。

```
# netstat -a
Active Internet connections (servers and established)
Proto   Recv-Q  Send-Q  Local Address   Foreign Address    State
tcp     0       0       localhost:smu   *:*                LISTEN
tcp     0       0       *:svn           *:*                LISTEN
tcp     0       0       *:ssh           *:*                LISTEN
tcp     0       284     192.168.120.204:ssh 10.2.0.68:62420   ESTABLISHED
udp     0       0       localhost:syslog*:*
udp     0       0       *:snmp          *:*
Active UNIX domain sockets (servers and established)
Proto   RefCnt  Flags   Type     State       I-Node  Path
unix    2       [ACC]   STREAM   LISTENING   708833  /tmp/ssh-yKnDB15725/agent.15725
unix    2       [ACC]   STREAM   LISTENING   7296    /var/run/audispd_events
unix    2       [ ]     DGRAM                1491    @/org/kernel/udev/udevd
unix    4       [ ]     DGRAM                7337    /dev/log
unix    2       [ ]     DGRAM                708823
unix    2       [ ]     DGRAM                7539
unix    3       [ ]     STREAM   CONNECTED   7287
unix    3       [ ]     STREAM   CONNECTED   7286
```

实例 5-8　netstat –i 命令的使用。

下面给出了使用 netstat –i 命令显示网卡列表的案例。

```
# netstat -i
Kernel Interface table
Iface            MTU   Met RX-OK      RX-ERR RX-DRP RX-OVR TX-OK     TX-ERR TX-DRP TX-OVR Flg
ifcfg-eno16777736 1500 0   151818887  0      0      0      198928403 0      0      0      BMRU
lo               16436 0   107235     0      0      0      107235    0      0      0      LRU
```

Linux 操作系统中相关的网络调试命令比较多，每个命令涉及的选项也很多。本章只介绍作为 Linux 普通用户需要掌握的基本网络调试命令，而网络管理员还需要更系统地掌握其他命令和相关选项。

5.2.2　网络故障排查基本流程

网络故障排查是一项非常复杂的工作。操作系统的普通用户也需要掌握一些简单的主机网络故障排查方式和流程，以处理日常的基本网络故障。

1．检查本机 IP 地址及网关是否正确

无法访问 Internet 时，先检查当前主机的 IP 地址、网关和域名服务器是否正确，检查网卡工作情况、传输介质连接情况。动态分配的 IP 地址使用 ipconfig /all 查看。若配置不正确，查看 DHCP 服务器。

在 Linux 中，我们可以用 ifconfig 命令获得当前主机的 IP 地址、用 route 命令查看路由表，并注意默认路由是否正确。

2．检查网关和代理网络是否畅通

使用 ping 命令和 traceroute 命令测试网关和代理网络是否畅通。如果不通，测试中断节点并进行故障排查。

3．检查与域名服务器的连接

使用 nslookup 命令测试与域名服务器的连接。这里建议配置两个以上域名服务器地址，因为在主服务 DNS 出现故障的情况下，其他域名服务器可以起到备用的作用。

4．测试域名解析是否正确

使用 nslookup 命令测试域名解析是否正确，以便分析出现错误的位置是域名服务器还是目标主机。

本章小结

随着 Internet 和 Intranet 的普及与飞速发展，操作系统的用户需要掌握一些网络配置和网络基本故障排查的知识，Linux 操作系统的用户也不例外。在日常的工作中，操作系统难免会出现一些问题，有些常见的问题可能通过基本的网络接口命令、网络配置文件的修改就可以解决。掌握了这些解决方法，用户就可以在第一时间解决相关问题，而不用等待专业技术人员来解决，从而提高办公效率。

有时候，我们可能需要修改操作系统的一些信息，而主机又不在本地。此时，利用 Linux 的 Telnet 功能便可实现远程登录来完成相应操作。

思考与练习

一、选择题

1．在 Linux 中，一般用（　　）命令来查看网络接口的状态。

A．ping
B．ipconfig

C．winipcfg
D．ifconfig

2．下列可以修改以太网 MAC 地址的命令为（　　）。

A．ping
B．ifconfig

C．arp
D．traceroute

3．局域网的网络地址为 19.168.1.0/24，局域网连接其他网络的网关地址为 19.168.1.1，主机 19.168.1.20 访问 17.16.1.0/24 时，其路由设置正确的是（　　）。

A．route add –net 19.168.1.0 gw 19.168.1.1 netmask 255.255.255.0 metric 1

B．route add –net 17.16.1.0 gw 19.168.1.1 netmask 255.255.255.0 metric 1

C. route add −net 17.16.1.0 gw 17.168.1.1 netmask 255.255.255.0 metric 1

D. route add default 19.168.1.0 netmask 17.168.1.1 metric 1

4. 下列不属于 ifconfig 命令作用的是（　　　）。

A. 配置本地回环地址

B. 配置网卡的 IP 地址

C. 激活网络适配器

D. 加载网卡到内核中

5. 下列文件中包含主机名到 IP 地址映射关系的文件是（　　　）。

A. /etc/HOSTNAME

B. /etc/hosts

C. /etc/resolv.conf

D. /etc/networks

6. 当与某远程网络连接不上时，我们就需要跟踪路由，以便了解在网络的什么位置出现了问题。下列可达到该目的的命令是（　　　）。

A. ping

B. ifconfig

C. traceroute

D. netstat

7. 要对系统中的网络接口 eth0 的 IP 地址进行配置，我们需要修改（　　　）文件。

A. /etc/sysconfig/network-scripts/ifcfg-lo

B. /etc/sysconfig/network-scripts/ifcfg-eno16777736

C. /etc/sysconfig/network

D. /etc/init.d/network

8. 修改多个网络接口的配置文件后，使用（　　　）命令可以使全部的配置生效。

A. /etc/init.d/network stop

B. /etc/init.d/network start

C. /etc/init.d/network restart

D. ifdown eth0;ifup eth0

9. 下面哪些命令可以用来查看网络故障？（　　　）

A. ping

B. init

C. telnet

D. netstat

10. 当访问局域网上的其他主机时，使用 ping 命令没有得到响应；使用 ifconfig 命令显示已经配置了 lo 网卡，没有其他输出。此问题可能在于（　　　）。

A. 网线松了

B. 本地 IP 地址不正确

C. 其他主机不在本局域网

D. 网卡没配置

11. 命令 netstat −a 执行后，很长时间没有得到响应。此时可能是哪里出了问题？（　　　）

A. NFS

B. DNS

C. NIS

D. routing

12. 若要暂时禁用 ifcfg-eno16777736 网卡，以下命令中可以实现该目的的是（　　　）。

A. ifconfig ifcfg-eno16777736

B. ifup ifcfg-eno16777736

C. ifconfig ifcfg-eno16777736 up

D. ifconfig ifcfg-eno16777736 down

13. 要重启 Linux 的网络服务功能，以下命令中正确、有效的是（　　　）。

A. server network restart

B. servimce network restart

C. /etc/rc.d/init.d/network restart

D. /etc/rc.d/init.d/network start

二、填空题

1. 查看当前主机名使用_____命令，临时设置主机名_____命令，但是这样不会将配置保存到_____配置文件中，系统重启后修改的主机名就会失效。为了使修改的主机名长期生效，此时需要_____文件中的值，然后重启计算机系统。

2. 在 ping −s 命令中，−s 表示发送出去的_____数据包大小，默认为_____，再加_____的_____表头信息。

3. _____命令可以追踪网络数据包的路由途径，预设的数据包大小是_____，用户可自行设置。

三、简答题

1. 简述 ifconfig 命令能够完成哪些操作，并举例说明。

2. 简述/etc/hosts 文件的作用。

3. 简述 ping 命令返回信息中各项的含义。分析 ping 命令给网络管理员和攻击者分别带来了什么便利。

4. 简述网络故障排查的基本流程。

5. 对网络配置文件的修改要想长期有效，主要需调整的文件有？

6. 网络诊断工具主要的命令有哪些？它们的功能分别是什么？

第6章

DHCP服务配置

动态主机配置协议（Dynamic Host Configuration Protocol，DHCP）通常被应用在大型的局域网环境中，主要作用是集中地管理、分配 IP 地址，使网络环境中的主机动态地获得 IP 地址、默认网关、域名服务器地址等信息，并能够提升地址的使用率。

DHCP 采用客户端/服务器模式，主机地址的动态分配任务由网络主机驱动。DHCP 服务器接收到来自网络主机申请地址的信息时，才会向网络主机发送相关的地址配置等信息，以实现网络主机地址信息的动态配置。

本章将对 DHCP 服务器的工作原理、DHCP 服务器配置、DHCP 客户端配置、DHCP 服务器的故障排除进行介绍。

6.1　DHCP 简介

6.1.1　DHCP 概述

　　DHCP 的前身是 BOOTP，它工作在开放系统互连（Open System Interconnection，OSI）的应用层，是一种帮助计算机从指定的 DHCP 服务器获取配置信息的自举协议。DHCP 使用客户端/服务器模式，请求配置信息的计算机叫作 DHCP 客户端，而提供信息的叫作 DHCP 服务器。DHCP 为客户端分配地址的方法有 3 种，即手动配置、自动配置和动态配置。DHCP 最重要的功能之一就是动态分配。除了 IP 地址外，DHCP 还为客户端提供其他的配置信息，如子网掩码、默认网关和域名服务器地址等，从而使客户端无须用户操作即可自动配置并连接网络。

6.1.2　DHCP 的优势

　　DHCP 在快速发送客户端网络配置信息方面很有用。当配置客户端系统时，若管理员选择 DHCP，则不必输入 IP 地址、子网掩码、网关或域名服务器地址，客户端从 DHCP 服务器中检索这些信息。DHCP 在网络管理员想改变系统大量的 IP 地址时也有用。网络管理员与其重新配置所有系统，不如编辑服务器中的一个用于新 IP 地址集合的 DHCP 配置文件。如果某机构的域名服务器改变，则这种改变只需在 DHCP 服务器中进行，而不必在 DHCP 客户端上进行。一旦客户端的网络被重启或客户端重新引导系统，改变就会生效。

6.1.3　DHCP 的租用过程

　　DHCP 的租用过程主要分为发现、提供、选择和确认这 4 个阶段。除此之外，在 DHCP 的租用过程中还会出现重新登录和更新租约两种情况，如图 6-1 所示。

图 6-1　DHCP 的租用过程

1. 发现阶段

　　发现（Discover）阶段即 DHCP 客户端查找 DHCP 服务器的阶段。客户端以广播方式（因为 DHCP 服务器的 IP 地址对于客户端来说是未知的）发送 DHCP Discover 报文来查找 DHCP 服务器，即向地址 255.255.255.255 发送特定的广播。网络上每一台安装了 TCP/IP 的主机都会接收到这种广播，但只有 DHCP 服务器才会做出响应。

2. 提供阶段

提供（Offer）阶段即 DHCP 服务器提供 IP 地址的阶段，在网络中接收到 DHCP Discover 报文的 DHCP 服务器都会做出响应。它从尚未出租的 IP 地址中挑选一个分配给 DHCP 客户端，并向其发送一个包含出租的 IP 地址和其他设置的 DHCP Offer 报文。

3. 选择阶段

选择（Request）阶段即 DHCP 客户端选择某台 DHCP 服务器提供的 IP 地址的阶段。如果有多台 DHCP 服务器向 DHCP 客户端发送 DHCP Offer 报文，则 DHCP 客户端只接受第 1 个收到的 DHCP Offer 报文。然后它就以广播方式回答一个 DHCP Request 报文，该报文中包含向它所选定的 DHCP 服务器请求 IP 地址的内容。以广播方式回答是为了通知所有 DHCP 服务器，它将选择某台 DHCP 服务器所提供的 IP 地址。

4. 确认阶段

确认（ACK）阶段即 DHCP 服务器确认所提供的 IP 地址的阶段。当 DHCP 服务器收到 DHCP 客户端回答的 DHCP Request 报文之后，它向 DHCP 客户端发送一个包含其所提供的 IP 地址和其他设置的 DHCP ACK 报文，告诉 DHCP 客户端可以使用该 IP 地址，然后 DHCP 客户端便将其 TCP/IP 与网卡绑定。另外，除 DHCP 客户端选中的服务器外，其他 DHCP 服务器都将收回曾提供的 IP 地址。

5. 重新登录

以后 DHCP 客户端每次重新登录网络时，不需要发送 DHCP Discover 报文，而是直接发送包含前一次所分配的 IP 地址的 DHCP Request 报文。当 DHCP 服务器收到这一报文后，它会尝试让 DHCP 客户端继续使用原来的 IP 地址，并回答一个 DHCP ACK 报文。如果此 IP 地址已无法再分配给原来的 DHCP 客户端使用（例如此 IP 地址已分配给其他 DHCP 客户端使用），则 DHCP 服务器给 DHCP 客户端回答一个 DHCP ACK 报文。原来的 DHCP 客户端收到此报文后，必须重新发送 DHCP Discover 来请求新的 IP 地址。

6. 更新租约

DHCP 服务器向 DHCP 客户端出租的 IP 地址一般都有一个租借期限（简称租期），租期满后 DHCP 服务器便会收回该 IP 地址。如果 DHCP 客户端要延长其 IP 租期，则必须更新其 IP 租约（Release）。DHCP 客户端启动时和租期过一半时，DHCP 客户端都会自动向 DHCP 服务器发送更新其 IP 地址租约的信息。

在使用时间超过租期的一半时，DHCP 客户端会以单播形式向 DHCP 服务器发送 DHCP Request 报文来续租 IP 地址。如果 DHCP 客户端成功收到 DHCP 服务器发送的 DHCP ACK 报文，则按相应时间延长 IP 地址租期；如果没有收到 DHCP 服务器发送的 DHCP ACK 报文，则 DHCP 客户端继续使用这个 IP 地址。

在使用时间超过租期的 87.5%时，DHCP 客户端会以广播形式向 DHCP 服务器发送 DHCP Request 报文来续租 IP 地址。如果 DHCP 客户端成功收到 DHCP 服务器发送的 DHCP ACK 报文，则按相应时间延长 IP 地址租期；如果没有收到 DHCP 服务器发送的 DHCP ACK 报文，则 DHCP 客户端继续使用这个 IP 地址，直到 IP 地址租约到期时，DHCP 客户端才会向 DHCP 服务器发送 DHCP Release 报文来释放这个 IP 地址，并开始新的 IP 地址申请过程。

需要说明的是，DHCP 客户端可以接收到多个 DHCP 服务器的 DHCP Offer 报文，然后可能接受任何一个 DHCP Offer 报文，但客户端通常只接受收到的第一个 DHCP Offer 报文。另外，DHCP 服务器 DHCP Offer 报文中指定的地址不一定为最终分配的地址，通常情况下，DHCP 服务器会保留该地址直到客户端发出正式请求。

6.2 DHCP 服务器配置

6.2.1 DHCP 配置文件

DHCP 服务器可以使用 RHEL 7 自带的 RPM 软件包安装。安装结束后，DHCP 端口监督程序 dhcpd 的配置文件是/etc/dhcp 目录中的名为 dhcpd.conf 的文件。该文件通常包括 3 个部分，即参数、声明和选项。默认情况下/etc/dhcp/dhcpd.conf 并不存在，或者其中没有内容，用户需要手动创建该文件。但是 DHCP 服务器安装后便可提供一个配置文件的模板，即/usr/share/doc/dhcp-x.x/dhcpd.conf.example 文件，我们可以使用如下命令将 dhcpd.conf.example 复制到/etc/dhcp 目录中。

```
# cp /usr/share/doc/dhcp-x.x/dhcpd.conf.example /etc/dhcp/dhcpd.conf
```

1. DHCP 配置文件中的参数

参数用来表明如何执行任务、是否要执行任务以及将哪些网络配置发送给客户端，DHCP 配置文件中的主要参数及其功能如表 6-1 所示。

表 6-1　DHCP 配置文件中的主要参数及其功能

参数	功能
ddns-update-style	配置 DHCP-DNS 互动更新模式
default-lease-time	指定默认租期的长度，单位为 s
max-lease-time	指定最大租期长度，单位为 s
hardware	指定网卡接口类型和 MAC 地址
server-name	向 DHCP 客户端通知服务器的名称
fixed-address ip	给客户端分配一个固定的 IP 地址
authoritative	拒绝不正确的 IP 地址的要求

2. DHCP 配置文件中的声明

声明用来描述网络布局及提供给客户端的 IP 地址等，DHCP 配置文件中的主要声明及其功能如表 6-2 所示。

表 6-2　DHCP 配置文件中的主要声明及其功能

声明	功能
shared-network	用来告知一些子网络是否共享相同网络
subnet	描述一个 IP 地址是否属于该子网
range 起始 IP 地址 终止 IP 地址	提供动态分配 IP 地址的范围
host 主机名	主机声明
filename	开始启动的文件的名称

3. DHCP 配置文件中的选项

选项用来配置 DHCP 可选项，并全部用 option 关键字作为配置行的开始，DHCP 配置文件中的主要选项及其功能如表 6-3 所示。

表 6-3　DHCP 配置文件中的主要选项及其功能

选项	功能
domain-name	为客户端指明 DNS 名称
domain-name-servers	为客户端指明域名服务器的 IP 地址
routers	为客户端设置默认网关
broadcast-address	为客户端设置广播地址

6.2.2 配置 DHCP 服务器

DHCP 服务器的安装办法有光盘安装、网络安装和硬盘备份安装包直接安装等，下面以光盘安装为例介绍 RHEL 7 DHCP 服务器安装过程。

1. 加载光驱

首先插入 RHEL 的安装光盘，加载光驱，执行命令如下。

```
# mount /dev/cdrom /media/
mount: block device /dev/cdrom is write-protected, mounting read-only
```

加载成功。

2. 安装 DHCP 服务软件

安装 DHCP 服务软件，执行命令如下。

```
# yum install dhcp
Loaded plugins: langpacks, product-id, subscription-manager
This system is not registered to Red Hat Subscription Management. You can use subscription-manager
to register.
rhel | 4.1 kB 00:00
Resolving Dependencies
--> Running transaction check
---> Package dhcp.x86_64 12:4.2.5-27.el7 will be installed
--> Finished Dependency Resolution
Dependencies Resolved
=============================================================================
Package Arch Version Repository Size
=============================================================================
Installing:
dhcp x86_64 12:4.2.5-27.el7 rhel 506 k
Transaction Summary
=============================================================================
Install 1 Package
Total download size: 506 k
Installed size: 1.4 M
Is this ok [y/d/N]: y
Downloading packages:
Running transaction check
Running transaction test
Transaction test succeeded
Running transaction
Installing: 12:dhcp-4.2.5-27.el7.x86_64 1/1
Verifying: 12:dhcp-4.2.5-27.el7.x86_64 1/1
Installed:
dhcp.x86_64 12:4.2.5-27.el7
Complete!
```

3. 设置 DHCP 服务的配置文件

dhcpd.conf 是 DHCP 服务器的配置文件，DHCP 服务是通过修改 dhcpd.conf 文件来实现的。安装后 dhcpd.conf 是没有做任何配置的，dhcpd.conf 文件在/etc/dhcp/目录下。

我们可以使用 cat dhcpd.conf 命令来查看文件内容，执行以下命令。

```
# DHCP Server Configuration file.
# see /usr/share/doc/dhcp*/dhcpd.conf.sample
# see 'man 5 dhcpd.conf'
```

接下来将/usr/share/doc/ dhcp-4.2.5/dhcpd.conf.sample 复制为 dhcpd.conf 文件来进行配置，执行以下命令。

```
# cp /usr/share/doc/dhcp-4.2.5/dhcpd.conf.sample /etc/dhcp/dhcpd.conf
cp:是否覆盖"dhcpd.conf"? y
```

一个标准的配置文件应该包括全局配置参数、子网网段声明、地址配置选项以及地址配置参数。其中，全局配置参数用于定义 dhcpd 服务程序的整体运行参数；子网网段声明用于配置整个子网网段的地址属性。

一个典型的配置文件内容如下。

```
# vi/etc/dhcp/dhcpd.conf
ddns-update-style none;                              //设置DNS服务不自动进行动态更新
ignore client-updates;                               //忽略客户端更新DNS记录
subnet 192.168.100.0 netmask 255.255.255.0 {         //作用域为 192.168.100.0/24网段
range 192.168.100.50 192.168.100.150;                //IP 地址池为192.168.100.50~192.168.100.150
                                                     // （约100个IP地址）

option subnet-mask 255.255.255.0;                    //定义客户端默认的子网掩码
option routers 192.168.100.1;                        //定义客户端的网关地址
option domain-name "linuxprobe.com";                 //定义默认的搜索域
option domain-name-servers 192.168.100.1;            //定义客户端的DNS地址
default-lease-time 21600;                            //定义默认租期（单位为s）
max-lease-time 43200;                                //定义最大租期（单位为s）
}                                                    //结束符
```

4. 启动和检查 DHCP 服务器

启动 DHCP 服务器，执行命令如下。

```
# systemctl start dhcpd
```

使用 ps 命令检查 dhcpd 进程，执行命令如下。

```
# ps -ef | grep dhcpd
root 2402 1 0 14:25 ? 00:00:00 /usr/sbin/dhcpd
root 2764 2725 0 14:29 pts/2 00:00:00 grep dhcpd
```

使用 netstat 命令检查 dhcpd 运行的端口，执行命令如下。

```
# netstat -nutap | grep dhcpd
udp 0 0 0.0.0.0:67 0.0.0.0:* 2402/dhcpd
```

设置服务器重启后也自动重启 DHCP 服务器，执行命令如下。

```
# systemctl enable dhcpd
```

6.3 DHCP 客户端配置

6.3.1 在 Linux 下配置 DHCP 客户端

配置 DHCP 客户端的第 1 步是确定内核能够识别网卡。大多数网卡会在安装过程中被识别，系统会为该网卡配置恰当的内核模块。如果在安装网卡后又添加了一块网卡，Kudzu 命令应该会识别它，并提示为其配置相应的内核模块。通常，网络管理员选择手动配置 DHCP 客户端时，需要修改/etc/sysconfig /network 文件来启用联网，以及修改/etc/sysconfig/network-scripts 目录中每个网络设备的配置文件，每个网络设备在该目录中都有一个叫作"ifcfg-eth$X$"的配置文件。"eth$X$"是网络设备的名称，如 eth0 等。如果想在引导时启动联网，NETWORKING 变量必须被设置为 yes。除此之外，/etc/sysconfig/network 文件应该
包含以下内容。

```
NETWORKING=yes        //是否启用网络
DEVICE=eth0           //选择网络适配器
BOOTPROTO=dhcp        //BOOTP类型
ONBOOT=yes
```

每种需要配置使用 DHCP 的网络设备都需要一个配置文件。其他网络脚本包括的内容如下。

（1）DHCP_HOSTNAME：只有当 DHCP 服务器在接收 IP 地址前需要客户端指定主机名时才使用。

（2）PEERDNS=<answer>：<answer>取值如下。

- yes：使用来自服务器的信息来修改/etc/resolv.conf。若使用 DHCP，那么 yes 是默认值。

- no：不要修改/etc/resolv.conf。

（3）SRCADDR=<address>：<address>是用于输出包的指定源 IP 地址。

（4）USERCTL=<answer>：<answer>取值如下。

- yes：允许用户控制该设备。

- no：不允许用户控制该设备。

6.3.2 在 Windows 下配置 DHCP 客户端

DHCP 客户端在 Windows 各个版本下的配置方法基本相同，用户只需要在【控制面板】中双击【网络连接】图标，然后在【本地连接 属性】对话框中选择【Internet 协议版本 4（TCP/IPv4）】（各版本的 Windows 操作系统中操作步骤名称会略有差异）即可。

在【常规】选项卡中选择【自动获得 IP 地址】单选按钮和【自动获得 DNS 服务器地址】单选按钮，如图 6-2 所示。

图 6-2 Windows 操作系统配置 DHCP 客户端

现在应该已经可以将一个客户端接入网络，并通过 DHCP 服务器请求一个 IP 地址。要通过 Windows 客户端测试，此时可在 DOS 提示符下执行以下操作。

（1）显示 DHCP 客户端的信息，执行命令如下。

```
ipconfig /all
```

在 Windows 操作系统下使用 ipconfig/all 命令显示 DHCP 客户端的信息的执行结果如图 6-3 所示。

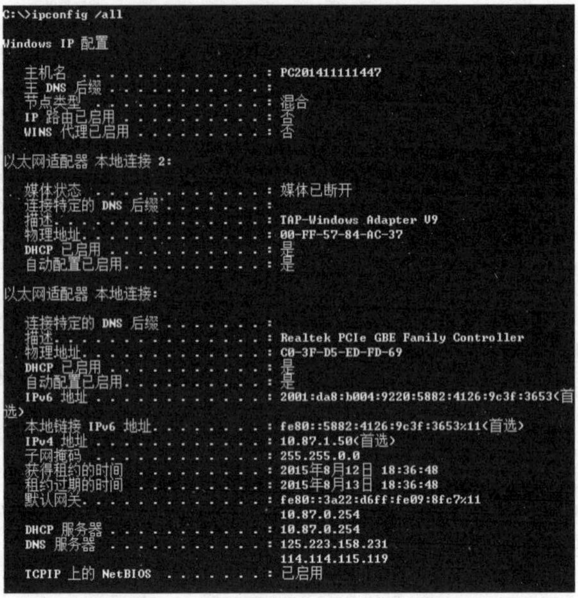

图 6-3　在 Windows 操作系统下使用 ipconfig/all 命令显示 DHCP 客户端的信息

（2）清除适配器可能已经拥有的 IP 地址，执行命令如下。

```
ipconfig /release
```

（3）向 DHCP 服务器请求一个新的 IP 地址，执行命令如下。

```
ipconfig /renew
```

6.4　DHCP 服务器的故障排除

配置 DHCP 服务器通常很容易，用户掌握一些故障排除技巧可以解决出现的故障问题。对服务器而言，要确保网卡正常工作并具备广播功能；对客户端而言，要确保网卡正常工作。最后，要考虑网络的拓扑，以及 DHCP 客户端向 DHCP 服务器发出的广播消息是否会受到阻碍。另外，如果 dhcpd 进程没有启动，那么用户可以浏览 syslog 消息文件来确定是哪里出了问题，这个消息文件通常是/var/log/messages。

1. 客户端无法获取 IP 地址

DHCP 服务器配置完成且没有语法错误，但是网络中的客户端无法获取 IP 地址，这时通常是 Linux DHCP 服务器无法接收来自 255.255.255.255 的 DHCP 客户端的 DHCP Request 报文封包造成的。具体来说，一般是由于 Linux DHCP 服务器的网卡没有设置 MULTICAST 功能。为了让 dhcpd（DHCPD 程序的守护进程）能够正常地与 DHCP 客户端沟通，dhcpd 必须传送封包到 255.255.255.255 这个 IP 地址。但是在有些 Linux 系统中，255.255.255.255 这个 IP 地址被用来作为监听区域子网广播的 IP 地址。所以此时需要在路由表（Routing Table）中加入 255.255.255.255 以激活 MULTICAST 功能，执行命令如下。

```
# route add -host 255.255.255.255 dev eth0
```

如果报告出错消息：

```
255.255.255.255:Unkown host
```

那么修改/etc/hosts，加入如下命令。

```
255.255.255.255 dhcp
```

2. DHCP 客户端和 DHCP 服务器不兼容

由于 Linux 有许多发行版，不同版本使用的 DHCP 客户端和 DHCP 服务器程序也不相同。Linux 提供了 4 种

DHCP 客户端程序，即 pump、dhclient、dhcpxd 和 dhcpcd。了解不同 Linux 发行版的服务器和客户端程序对于排除常见错误是必要的。

本章小结

由于 IPv4 地址资源的枯竭与 IPv6 由于种种原因目前还未大规模商业化，DHCP 服务器已经成为无论是办公场所还是家庭上网不可或缺的服务之一。而网络管理员需要配置适应网络环境的 DHCP 服务器来为客户端合理地分配 IP 地址、子网掩码、默认网关和域名服务器地址等相关参数。在分配的过程中网络管理员需要考虑 DHCP 的租约、地址更新、主机的访问控制和客户端的配置等，从而配置一套完整、合理的 IP 地址分配系统。

思考与练习

一、选择题

1. 关于 DHCP 服务器的配置文件，下列描述正确的是（   ）。

A. DHCP 服务器的配置文件为/etc/dhcp/dhcpd.conf

B. DHCP 服务器的配置文件为/etc/dhcpd.conf

C. DHCP 服务器的配置文件默认是存在的，不需要创建

D. DHCP 服务器的配置文件默认是不存在的，需要手动创建

2. DHCP 的前身是（   ）。

A. BOOTP   B. GRUB

C. SMTP   D. vsftpd

3. 在使用时间超过租期的（   ）时，DHCP 客户端会以单播形式向 DHCP 服务器发送 DHCP Request 报文来续租 IP 地址。

A. 25%   B. 50%

C. 75%   D. 87.5%

4. 在使用时间超过租期的（   ）时，DHCP 客户端会以广播形式向 DHCP 服务器发送 DHCP Request 报文来续租 IP 地址。

A. 25%   B. 50%

C. 75%   D. 87.5%

5. 某学校为机房的计算机安装了 Cent OS 7 系统，若需要这些计算机通过 DHCP 方式自动获取 IP 地址，网络管理员可以在网卡配置文件中设置（   ），并重启网络服务。

A. BOOTPROTO=static   B. BOOTPROTO=auto

C. BOOTPROTO=dhcp   D. BOOTPROTO=dhcplient

6. 通过 DHCP 服务器的 host 声明为特定主机保留 IP 地址时，使用（   ）配置关键字指定相应的 MAC 地址。

A. mac-address   B. hardware ethernet

C. fixed-address   D. match-physical-address

7. DHCP 是动态主机配置协议的缩写，其作用是可以使网络管理员通过一台服务器来管理一个网络系统，自动为一个网络中的主机分配（   ）地址。

A. 网络   B. MAC

C. TCP   D. IP

二、填空题

1. DHCP 服务器安装后便可提供一个配置文件的模板，即＿＿＿＿＿＿＿＿文件，我们可以使用＿＿＿＿＿＿＿＿命令将其复制到＿＿＿＿＿目录中。

2. 运行 DHCP 服务器还需要一个名为＿＿＿＿＿的文件，其中保存所有已经分发的 IP 地址。在 RHEL 中，该文件位于＿＿＿＿＿目录中。

3. Linux 系统中，DHCP 的配置文件是＿＿＿＿＿。

4. DHCP 可以实现动态的＿＿＿＿＿分配。

三、简答题

1. 简述 DHCP 的租用过程。

2. 解释/etc/dhcp/dhcpd.conf 文件中如下各项配置参数的含义。

```
option domain-name-servers 202.198.176.1,202.98.0.68;
default-lease-time 21600;
max-lease-time 43200;
ddns-update-style none; subnet 192.168.1.0 netmask 255.255.255.0
{ option domain-name "name.ccut.edu.cn";
  range 192.168.200.1 192.168.1.200;
  option routers 192.168.1.254;
}
```

3. 简述在 Linux 和 Windows 操作系统中启动 DHCP 客户端的过程。

4. 某网络欲分配一个 DHCP 地址段 222.27.50.100～222.27.50.200/24，默认网关为 222.27.50.254，域名服务器地址为 202.198.176.1，所属的域为 ccut.edu.cn。请根据以上信息给出在 Linux 下的 DHCP 服务器的配置过程。

5. 简述 DHCP 服务器的常见故障及排除办法。

第7章

Web服务配置

Web 服务是一个平台独立的、低耦合的、自包含的、基于可编程的应用程序，它可使用开放的 XML（标准通用标记语言下的一个子集）标准来描述、发布、发现、协调和配置应用程序，也可用于开发分布式互操作的应用程序。

Web 服务技术使运行在不同机器上的不同应用无须借助附加的、专门的第三方软件或硬件，就可相互交换数据或集成。对于采用 Web 服务规范开发的应用程序来说，无论它们所使用的语言、平台或内部协议是什么，都可以相互交换数据。Web 服务作为自描述、自包含的可用应用程序，可以执行具体的业务功能。Web 服务也很容易部署，这是因为它基于一些常规的产业标准以及已有的一些技术，例如标准通用标记语言下的子集 XML、HTTP。另外，Web 服务减少了应用接口的开销。Web 服务也可为整个企业，甚至多个组织之间业务流程的集成提供一个通用机制。

Web 服务已经成为计算机网络服务中不可或缺的组成部分，各种 Web 服务器产品也比比皆是，但是在众多产品中，Apache 服务器无疑是应用最多、口碑最好的 Web 服务器之一。本章主要介绍基于 Apache 的 Linux 环境下的 Web 服务配置过程。

7.1 Apache 简介

7.1.1 Apache 的起源

Apache HTTP Server（简称 Apache）是 Apache 软件基金会的一款开放源代码的 Web 服务器，它可以在大多数计算机操作系统中运行，且因具备多平台特性和安全性而被广泛使用，并成为流行的 Web 服务器软件之一。它运行快速、可靠，并且可通过简单的 API 扩展来将 Perl/Python 等的解释器编译到服务器中。

Apache 是一个模块化的服务器，其源于 NCSAhttpd（NCSA 是美国超级计算应用中心的缩写）服务器。它几乎可以运行在所有广泛使用的计算机平台上。Apache 一词取自 a patchy server（充满补丁的服务器）。因为 Apache 是自由软件，所以不断有人来为它开发新的功能、新的特性，并修改原来的缺陷。Apache 的特点是简单、速度快、性能稳定，并可作为代理服务器。本来 Apache 只用于小型或试验网络，后来逐步扩展到各种 UNIX 操作系统中，尤其对 Linux 操作系统的支持效果非常好。Apache 有多种产品，可以支持 SSL（Secure Socket Layer，安全套接字层）技术，还可以支持多个虚拟主机。Apache 是以进程为基础的，进程要比线程消耗更多的系统资源，所以 Apache 不太适用于多处理器环境。因此，在对一个 Apache Web 站点扩容时，通常是增加服务器或扩充群集节点，而不是增加处理器。到目前为止，Apache 仍然是全球用得最多的 Web 服务器之一，其市场占有率达 25%左右。很多网站如 Amazon、Yahoo!、W3C、Financial Times 等都是 Apache 的"产物"。Apache 的成功主要在于它源代码开放、有一支开放的开发队伍、支持跨平台的应用（可以运行在几乎所有的 UNIX、Windows 等系统平台上）以及具有可移植性等。

Apache 的诞生极富有戏剧性。当时 NCSAWWW 服务器项目停摆，那些使用 NCSAWWW 服务器的用户开始交换该服务器的补丁程序，他们也很快认识到成立管理这些补丁程序论坛是必要的。就这样，Apache Group 诞生了。后来，这个团体在 NCSA 的基础上创建了 Apache。

Apache 在鼎盛时期占据了全球 Web 服务器市场超过 70%的份额，虽然目前全球使用 Apache 的热潮已经有所下降，但是它仍稳居 Web 服务器市场使用率的前列。

7.1.2 Apache 的版本及特性

1. Apache 的版本

当前，Apache 主要有两种流行的版本：第一种是 1.3 版本，该版本是比较早期的，但十分成熟且稳定的版本；第二种是 2.x 版本，如 Apache 2.4.54 为较新的版本（截至 2022 年 6 月 8 日），它增加和完善了一些功能。

2. Apache 的特性

- 支持 HTTP。
- 拥有简单而强有力的基于文本的配置过程。
- 支持通用网关接口。
- 支持基于 IP 地址和基于域名的虚拟主机。
- 支持多种方式的 HTTP 认证。
- 集成 Perl 处理模块。
- 集成代理服务器模块。
- 支持实时监视服务器状态和定制服务器日志。
- 支持服务器包含命令（Server Side Include，SSI）。
- 支持安全 Socket 层（SSL）。
- 提供用户会话过程的跟踪。

- 支持 FastCGI。
- 通过第三方模块可以支持 JavaServlet。

基于以上特性，如果准备选择 Web 服务器，Apache 仍然是理想选择方案之一。

7.2 Apache 的基本配置

7.2.1 Apache 的运行

1. Apache 的配置文件

（1）httpd.conf：Apache 的主配置文件，通常位于 $ServerRoot 目录下的 conf 目录中。httpd.conf 文件修改后只有在 httpd 重启后才重新读取，所以修改 httpd.conf 文件必须要重启 Apache 才有效。

（2）.htaccess：http.conf 文件通常用于 Apache 控制全局的配置信息，如其提供了对某一个或多个目录的控制，但是当目录很多时，httpd.conf 文件会变得极大，因此，我们可以用.htaccess 文件对指定的目录进行命令控制。.htaccess 文件位于想要控制的目录中，它可以为此目录以及所有子目录设置授权、目录索引、过滤器和其他的控制命令。注意我们可以用 AccessFileName 对.htaccess 文件重新命名，如 AccessFileName.direaccess，但一般情况下不要修改。

（3）access.conf、srm.conf：Apache 1.3 以前的版本中存在这两个文件（这里不详述），Apache 2.0 以后几乎就没有了。

httpd.conf、access.conf、srm.conf 文件在 Apache 启动或重启时就被读取并执行其中的配置，但.htaccess 文件在 Apache 运行过程中需要的时候才被读取其中的配置。

2. Apache 配置文件的格式

httpd 服务程序的主配置文件中存在 3 种类型的信息，即注释行信息、全局配置信息、区域配置信息。

```
# This is the main Apache HTTP server configuration file    //注释行信息
ServerRoot "/etc/httpd"                                     //全局配置信息
ServerName www.example.com:80
<Directory />                                               //区域配置信息

</Directory>
```

3. Apache 的相关命令

（1）Apache 的启动、关闭和重启。

具体命令如下：

```
# systemctl start|stop|restart httpd
```

上述命令只能一次性启动 Apache 服务器。如果要设置每次开机时自动运行 Apache 服务器，此时可执行如下命令。

```
# systemctl enable httpd
```

（2）检查运行状态。

具体命令如下：

```
# systemctl status httpd
```

（3）检查语法。

具体命令如下：

```
# apachectl configtest
# httpd -t
```

（4）查看编译时的配置参数。

具体命令如下：

```
# httpd -V
```

（5）查看已经被编译到 Apache 中的模块。

具体命令如下：

```
# httpd -l
```

7.2.2　httpd.conf 文件

Apache 的主配置文件是/etc/httpd/conf/httpd.conf，默认情况下该文件有几百行，但其中包含很多注释行。整个配置文件分为以下 3 部分。

（1）Section 1: Global Environment（第 1 部分：全局环境）：这部分的功能是控制 Apache 服务器进程的全局操作。

（2）Section 2: 'Main' server configuration（第 2 部分：主服务器配置）：这部分的功能是处理任何不被虚拟主机部分（第 3 部分）处理的请求，即提供默认处理。注意该部分的命令都可以写在虚拟主机部分。

（3）Section 3: Virtual Hosts（第 3 部分：虚拟主机）：这部分的功能是提供虚拟主机配置。

本小节介绍上述前两个部分的主要参数，第 3 部分（虚拟主机部分）将在 7.3 节中介绍。

1. Section 1: Global Environment

（1）设置服务器根目录。

具体命令如下：

```
ServerRoot "/etc/httpd"
```

功能：设置服务器的根目录。

在 Apache 配置文件中，如果文件名不以"/"开头，则认为是相对路径；此时，系统会在文件名前加上 ServerRoot 命令指定的默认路径名。

（2）指定超时时间。

具体命令如下：

```
Timeout 300
```

功能：指定超时时间为 300s。

（3）设置是否允许保持连接。

具体命令如下：

```
KeepAlive Off
```

功能：设置是否允许保持连接。若 KeepAlive 的值为 Off，则表示不允许一次连接连续相应的多个请求；若 KeepAlive 值为 On，则表示允许保持连接，即允许一次连接可以连续响应多个请求。

（4）设置监听端口。

具体命令如下：

```
Listen 80
```

功能：设置 Apache 服务器监听端口号为 80 的端口。

我们也可以设置 Apache 服务器监听的 IP 地址和端口，例如，Listen 202.198.176.20:80。

（5）包含模块文件。

具体命令如下：

```
Include conf.d/*.conf
```

功能：将/etc/httpd/conf.d/中所有的以.conf 为扩展名的文件包含进来。这一点体现了 Apache 配置文件的灵活之处，从而让 Apache 配置文件具有很好的可扩展性。

2. Section 2: 'Main' server configuration

（1）设置用户身份及所属组。

具体命令如下：

```
User apache
```

功能：Apache 服务器子进程运行时的身份为 apache。

具体命令如下：

```
Group apache
```

功能：Apache 服务器子进程运行时的所属组为 apache。

（2）设置管理员邮箱。

具体命令如下：

```
ServerAdmin root@localhost
```

功能：设置 Apache 服务器管理员的邮箱。

（3）设置服务器名称和端口号。

具体命令如下：

```
ServerName new.host.name:80
```

功能：默认设置 Apache Web 站点的名称和端口号为 new.host.name：80。

 说明 这里的名称可以是 IP 地址，也可以是域名。如果是域名，还需要域名服务器的支持。

（4）设置文档根目录。

具体命令如下：

```
DocumentRoot "/var/www/html"
```

功能：默认设置 Web 站点的文件根目录为/var/www/html。这是基础设置之一，网站（页）应该存放在此目录下。

（5）根目录的访问控制。

具体命令如下：

```
<Directory />
    Options FollowSymLinks
    AllowOverride None
</Directory>
```

功能：在主服务器配置部分中有很多个 Directory 命令配置段，它们的写法有些类似 HTML。

<Directory />：表示要对文件系统的目录进行控制。

Options FollowSymLinks：表示允许跟随软链接。关于 Options 的值，7.3 节中会详细介绍。

AllowOverride None：表示不允许覆盖。

（6）文件根目录的访问控制。

具体命令如下：

```
<Directory "/var/www/html">          //针对文件根目录/var/www/html进行控制
    Options Indexes FollowSymLinks   //设置允许跟随符号链接；Indexes表示如果要访问的文件不存在
                                     //则会显示出该目录下的文件目录清单

    AllowOverride None               //不允许覆盖当前配置，即不处理.htaccess文件
```

```
        Order allow,deny                    //设置访问控制的顺序，此处为先执行allow命令，后执行deny命令
        Allow from all                      //允许从任何地点访问该目录
    </Directory>
```

（7）开放个人主页。

默认情况下，Apache 禁用了个人主页功能。如果要开放个人主页功能，我们需要进行如下设置。

```
<IfModule mod_userdir.c>
    UserDir disable          //开放个人主页功能
    UserDir public_html      //指明个人主页的文件根目录名称为public_html
</IfModule>
```

用户访问 http://www.ccut.edu.cn/~s1/时相当于访问 www.ccut.edu.cn 站点中的文件/home/s1/public_html/index.html，即 s1 用户的个人主页。

开放个人主页示例：

```
<IfModule mod_userdir.c>
    UserDir public_html
    UserDir disabled user2
</IfModule>
```

功能：只禁用 user2 的个人主页功能，开放其他用户的个人主页功能。

（8）对每个用户的个人主页根目录进行限制。

以下配置段默认为注释状态。我们可以将注释符"#"去掉，使之生效。

```
<Directory /home/*/public_html> //此处用到了 "*" 来配置任意用户，表示对每个用户的个人主页根目录
                                //进行限制
    AllowOverride FileInfo AuthConfig Limit     //允许覆盖FileInfo、AuthConfig、Limit这3项的配置
    Options MultiViews Indexes SymLinksIfOwnerMatch, IncludesNoExec
    //设置该目录具有如下选项属性：MultiViews、Indexes SymLinksIfOwnerMatch 和IncludesNoExec
    <Limit GET POST OPTIONS>   //Limit命令仅针对HTTP的方法进行限制，本例针对GET、POST 和
                               //OPTIONS方法进行限制
        Order allow,deny
        Allow from all
    </Limit>
    <LimitExcept GET POST OPTIONS>   //除了LimitExcept命令中列出的方法外，对其他未列出的方法进行限制
        Order deny,allow
        Deny from all
    </LimitExcept>
</Directory>
```

 一般情况下，当开放个人主页功能时，启用该配置段（去掉各配置行的"#"即可）。

（9）指定默认文件名。

具体命令如下：

```
DirectoryIndex index.html index.html.var
```

功能：指定每个目录下的默认文件名。

 index.html.var 是内容协商文件。一般情况下，它挑选一个与客户端请求最相符合的文件来响应客户，如语言一致的文件。

（10）文件访问控制。

具体命令如下：

```
<Files ~ "^\.ht">
    Order allow,deny
    Deny from all
</Files>
```

功能：针对以.ht 开头的文件进行访问控制。本例为禁止访问以.ht 开头的文件。

 这里采用的是扩展的正则表达式。其中"~"表示匹配；"^"代表以其后的内容开头；"\"用于去掉其后面字符的特殊含义。

（11）指定 mime.types 文件的存放位置。

具体命令如下：

```
TypesConfig /etc/mime.types
```

功能：指定 mime.types 文件的存放位置。mime.types 文件中存放了 mime 定义的各种文件类型。

（12）mime_magic 模块。

具体命令如下：

```
<IfModule mod_mime_magic.c>
    MIMEMagicFile /usr/share/magic.mime
    MIMEMagicFile conf/magic
</IfModule>
```

功能：通过该模块，服务器可以按照文件内容中的各种提示信息来决定文件的类型。

（13）设置错误日志。

具体命令如下：

```
ErrorLog logs/error_log
```

功能：指定错误日志的存放位置。

（14）设置日志级别。

具体命令如下：

```
LogLevel warn
```

功能：指定日志记录的级别。

（15）日志格式。

具体命令如下：

```
LogFormat "%h %l %u %t \"%r\" %>s %b \"%{Referer}i\" \"%{User-Agent}i\"" combined
LogFormat "%h %l %u %t \"%r\" %>s %b" common
LogFormat "%{Referer}i -> %U" referer
LogFormat "%{User-agent}i" agent
```

功能：指定日志的格式。

（16）设置访问日志的位置和类型。

具体命令如下：

```
CustomLog logs/access_log combined
```

功能：指定访问日志的位置和类型。

（17）设置目录别名。

具体命令如下：

```
Alias /icons/ "/var/www/icons/"
```

功能：定义/icons/为/var/www/icons/的别名。我们也可理解为/icons/为虚拟目录，其对应的真实目录为/var/www/icons/。

用户通过浏览器访问 http://www.ccut.edu.cn/icons/时，相当于访问该服务器下的/var/www/icons/目录。具体命令如下：

```
<Directory "/var/www/icons">
    Options Indexes MultiViews
    AllowOverride None
    Order allow,deny
    Allow from all
</Directory>
```

（18）设置脚本别名。

具体命令如下：

```
ScriptAlias /cgi-bin/ "/var/www/cgi-bin/"
```

功能：定义脚本别名。本例将/cgi-bin/定义为/var/www/cgi-bin/的别名。

一般情况下，/cgi-bin/中存放的是 CGI 脚本程序，而且脚本程序应该位于文件根目录之外，所以采用了别名（虚拟目录）的方式。

（19）字符集设置。

具体命令如下：

```
AddDefaultCharset UTF-8
```

功能：默认设置字符集为 UTF-8。

（20）设置出错信息别名。

具体命令如下：

```
Alias /error/ "/var/www/error/"
```

功能：定义出错信息的别名目录。

（21）设置错误编号与文件的对应关系。

具体命令如下：

```
ErrorDocument 400 /error/HTTP_BAD_REQUEST.html.var
ErrorDocument 401 /error/HTTP_UNAUTHORIZED.html.var
ErrorDocument 403 /error/HTTP_FORBIDDEN.html.var
......
ErrorDocument 506 /error/HTTP_VARIANT_ALSO_VARIES.html.var
```

功能：定义错误编号与文件的对应关系。

7.3 Apache 的高级配置

7.3.1 访问控制

1. Options

语法：Options [+|-]option [+|-]option…

Options 命令控制在某一目录下可以具有哪些服务器特性。此命令设置为 None 时，表示在它的使用环境里没有附加属性。Options 命令的属性及其功能如表 7-1 所示。

表 7-1　Options 命令的属性及其功能

属性	功能
None	不激活任何属性
All	激活除 MultiViews 外的所有属性
ExecCGI	允许执行 CGI 脚本
FollowSymLinks	服务器在某目录下跟踪符号链接
Includes	SSI 命令允许标志
IncludesNOEXEC	一系列受限制的 SSI 命令可以被嵌入 SSI 页面，但不能出现 exec 和 include 命令
Indexes	如果被请求的对象是映射到某一目录的 URL，并且在此目录下没有 DirectoryIndex，那么服务器将返回目录的格式化列表
SymLinkIfOwnerMatch	服务器只跟踪符号链接，这些链接与目标文件或目录属于同一个用户
MultiViews	根据文件的语言进行内容协商

我们可以使用 "+" 和 "−" 在 Options 命令中启用或取消某属性。如果不使用这两个符号，那么当前的 Options 值将完全覆盖以前 Options 命令中的值。例如，要允许一个目录（如/www/ccutsoftdoo）运行 CGI 脚本和执行 SSI 命令，则此时要在配置文件中加入下面的命令。

```
<Directory /www/ccutsoftdoo>
    Options +ExecCGI +Includes
</Directory>
```

使用多个 Options 命令时，应注意小环境里使用的 Options 比大环境里使用的 Options 具有更高优先级。

2. AllowOverride

语法：AllowOverride override 1 override 2

默认值：AllowOverride all

此命令告诉服务器哪些在.htaccess 文件（由 AccessFileName 指定）里声明的命令可以覆盖配置文件中在它们之前出现的命令。

如果 AllowOverride 设置为 None，服务器将不读 AccessFileName 指定的文件。这样可以减少服务器的响应时间，因为服务器不必为每一个请求找 AccessFileName 指定的文件。表 7-2 列出了 AllowOverride 命令的属性及其功能。

表 7-2　AllowOverride 命令的属性及其功能

属性	功能
AuthConfig	允许使用鉴权命令（如 AuthName、require、AuthDBMGroupFile、AuthDBMUserFile、AuthGroupFile、AuthType、AuthUserFile）
FileInfo	允许使用控制文件类型的命令（如 AddEncoding、AddLanguage、DefaultType、AddType、LanguagePriority、ErrorDocument）
Indexes	允许使用控制目录检索的命令（如 AddIcon、AddDescription、AddIconByType、AddIconByEncoding、DefaultIcon、DirectoryIndex、FancyIndexing、HeaderName、IndexIgnore、IndexOptions、ReadmeName）

续表

属性	功能
Limit	允许使用控制主机访问的命令（如 Allow、Deny、Order）
Options	允许使用控制特定文件类型的命令（如 Options、XbitHack）

3. <Limit>

语法：<Limit method 1 method 2>...</Limit>

这一容器包含了一组访问控制命令，这些命令只针对所指定的 HTTP 方法。方法的名称列表中可以包含下面的一个或多个方法：GET、POST、PUT、DELETE、CONNECT、OPTIONS。如果使用 GET，它还会影响到 HEAD 请求。如果想限制所有的方法，用户就不要在<Limit>命令里包含任何方法的名称。

这个容器不能被嵌套，<Directory>容器也不能在它内部出现。另外，方法名称不区分大小写。

7.3.2　主机限制访问

Allow、Deny、Order 3 条命令可用于 Apache 的 mod_access 模块。使用它们能够实现基于主机名的访问控制，这里的主机名可以是一个完整的域名，也可以是一个 IP 地址。

1. Allow

语法：Allow from host1 host2 host3

用户可以通过该命令指定一个关于主机的列表，列表中可包含一个（或多个）域名或 IP 地址，列表中的主机可访问某一个特定的目录。当指定了多个域名或 IP 地址时，它们之间必须以空格来分隔。表 7-3 列出了 Allow 命令的参数及其功能。

表 7-3　Allow 命令的参数及其功能

参数	示例	功能
all	Allow from all	允许所有主机访问站点
某主机的完整域名	Allow from 域名 Deny from 域名	仅由 FQDN 所指定的主机才被允许访问
某主机的部分域名	Allow from 域名 Deny from 域名	仅有那些匹配部分域名的主机才被允许访问
某主机的完整 IP 地址	Allow from IP 地址 Deny from IP 地址	仅由指定 IP 地址的主机才被允许访问站点
部分 IP 地址	Allow from IP 地址 Deny from IP 地址	若在 Allow 命令中 IP 地址的 4 字节没有完全给出，则该部分 IP 地址根据从左到右的匹配原则，所有匹配该 IP 格式的主机被允许访问
IP 地址/子网掩码	Allow from IP 地址/子网掩码 Deny from IP 地址/子网掩码	用户通过该参数对指定 IP 地址的范围

2. Deny

语法：Deny from host1 host2 host3

该命令的功能与 Allow 命令的功能相反。用户通过它来指定一个关于主机的列表，列表中的主机拒绝访问某一特定目录。同样，Deny 命令的功能也能接收表 7-3 中的参数。

3. Order

语法：Order deny,allow|allow,deny|mutual-failure

该命令控制 Apache 来确定 Allow 和 Deny 命令的共同作用范围。例如：

```
<Directory /www/ccutsoft>
    Order deny,allow
    Deny from ccutsoft.ccut.edu.cn  222.27.50.82
    Allow from all
</Directory>
```

例如以上命令拒绝主机 ccutsoft.ccut.edu.cn 和 222.27.50.82 访问目录/www/ccutsoft，并且允许其他主机访问。Order 命令的参数列表是以逗号分隔的，列表中指定了哪一条命令先执行。需要特别注意的是，影响所有主机的命令被赋予最低的优先级，例如以上命令中，由于 Allow 命令影响所有主机，因此它被赋予较低的优先级。

参数 mutual-failure 表示仅有那些出现在 Allow 命令列表中，且没有出现在 Deny 命令列表中的主机被授权访问。

7.3.3　.htaccess 文件

当资源放在用户认证下时，我们就可以通过要求用户输入名字和口令来让其获得对资源的访问权限。这个名字和口令被保存在服务器的数据库文件中。Apache 中有多种数据库，如普通文件数据库、数据库管理系统（Datebase Management System，DBMS）（MySQL 数据库、Oracle 数据库和 Sybase 数据库）等。

默认情况下，在某个目录下可以放一个.htaccess 文件。首先介绍该文件中的一些基本配置命令和功能。

（1）AuthName。

功能：设置认证名称，可以是任意定义的字符串。

（2）AuthType。

功能：设置认证类型，有两种类型可选，即 Basic 基本类型和 Digest 摘要类型。

（3）AuthUserFile。

功能：指定一个含有名字和口令列表的文件，每行内容都是名字和对应的口令。

（4）AuthGroupFile。

功能：指定所包含用户组和这些组成员的文件，组成员之间用空格分开。例如：

```
Managers: joe mark
Production: mark shelley paul
```

（5）require。

Require 命令用于指定满足条件的用户才能被授权进行访问。它可以只列出可能连接的指定用户、列出可能连接的指定用户的一个组（或多个组）清单，或者指出数据库中的任何有效用户都被自动地授权访问。例如：

require user mark paul（只有 mark 和 paul 用户可以访问）；

require group managers（只有 managers 组的用户可以访问）；

require valid-user（数据库 AuthUserFile 中的任何用户都可以访问）。

配置文件以下面的方式结束。

```
<Directory /usr/local/apache/htdocs/protected/>
    AuthName Protected
    AuthType basic
    AuthUserFile /usr/local/apache/conf/users
    <Limit GET POST>
        require valid-user
    </Limit>
</Directory>
```

require 命令如果出现在<Limit></Limit>块内，它将限制用户访问使用的方式，否则将不允许任何方式的访问操作。在以上命令中，允许以 HTTP GET 或 POST 方式访问。为保证其正常运行，require 命令必须与 AuthName 和 AuthType 等命令配合使用。

（6）Satisfy。

语法：Satisfy 'any'|'all'

默认值：Satisfy all

如果既使用 Allow 命令又使用 require 命令，则用这条命令告知 Apache 服务器满足哪些命令时可以成功鉴权。Satisfy 的值可以是 all 或 any。如果使用 all，则只有在 Allow 命令和 require 命令都满足的情况下才鉴权成功；如果使用 any，则在 Allow 命令和 require 命令中任何一条命令满足时都可以使鉴权操作成功。

（7）用户目录保护。

为用户 user1 的访问创建口令文件。

```
# htpasswd -c /var/mypasswd user1
```

将口令文件的所有者改为 apache。

```
# chown apache.apache /var/mypasswd
```

如果想为一个特殊组保护一个目录，具体配置如下。

```
<Directory /usr/local/apache/htdocs/protected/>
    AuthName Protected
    AuthType basic
    AuthUserFile /usr/local/apache/conf/users
    AuthGroupFile /usr/local/apache/conf/group
    <Limit GET POST>
        require group managers
    </Limit>
</Directory>
```

7.3.4 用户 Web 目录

拥有许多用户的网站有时允许用户管理 Web 树中自己的部分，用户管理的部分在自己的目录中。为此，需要使用如下的 URL 进行访问。

http://www.mydomain.com/~user

其中的~user 实际上是用户目录的一个目录别名。它与 Alias 命令不同，它只能把一个特殊的伪目录映射到一个实际的目录中，这里要把~user 映射到/home/user/public_html 等的文件中。因为用户可以是很多的，所以在这里宏是很有用的。这个宏是 UserDir 命令，前面已经介绍过。UserDir 命令用来指定用户 home 目录中的一个子目录。在这个子目录中，用户可以放置被映射到~user URL 的内容。

在默认设置情况下，用户需要在自己的 home 目录中创建 public_html，然后把所有的网页文件放在该目录下，通过 http://www. mydomain.com/~user 即可进行访问。但是在具体实施时，请注意以下几点。

（1）以超级用户登录，以如下命令修改用户主目录的权限，让其他用户有权限进入该目录浏览。

```
# chmod 705 /home/username
```

（2）由用户在自己的 home 目录中创建 public_html 目录，保证该目录也有正确的权限来控制其他用户的访问。

（3）对于创建的目录，用户最好把权限设置为 0700，确保其他用户不能访问。

7.3.5 虚拟主机

虚拟主机是指一种在一台服务器上提供多台主机服务的机制。Apache 实现了处理虚拟主机的非常简明的方法。Apache 支持 3 种类型的虚拟主机，即基于 IP 地址的虚拟主机、基于端口的虚拟主机和基于名称的虚拟主机。基于 IP 及端口的虚拟主机对所有浏览器(无论新旧)提供支持；基于名称的虚拟主机因为需要 HTTP/1.1 的支持，不能支持所有的浏览器。

1. 基于 IP 地址的虚拟主机配置

提供多台主机服务是通过对一台机器分配多个 IP 地址来实现的,然后将 Apache 捆绑到不同的 IP 地址上,为每一台虚拟主机提供唯一的 IP 地址。

(1)在一台主机上配置多个 IP 地址,可执行如下命令。

```
# ifconfig eth0:1 10.22.1.102 netmask 255.255.255.0
# ifconfig eth0:2 10.22.1.103 netmask 255.255.255.0
```

功能:第一行命令创建了子接口 eth0:1(eth0:1 为 eth0 的子接口),同时为该接口配置了 IP 地址 10.22.1.102。这里要根据网卡实际的名称进行调整。

(2)编辑 Apache 的主配置文件 httpd.conf,在该文件的末尾追加以下内容。

```
<VirtualHost 10.22.1.102:80>
    ServerAdmin webmaster@tcbuu.cn
    DocumentRoot /www/iproot1
    ServerName 10.22.1.102
    ErrorLog logs/10.22.1.102-error_log
    CustomLog logs/10.22.1.102-access_log common
</VirtualHost>
<VirtualHost 10.22.1.103:80>
    ServerAdmin webmaster2@tcbuu.cn
    DocumentRoot /www/iproot2
    ServerName 10.22.1.103
    ErrorLog logs/10.22.1.103-error_log
    CustomLog logs/10.22.1.103-access_log common
</VirtualHost>
```

(3)创建两个虚拟主机的文件根目录及相应的测试页面。

```
# mkdir -p /www/iproot1
# mkdir -p /www/iproot2
```

/www/iproot1/index.html 的内容如下。

```
<html>
    this is the IP_based VirtualHost 10.22.1.102!
</html>
```

/www/iproot2/index.html 的内容如下。

```
<html>
    this is the IP_based VirtualHost 10.22.1.103!
</html>
```

(4)运行与测试。

```
# systemctl restart httpd
# elinks http://10.22.1.102
# elinks http://10.22.1.103
```

2. 基于端口的虚拟主机配置

(1)创建新的子接口并配置 IP 地址为 10.22.1.104。

```
# ifconfig eth0:3 10.22.1.104 netmask 255.255.255.0
```

(2)编辑 Apache 的主配置文件 httpd.conf,增加监听的端口 8001 和 8002。

在 Section 1 中增加以下配置,分别监听 8001 和 8002 端口。

```
Listen 80
Listen 8001
Listen 8002
```

（3）编辑 Apache 的主配置文件 httpd.conf，创建基于端口的虚拟主机的配置段，内容如下。

```
<VirtualHost 10.22.1.104:8001>
    ServerAdmin webmaster3@tcbuu.cn
    DocumentRoot /www/portroot1
    ServerName 10.22.1.104
    ErrorLog logs/10.22.1.104-8001-error_log
    CustomLog logs/10.22.1.104-8001-access_log common
</VirtualHost>
<VirtualHost 10.22.1.104:8002>
    ServerAdmin webmaster4@tcbuu.cn
    DocumentRoot /www/portroot2
    ServerName 10.22.1.104
    ErrorLog logs/10.22.1.104-8002-error_log
    CustomLog logs/10.22.1.104-8002-access_log common
</VirtualHost>
```

3. 基于名称的虚拟主机配置

（1）在域名服务器的区域数据库文件中增加两条 A 记录和两条 PTR 记录（第 8 章将详细介绍）。为了不影响前面的虚拟主机，这里再增加一个子接口，并配置 IP 地址为 10.22.1.105，执行命令如下。

```
# ifconfig eth0:4 10.22.1.105 netmask 255.255.255.0
```

接下来，配置 DNS 以支持新的域名解析。DNS 正向区域数据库文件中增加的记录如下。

```
www1.ccut.edu.cn. IN A 10.22.1.105
www2.ccut.edu.cn. IN A 10.22.1.105
```

 如果需要，也可以配置反向区域数据库文件，详见第 8 章。

（2）编辑 Apache 的主配置文件，激活基于名称的虚拟主机，并创建两个基于名称的虚拟主机的配置段，执行命令如下。

```
NameVirtualHost 10.22.1.105:80
```

功能：针对 10.22.1.105:80 配置基于名称的虚拟主机。

 这是非常重要的一条命令。正是该命令激活了基于名称的虚拟主机功能。

（3）编辑 Apache 的主配置文件 httpd.conf，创建基于名称的虚拟主机的配置段，内容如下。

```
NameVirtualHost 10.22.1.105:80

<VirtualHost 10.22.1.105:80>
    ServerAdmin webmaster5@ccut.edu.cn
    DocumentRoot /www/nameroot1
    ServerName www1.ccut.edu.cn
    ErrorLog logs/www1.ccut.edu.cn-error_log
    CustomLog logs/www1.ccut.edu.cn-access_log common
</VirtualHost>
<VirtualHost 10.22.1.105:80>
    ServerAdmin webmaster6@ccut.edu.cn
    DocumentRoot /www/nameroot2
    ServerName www2.ccut.edu.cn
```

```
    ErrorLog logs/www2.ccut.edu.cn-error_log
    CustomLog logs/www2.ccut.edu.cn-access_log common
</VirtualHost>
```

7.3.6　代理服务器的配置

要打开代理服务器，我们需要把 httpd.conf 配置文件中的 ProxyRequests 设置为 On（开）状态，然后可以根据代理服务器需要实现的功能来增加配置。任何代理服务器的配置语句都应放在<Directory...>容器中。

1．设置代理

如果你有一套使用专有非路由 IP 地址的计算机网络，又想为这个网络提供诸如 HTTP/FTP 服务的 Internet 连接，那么只需要一台有合法 IP 地址的计算机，并且它可以在代理模块里运行 Apache。同时，这台计算机必须在 ProxyRequest 设置为 On 的状态下运行 Apache 代理服务器，此外无须其他配置。所有的 HTTP/FTP 请求都可以由此代理服务器处理。

在这种配置情况下，代理服务器必须设置为属于多个网络，即它既可以访问非路由的个人网络，也可以访问可路由的网络。从一定程度上讲，这一台代理服务器可以作为这个个人网络的防火墙。

2．缓存服务

因为大多数 Internet 和 Intranet Web 站点的内容都比较固定，因此把它们存储到局域代理服务器的高速缓存里将节省珍贵的网络带宽。一个开启缓冲区的代理服务器只有在缓冲区内包含过期文件或请求的文件不在缓冲区时，才寻找并装入所请求的文件。使用以下命令可以把代理服务器设置为这种工作状态。

```
<Directory proxy:*>
    CacheRoot /www/cache      //把缓存的文件写入/www/cache目录
    CacheSize 10240           //允许写入10240KB的数据（10MB）
    CacheMaxExpire 24         //存储内容的生存时间为一天（24h）
</Directory>
```

本章小结

Apache 服务器以功能强大、配置简单、使用代价小而博得了大量用户的青睐，很快便成了使用最广泛的 Web 服务器之一。本章系统而全面地介绍了 Apache 服务器及其相关知识。

每个希望能对 Apache 服务器进行熟练配置的用户都必须深入了解配置文件：httpd.conf。我们可以通过在该配置文件中加入命令来实现各种功能，例如，设置服务器本身的信息、设定某个目录的功能和访问的控制信息、告知服务器想要 Web 服务器提供何种资源，以及从哪里、如何提供这些资源。

Apache 服务器提供了很好的访问安全机制，我们可以通过使用 Allow、Deny、Option 这 3 条命令将站点设置为需要根据用户域名或 IP 地址来限制访问。用户认证可以用来限制某些文件的访问权限。当资源放在用户认证下时，我们就可以要求用户输入名字和口令来让其获得对资源的访问权。Apache 服务器提供 3 种类型的虚拟主机：基于 IP 地址的虚拟主机、基于端口的虚拟主机和基于名称的虚拟主机。另外，与其他的 Web 服务器一样，Apache 也提供了代理服务。

思考与练习

一、选择题

1．网络管理员对 Web 服务器可进行访问、控制存取和运行等控制，这些控制可在（　　）文件中体现。

A．httpd.conf   B．lilo.conf

C. inetd.conf   D. resolv.conf

2. 配置 httpd 验证，可以用（   ）命令来创建用户文件。

A. passwd   B. apachectl

C. htpasswd   D. useradd

3. HTTP 默认使用的 TCP 端口号为（   ）。

A. 23   B. 25

C. 443   D. 80

4. HTTPS 默认使用的 TCP 端口号为（   ）。

A. 23   B. 25

C. 443   D. 80

5. 以下不属于/etc/httpd/conf/httpd.conf 配置文件的是（   ）。

A. 主服务器配置   B. 全局操作

C. 虚拟主机   D. 访问控制系统

6. 以下不属于虚拟主机类型的是（   ）。

A. 基于 IP 的虚拟主机   B. 基于名字的虚拟主机

C. 基于物理地址的虚拟主机   D. 基于端口的虚拟主机

7. 下列选项中地址定义出错信息的别名目录为（   ）。

A. Alias /error/ "/var/www/error/"   B. AddCharset ISO-8859-1.iso8859-1.latin1

C. AddCharset GB2312 .gb2312.gb   D. AddDefaultCharset UTF-8

8. 主机限制访问命令有（   ）。

A. Allow   B. Deny

C. Order   D. Mutual-failure

9. Apache 服务器是（   ）。

A. 域名服务器   B. Web 服务器

C. FTP 服务器   D. Sendmail 服务器

10. 如果以 Apache 为 Web 服务器，最重要的配置文件是（   ）。

A. mime.types   B. httpd.conf

C. srm.conf   D. access.conf

二、填空题

1. Apache 一词取自_____（充满补丁的服务器）。

2. Apache 2.0 以后的版本涉及两个主要的配置文件，分别是_____和_____。

3. Apache 的主配置文件是/etc/httpd/conf/httpd.conf，默认情况下该文件有 1000 余行的命令语句，但其中包含很多注释行。整个配置文件分为 3 个部分，分别是_____、_____和_____。

4. 如果要设置每次开机时自动运行 Apache 服务器，可使用_____命令。

5. Apache 默认设置 Web 站点的文件根目录为_____。这是基础设置之一，网站（页）应该存放在此目录下。

6. Apache 支持 3 种类型的虚拟主机，即_____、_____和_____。

7. 设置 Apache 服务时，一般将服务的端口默认绑定到系统的_____端口上。

8. 启动 Apache 服务器的命令是_____和_____。

三、简答题

1. 简述 Apache 的版本及特性。

2. 简述/etc/httpd/conf/httpd.conf 文件的结构和各部分主要完成的功能。

3. 解释如下服务器设置中各项参数的含义，并说明它们在防御攻击者攻击方面起到的作用。

```
<IfModule prefork.c>
    StartServers            8
    MinSpareServers         5
    MaxSpareServers         20
    ServerLimit             256
    MaxClients              256
    MaxRequestsPerChild     4000
</IfModule>
```

4. 解释如下访问控制信息的作用。

```
<Directory /www/ccutsoft>
    Order deny,allow
    Deny from ccutsoft.ccut.edu.cn 222.27.50.82
    Allow from all
</Directory>
```

5. 解释如下虚拟主机配置文件中各项参数的含义和作用。

```
<VirtualHost 10.22.1.102:80>
    ServerAdmin webmaster@tcbuu.cn
    DocumentRoot /www/iproot1
    ServerName 10.22.1.102
    ErrorLog logs/10.22.1.102-error_log
    CustomLog logs/10.22.1.102-access_log common
</VirtualHost>
<VirtualHost 10.22.1.103:80>
    ServerAdmin webmaster2@tcbuu.cn
    DocumentRoot /www/iproot2
    ServerName 10.22.1.103
    ErrorLog logs/10.22.1.103-error_log
    CustomLog logs/10.22.1.103-access_log common
</VirtualHost>
```

6. 简述代理服务的作用及实现方法。

7. 如何启动、终止、重启和查看 Web 服务器是否运行?

8. 手动启动 Apache 的命令有哪些?

9. 当 Web 服务器与浏览器通信时，应用层使用的是什么协议? 传输层使用的是什么协议?

CHAPTER08

第8章

DNS服务配置

DNS 是 Internet 基础架构服务之一。正是因为有了 DNS 的存在，Internet 才变得能被人们记住和喜爱。谈及 Internet，我们很自然地想到一些知名网站，而不是这些网站的 IP 地址。DNS 提供给广大用户的最主要功能就是把域名解析成 IP 地址，解决了 IP 地址不方便记忆的问题。实现 DNS 服务的软件包有很多种，本章主要介绍 Linux 环境下 DNS 简介、BIND 的主配置文件、BIND 的数据库文件、运行与测试 DNS、辅助 DNS。

8.1 DNS 简介

在 Internet 上，域名与 IP 地址之间是一一对应的。虽然域名便于人们记忆，但计算机之间只能互相识别 IP 地址。IP 地址与域名之间的转换工作称为域名解析。域名解析需要由专门的域名解析服务器来完成，而域名系统（Domain Name System，DNS）就是进行域名解析的服务器。以现在的情况和未来的趋势来看，绝大部分网络中的主机都需要连接到 Internet，甚至向 Internet 中其他主机提供服务。

8.1.1 域名系统

DNS 作为 Internet 上域名与 IP 地址相互映射的一个分布式数据库能够使用户更方便地访问互联网，而不用去记住被计算机直接读取的 IP 地址。将域名解析成该域对应 IP 地址的过程称为正向域名解析；反之，如果将 IP 地址解析成对应主机的域名则称为反向域名解析。DNS 协议运行在 UDP 上，使用的端口号为 53。

DNS 的主要作用是允许用户通过记忆服务器名称来使用域名，这样比使用 IP 地址更直观、方便。

8.1.2 DNS 域名解析的工作原理

DNS 域名解析的工作原理如下。

（1）DNS 客户端提出域名解析请求，并将该请求发送给本地的域名服务器。

（2）当本地的域名服务器收到请求后，先查询本地的缓存。如果本地的缓存中有记录，则本地的域名服务器直接把查询的结果返回。

（3）如果本地的缓存中没有记录，则本地的域名服务器就直接把请求发给根域名服务器，然后根域名服务器再返回给本地的域名服务器一个所查询域（根的子域）的主服务 DNS 的地址。

（4）本地的域名服务器再向第（3）步返回的域名服务器发送请求，然后接收请求的服务器查询自己的缓存。如果没有记录，则返回相关的下级域名服务器的地址。

（5）重复第（4）步，直到找到正确的记录。

（6）本地的域名服务器把返回的结果保存到缓存，以备下一次使用，同时将结果返回给 DNS 客户端。

8.1.3 DNS 相关属性

1. DNS 映射方式

每个 IP 地址都可以有一个域名，主机名由一个或多个字符串组成，字符串之间用小数点隔开。主机名到 IP 地址的映射有以下两种方式。

（1）静态映射：每台设备上都配置主机名到 IP 地址的映射，各设备独立维护自己的映射表，而且只供本设备使用。

（2）动态映射：建立一套域名解析系统，只在专门的域名服务器上配置主机名到 IP 地址的映射。网络上使用主机名来通信的设备需要先到域名服务器查询主机所对应的 IP 地址。

2. 域名结构

一般情况下，Internet 中的域名结构为：主机名.三级域名.二级域名.顶级域名。Internet 的域名由互联网名称与数字地址分配机构（ICANN）管理，该机构主要承担域名系统管理、IP 地址分配、协议参数配置等任务，从而为 Internet 的每一台主机分配唯一的 IP 地址。

3. BIND

BIND 是 Linux 中实现 DNS 服务的软件包，几乎所有 Linux 发行版都包含 BIND。本章主要介绍 Linux 环境下的 DNS 软件包——BIND，BIND 已成为 Internet 上使用最多的域名服务器软件之一。

8.2 BIND 的安装及相关配置文件

8.2.1 BIND 的安装

BIND 的安装具体命令如下：

```
# yum install bind
Loaded plugins: langpacks, product-id, subscription-manager
……
Installing:
bind-chroot x86_64 32:9.9.4-14.el7 rhel 81 k
Installing for dependencies:
bind x86_64 32:9.9.4-14.el7 rhel 1.8 M
Transaction Summary
================================================================================
Install 1 Package (+1 Dependent package)
Total download size: 1.8 M
Installed size: 4.3 M
Is this ok [y/d/N]: y
Downloading packages:
--------------------------------------------------------------------------------
Total 28 MB/s | 1.8 MB 00:00
Running transaction check
Running transaction test
Transaction test succeeded
Running transaction
Installing: 32:bind-9.9.4-14.el7.x86_64 1/2
Installing: 32:bind-chroot-9.9.4-14.el7.x86_64 2/2
Verifying: 32:bind-9.9.4-14.el7.x86_64 1/2
Verifying: 32:bind-chroot-9.9.4-14.el7.x86_64 2/2
Installed:
bind-chroot.x86_64 32:9.9.4-14.el7
Dependency Installed:
bind.x86_64 32:9.9.4-14.el7
Complete!
```

8.2.2 DNS 相关配置文件介绍

1. /etc/hosts

/etc/hosts 是本地主机数据库文件，也是域名服务器软件的雏形，在主机之间实现按名称进行通信。hosts 文件实际上采用平面结构，它只适合于主机数量很小的网络，一般也仅用于本地主机解析环回地址或少数几台主机通信。其初始内容如下。

```
IP地址            本机默认域名            别名
127.0.0.1         localhost.localdomain localhost
202.198.176.10    www.ccut.edu.cn
202.198.176.11    netlab.ccut.edu.cn
```

2. /etc/host.conf

/etc/host.conf 是解析器配置文件（Resolver Configuration File），它用来指定使用解析库（Resolver

Library）的方式。其初始内容如下。

```
order  hosts,bind
```

3. /etc/resolv.conf

/etc/resolv.conf 是 DNS 客户端的配置文件，它主要用来指定所采用的域名服务器的 IP 地址和本地主机的域名。其初始内容如下。

```
search  example.com
nameserver  202.198.176.1
nameserver  202.198.176.2
```

8.2.3　BIND 主配置文件

BIND 主配置文件首先由 named 进程运行时读取，文件名为 named.conf，一般位于/etc/目录中。如果用户启用了 BIND-chroot 功能，则可能在/var/named/chroot/etc/目录中。该文件只包括 BIND 的基本配置，并不包含任何 DNS 的区域数据。

 /var/named/chroot/etc/是虚拟目录。

BIND 服务程序的配置并不简单，网络管理员要想为用户提供健全的 DNS 查询服务，需要在本地保存相关的域名数据库；而如果把所有域名和 IP 地址的对应关系都写入某个配置文件中，则估计有成千上万条的参数，这样既不利于提高程序的执行效率，也不方便日后的修改和维护。因此，在 BIND 服务程序中有以下这 3 个比较关键的文件或目录。

（1）主配置文件（/etc/named.conf）：在去除注释信息和空行之后，实际有效的参数仅有 30 行左右，这些参数用来定义 BIND 服务程序的运行。

（2）区域配置文件（/etc/named.rfc1912.zones）：用来保存域名和 IP 地址对应关系的所在位置。类似于图书的目录，区域配置文件对应着每个域和相应 IP 地址所在的具体位置。当需要查看或修改域名和相应 IP 地址时，系统可根据这个位置找到相关文件。

（3）数据配置文件目录（/var/named）：该目录用来保存存放域名和 IP 地址真实对应关系的数据配置文件。

下面来看看 named.conf 文件的配置。

```
options {
        listen-on port 53 { any; };    //any表示服务器上的所有IP地址
        listen-on-v6 port 53 { ::1; };
        directory "/var/named";
        dump-file "/var/named/data/cache_dump.db";
        statistics-file "/var/named/data/named_stats.txt";
        memstatistics-file "/var/named/data/named_mem_stats.txt";
        allow-query { any; };
        //IP地址均可提供DNS域名解析服务，以及允许所有用户对本服务器发送DNS查询请求
        /*
         - If you are building an AUTHORITATIVE DNS server, do NOT enable recursion.
         - If you are building a RECURSIVE (caching) DNS server, you need to enable recursion.
         - If your recursive DNS server has a public IP address, you MUST enable access control
           to limit queries to your legitimate users. Failing to do so will cause your server
           to become part of large scale DNS amplification attacks. Implementing BCP38 within
           your network would greatly reduce such attack surface
```

```
        */
        recursion yes;
        dnssec-enable yes;
        dnssec-validation yes;

        /* Path to ISC DLV key */
        bindkeys-file "/etc/named.iscdlv.key";
        managed-keys-directory "/var/named/dynamic";
        pid-file "/run/named/named.pid";
        session-keyfile "/run/named/session.key";
};

logging {
        channel default_debug {
                file "data/named.run";
                severity dynamic;
        };
};

zone "." IN {
        type hint;
        file "named.ca";
};

include "/etc/named.rfc1912.zones";
include "/etc/named.root.key";
```

8.2.4　区域配置文件

下面介绍区域配置段的功能。域名服务器是以区域为单位来进行管理的，用 zone 关键字来定义区域。一个区域是一个连续的域名空间区域，名称一般用双引号标注，如 netlab.ccut.edu.cn、ccut.edu.cn 等都可以定义为一个区域。在区域配置段内用 type 关键字可以定义区域的类型，这 3 种类型的含义分别如下。

（1）master 类型：即主要类型，其表示一个区域为主服务 DNS。

（2）hint 类型：即提示类型，其表示一个区域为启动时初始化高速缓存的域名服务器。

（3）slave 类型：即辅助类型，其表示一个区域为辅助 DNS。

例如，自定义正向区域，要求：区域名为 ccut.edu.cn，区域类型为 master 类型，区域数据库文件名为 ccut.edu.cn.hosts。

```
zone "ccut.edu.cn" IN {
    type master;
    file "ccut.edu.cn.hosts";
};
```

再如，自定义反向区域，要求：区域的网段为 202.198.176.0/24，区域类型为 master 类型，区域数据库文件名为 ccut.edu.cn.rev。

```
zone "176.198.202.in-addr.arpa" IN {
    type master;
    file "ccut.edu.cn.rev";
};
```

8.3 BIND 的数据库文件

8.3.1 正向区域数据库文件

一个区域内的所有数据（包括主机名对应 IP 地址、刷新间隔时间和过期时间等）都必须要存放在域名服务器内，而用来存放这些数据的文件就称为区域数据库文件。

创建正向区域数据库文件，配置文件中有 named.ca、named.localhost、named.loopback 3 个文件。前文 8.2.3 小节已经提供了 named.ca，还有 named.localhost、named.loopback 这两个文件也需要提供。从 /var/named 目录中复制一份正向解析的模板文件（named.localhost），然后把域名和 IP 地址的对应数据填入数据配置文件中并保存。复制时记得加上 -a 选项，这样可以保留原始文件的所有者、所属组、权限属性等信息，执行如下命令。

```
# cd /var/named/
# cp -a named.localhost ccut.edu.cn.hosts
# vim ccut.edu.cn.hosts
@ IN  SOA  server2.ccut.edu.cn. root.server2.ccut.edu.cn. (
     2015031101        ;serial
     3600              ;refresh
     1800              ;retry
     36000             ;expire
     3600 )            ;minimum
                    IN  NS server2.ccut.edu.cn.
server2.ccut.edu.cn.  IN  A 202.198.176.10
mail.ccut.edu.cn.     IN  CNAME server2.ccut.edu.cn.
```

SOA（Start of Authority，起始授权机构）指出域名服务器是该区域数据的权威来源。每一个区文件都需要一个 SOA 资源记录，而且只能有一个。SOA 资源记录还要指定一些附加参数，放在 SOA 资源记录后面的括号内。下面对它们进行介绍。

（1）@：表示区域名称，其值为主配置文件 named.conf 中相应区域的名称。

（2）IN：表示 Internet 类。此外，还有其他类，如 heriod、chaos 等。目前，Internet 类使用较为广泛，它也是默认类。

（3）SOA：表示起始授权类。

（4）server2.ccut.edu.cn.：表示授权域名服务器。注意，这里服务器的域名采用的是全称域名（Fully Qualified Domain Name，FQDN），所以以"."结尾。

（5）root.server2.ccut.edu.cn.：表示管理员的邮件地址。注意它是在邮件地址中用的，其可代替常见的邮件地址中的@，而 SOA 表示授权的开始。

（6）serial：表示序列号，其前面的数字表示配置文件的修改版本，格式是年、月、日、当日修改的次数。每次修改区域数据库配置文件时都应该修改这个数字，否则你所做的修改不会更新到网上的其他域名服务器的数据库上。

（7）refresh：表示刷新时间，即规定从域名服务器多长时间查询一个主服务器，以保证从服务器的数据是最新的。默认单位为 s，我们可以指定单位为周（w）、天（d）、小时（h）、分钟（m）等。

（8）retry：规定了以秒为单位的重试时间间隔。当从服务器试图在主服务器上查询时，如果连接失败了，则 retry 规定从服务器多长时间后再重试。

（9）expire：表示过期时间，它规定了从服务器在向主服务器更新失败后多长时间清除对应的记录。上例的数值是以分钟为单位的。

（10）minimum：表示最小生存周期，它规定了缓冲服务器不能与主服务器联系后多长时间清除相应的记录。

接下来，对上例中后面 3 行资源记录进行介绍。

① IN NS server2.ccut.edu.cn.：定义了一条 NS 记录，并指定了本区域的域名解析服务器。注意这一行首部必须有空格或者制表符。

② server2.ccut.edu.cn.IN A 202.198.176.10：定义、指定本域的主机。其中，server2.ccut.edu.cn. 为主机名；A 代表地址类型为 IPv4 地址；202.198.176.10 为实际 IP 地址。这一条记录的含义是 server2.ccut.edu.cn. 的 IP 地址为 202.198.176.10。

③ mail.ccut.edu.cn. IN CNAME server2.ccut.edu.cn.：为主机定义一个别名，即 server2.ccut.edu.cn. 与 mail.ccut.edu.cn. 指的是同一个主机。

8.3.2　反向区域数据库文件

在理解了正向区域数据库文件的定义后，我们可以很容易地理解反向区域数据库文件。下面来介绍如何创建反向区域数据库文件。

```
# vi/var/named/ccut.edu.cn.rev
```

输入以下内容。

```
@       IN SOA server2.ccut.edu.cn. root.server2.ccut.edu.cn. (
        2015031101      ;serial
        3600            ;refresh
        1800            ;retry
        36000           ;expire
        3600 )          ;minimum
        IN  NS   server2.ccut.edu.cn.
    10  IN  PTR  server2.ccut.edu.cn.
        IN  PTR  mail.ccut.edu.cn.
```

将该文件与 ccut.edu.cn.hosts 文件对比可以发现，它们的 SOA 资源记录及 NS 记录是相同的。也就是说，一般情况下，正、反区域数据库文件中的这两条记录是相同的。

接下来，该文件中定义了新的记录类型——PTR 类型。PTR 类型又称为反向类型，它可用来定义由 IP 地址到域名解析、翻译的记录。看看如下记录。

```
10 IN PTR server2.ccut.edu.cn.
```

该记录中第 1 列的值为 10，请注意此值不是以 "." 结尾的。BIND 中是这样规定的：如果最左边或最右边两列值不以 "." 结尾，则系统会自动在该值后面补上@后的值，即补上区域名称构成全称域名。该区域名称也是在 DNS 主配置文件/etc/named.conf 中定义的。这里的 10 等价于 176.198.202.in-addr.arpa，因此上述记录完整代码如下。

```
10.176.198.202.in-addr.arpa IN PTR server2.ccut.edu.cn.
```

这样写过长，所以一般情况下只写 IP 地址的主机名部分即可。

8.4　运行与测试 DNS

到目前为止，针对域名服务器的配置已基本完成，总结一下前文共进行了如下 3 个步骤。

（1）配置 DNS 主配置文件，定义区域名称、类型等。

（2）创建正向区域数据库文件。

（3）创建反向区域数据库文件。

接下来需要进行客户端配置文件的编辑，主要指定所采用域名服务器的 IP 地址和本机域名后缀，用 Vi 编辑/etc/resolv.conf 文件，内容如下。

```
search      example.com
nameserver  202.198.176.1
```

以上命令参数指明了本机域名后缀为 example.com，以及首选域名服务器为 202.198.176.1。

至此，DNS 配置完成。接下来要开始运行与测试 DNS 的工作了。

8.4.1 运行 DNS 服务

使用以下命令启动 DNS 服务。

```
# systemctl start named
```

使用以下命令重启 DNS 服务。

```
# systemctl restart named
```

Linux 定义了 7 种运行级别，每种运行级别都可以设置 Linux 的特定运行环境。这 7 种运行级别写在/etc/inittab 文件中，内容如下。

```
# vi /etc/inittab
# Default runlevel. The runlevels used by RHS are:
# 0 - 停机（千万不要把initdefault设置为0）
# 1 - 单用户模式
# 2 - 多用户模式，但是没有 NFS
# 3 - 完全多用户模式
# 4 - 没有用到
# 5 - 从X11进入X Windows系统
# 6 - 重启（千万不要把initdefault设置为6）
```

一般情况下，Linux 运行在 3 或 5 级别。

```
# chkconfig --level 3 named on
```

用 ps 命令可以查看域名服务器进程是否已经正常运行。

```
# ps aux|grep named
```

8.4.2 测试 DNS 服务

测试 DNS 服务有 3 种工具，它们分别是 nslookup、host 和 dig。

1. nslookup 工具

nslookup 有两种用法：一种是直接测试法；另一种是子命令测试法。

（1）直接测试法。

具体命令如下：

```
# nslookup www.ccut.edu.cn

Server:   202.198.176.10
Address:  202.198.176.10#53
Name:     server1.ccut.edu.cn
Address:  202.198.176.10
```

（2）子命令测试法。

具体命令如下：

```
# nslookup       //不使用任何参数，直接运行nslookup
   > server      //查看当前采用哪台域名服务器来解析
```

```
    Default server: 202.198.176.10
    Address: 202.198.176.10#53
    > server1.ccut.edu.cn                //测试正向资源记录，直接输入域名
    Server:   202.198.176.10             //显示域名服务器返回的结果
    Address:  202.198.176.10#53

    Name:   server1.ccut.edu.cn          //以下两行是正向资源记录的查询结果
    Address: 202.198.176.10
    > 202.198.176.10                      //测试反向资源记录，直接输入IP地址
    Server:   202.198.176.10
    Address:  202.198.176.10#53
    10.176.198.202.in-addr.arpa name=server1.ccut.edu.cn. //反向资源记录测试结果
    > set debug                           //打开调试开关，将显示详细的查询信息
    > mail.ccut.edu.cn                    //以下是该资源记录的详细信息
    Server:   202.198.176.10
    Address:  202.198.176.10#53
    ------------                          //两条虚线之间的是调试信息
        QUESTIONS:                        //查询的内容
            mail.ccut.edu.cn, type=ANY, class=IN
        ANSWERS:                          //回答的内容
    ->  mail.ccut.edu.cn  canonical name=server1.ccut.edu.cn.
        //指出mail.ccut.edu.cn是server1.ccut.edu.cn.的别名
        AUTHORITY RECORDS:                //授权记录
    ->  ccut.edu.cn nameserver=server1.ccut.edu.cn.
        //指出域名服务器是server1.ccut.edu.cn.
        ADDITIONAL RECORDS:               //附加记录
    ->  server1.ccut.edu.cn internet address=202.198.176.10
        //指出server1.ccut.edu.cn的IP地址
    ------------
    mail.ccut.edu.cn canonical name=server1.ccut.edu.cn.
    //指出mail.ccut.edu.cn是server1.ccut.edu.cn.的别名
    > set nodebug                         //关闭调试模式
```

nslookup 还有其他的一些子命令，请查看帮助文档自行练习。

2. host 工具

具体命令如下：

```
# host -a server1.ccut.edu.cn
    Trying "server1.ccut.edu.cn"
    ;; ->>HEADER<<- opcode: QUERY, status: NOERROR, id: 43797
    ;; flags: qr aa rd ra; QUERY: 1, ANSWER: 1, AUTHORITY: 1, ADDITIONAL: 0
    ;; QUESTION SECTION:
    ;server1.ccut.edu.cn.IN ANY
    ;; ANSWER SECTION:
    server1.ccut.edu.cn.3600 IN A 202.198.176.10
    ;; AUTHORITY SECTION:
    ccut.edu.cn.3600 IN NS server1.ccut.edu.cn.
    Received 64 bytes from 202.198.176.10#53 in 55 ms
```

host 命令的-a 选项与 nslookup 功能类似，增加了详细信息的输出功能。

3. dig 工具

（1）正向查询。

具体命令如下：

```
# dig mail.ccut.edu.cn
```

（2）反向查询。

具体命令如下：

```
# dig -x 202.198.176.10
```

 默认情况下，dig 进行正向查询。如果要进行反向查询，需要加上-x 选项。

8.5 辅助 DNS

前文讲述了 DNS 基础服务的配置文件、配置步骤及运行与测试命令。下面介绍辅助 DNS 的配置方法。

8.5.1 主服务 DNS 与辅助 DNS 的关系

域名服务器默认配置为主服务 DNS，它可以在服务器上直接修改区域数据库的内容。而辅助 DNS 是某个区域的辅助版本，它只提供查询服务，而不能在服务器上修改该区域。

辅助 DNS 有两个主要用途：一是为主服务 DNS 备份；二是分担主服务 DNS 的负载。因此，其也称为备份 DNS，并且具有主服务器的绝大部分功能。对辅助 DNS 只需配置主配置文件、缓存文件和本地反解析文件，而不需要配置区域数据库文件，数据可以从主服务 DNS 转移后存储在辅助 DNS 的本地硬盘上。

辅助 DNS 中的数据来源于 master DNS。注意，master DNS 是区域传输（Zone Transfer）中的角色，它可以由主服务 DNS 来充当，也可以由辅助 DNS 来充当。

区域传输是指辅助 DNS 从主服务 DNS 中将区域数据库文件复制过来的过程。启动区域传输的机制有以下 3 种：一是辅助 DNS 刚启动；二是 SOA 资源记录中的刷新时间到达；三是主服务 DNS 设置了主动通知辅助 DNS 数据有变化。

8.5.2 辅助 DNS 的配置

辅助 DNS 的配置相对简单，因为它的数据库文件是从主服务 DNS 学习过来的，所以我们无须手动创建。配置辅助 DNS 只需要编辑 DNS 的主配置文件/etc/named.conf 即可。

在辅助 DNS 上，用 Vi 编辑器打开/etc/named.conf，在最后一行有 include 那行之前，输入以下内容。

```
# vi /etc/named.conf

    zone " ccut.edu.cn " IN {          //定义区域ccut.edu.cn
        type slave;                    //设置为辅助类型
file "slaves/ccut.edu.cn.hosts.slave";  //指定辅助类型区域数据库文件的存放位置和名称
        masters {202.198.176.10;};     //指定主服务DNS的IP地址
    };
    zone "176.198.202.in-addr.arpa" IN {
        type slave;
        file "slaves/ccut.edu.cn.rev.slave";
        masters {202.198.176.10;};
    };
```

本章小结

本章主要讲述了 DNS 主配置文件、正向区域数据库文件和反向区域数据库文件的配置命令、主服务 DNS、辅助 DNS，还介绍了 DNS 访问控制的实现方法和命令。

思考与练习

一、选择题

1. 在 Linux 中，默认情况下 DNS 区域数据库文件保存在（   ）目录中。

A. /etc/named   B. /var/named

C. /etc/bind   D. /var/bind

2. dig 是 Linux 系统中一个灵活的、强大的 DNS 辅助工具。利用 dig 工具更新 DNS 根服务器的地址信息，可以避免因信息改变造成 DNS 的查询效率降低。要完成这项工作，应该执行以下（   ）命令。

A. dig a.root-server.net. ns > /var/named/named.ca

B. dig @a.root-servers.net. ns > /var/named/named.ca

C. dig @a.root-servers.net. mx > /var/named/named.ca

D. dig @a.root-servers.net soa txt chaos version.bind

3. 下列哪个命令用来在 DNS 配置文件中定义反向查询转发?（   ）

A. allowquery   B. allowupdate

C. forwarder   D. dig -x

4. 下列用来检查域名服务器配置文件的命令是（   ）。

A. named-checkconf   B. named-checkzone

C. nslookup   D. checkdns

5. 在 DNS 配置文件中，表示某主机别名的是（   ）。

A. NS   B. CNAME

C. NAME   D. CN

6. 以下属于 DNS 常用资源记录类型的是（   ）。

A. NS   B. DQ

C. CNAME   D. PTR

7. 在 Linux 环境下，能实现域名解析的功能软件模块是（   ）。

A. Apache   B. DHCP

C. BIND   D. SQUID

8. 在 BIND 域名解析系统中，ccut.cn 域的官方解析记录由该区域的（   ）域名系统进行维护。

A. 根   B. 缓存

C. 主   D. 从

二、填空题

1. 域名服务器的进程命名为_____，当其启动时，自动装载/etc 目录下的_____文件中定义的 DNS 数据库文件。

2. DNS 实际上是分布在 Internet 上的主机信息的数据库，其作用是实现_____之间的转换。

3. 完成主机名和 IP 地址的正向解析及反向解析任务的命令是_____。

4. 在 RHEL 7 系统中，设置 BIND 域名系统的区域数据库文件时，_____类型用于设置反向解析记录。

5. 在 Linux 中，DNS 的主配置文件是_____。

三、简答题

1. 安装 bind_chroot。

2. 编辑/etc/sysconfig/named，查看 chroot 的路径。

3. 注释/etc/resolv.conf 中其他 DNS 的解析信息。

4. 请配置域名服务器 ccut.edu.cn 和辅助 DNS。

5. 简述 DNS 进行域名解析的过程。

6. DNS 服务中主要的配置文件有哪些?

第9章

FTP服务配置

FTP是Internet上广泛使用的协议之一，它屏蔽计算机之间软、硬件的差别，提供在两台计算机之间进行文件传输的功能，用于Internet上控制文件的双向传输。同时，它也是一个应用程序。基于不同的操作系统有不同的FTP应用程序，而所有这些应用程序都遵守同一种协议以传输文件。在FTP的使用过程中，用户经常有下载和上传两种操作，用户可以通过客户机程序与远程服务器进行文件的上传和下载。本章主要介绍Linux环境下FTP软件包vsftpd的简介、基本配置和高级配置。

9.1 vsftpd 简介

9.1.1 FTP 概述

文件传输协议（File Transfer Protocol，FTP）在对外提供服务时需要维护两个连接：一个是控制连接，监听 TCP 21 号端口，其用来传输控制命令；另一个是数据连接，监听 TCP 20 号端口，其用来传输数据。

FTP 服务提供了两种常用的传输方式：一种是主动传输方式，控制连接的发起方是 FTP 客户端，而数据连接的发起方是 FTP 服务器，如图 9-1 所示；另一种是被动传输方式，数据连接的发起方也是 FTP 客户端，与控制连接的发起方是相同的，如图 9-2 所示。

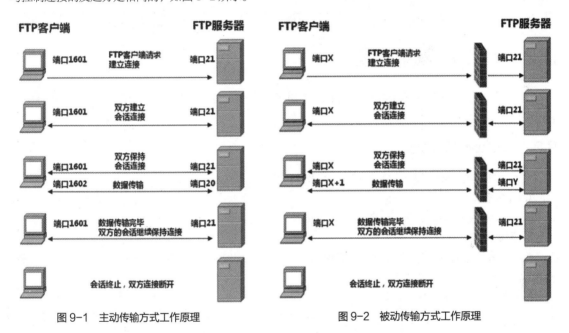

图 9-1 主动传输方式工作原理　　　　　图 9-2 被动传输方式工作原理

当前，流行的 FTP 服务器软件有很多种，Linux 环境下常用的有 Wu-FTP、ProFTP、vsftpd 等。目前，vsftpd 为非常安全的 FTP 守护进程（Very Secure FTP Daemon），其以高安全性、简便的配置、丰富的功能成为受广大用户欢迎的 FTP 服务器软件之一。

9.1.2 vsftpd 的特点

vsftpd 在功能上具有以下特点。

（1）安全性高。vsftpd 针对安全性进行了严格的、特殊的处理，它比其他早期的 FTP 服务器软件有很大的进步。

（2）稳定性好。vsftpd 的运行更加稳定，处理的并发请求数更多，如单机可以支持 4000 个并发连接。

（3）速度更快。在 ASCII 模式下，vsftpd 的速度是 Wu-FTP 的两倍。

（4）匿名 FTP 支持更加简单的配置，不需要任何特殊的目录结构。

（5）支持基于 IP 地址的虚拟 FTP 服务器。

（6）支持虚拟用户，而且每个虚拟用户可具有独立的配置。

（7）支持 PAM（可插拔认证模块）认证方式。

（8）支持带宽限制。

（9）支持 tcp_wrappers。

9.1.3 vsftpd 安装

在 Linux 中，vsftpd 的安装很简单。如果在安装系统时没有安装 vsftpd，则可以执行如下命令来进行安装。

```
# yum install vsftpd
```

9.1.4 vsftpd 运行

vsftpd 有两种运行方式：一是作为独立（Standalone）的服务进程来运行，即 vsftpd 独立运行并自己监听相应的端口；二是由超级服务器（xinetd）来管理，即 vsftpd 作为 xinetd 管理的"小服务"来运行。vsftpd 的启动方法很简单，我们只需执行以下命令。

```
# systemctl start vsftpd
```

9.2 vsftpd 基本配置

在 Linux 中，默认情况下 vsftpd 作为独立的服务进程来运行，其配置文件名及路径是/etc/vsftpd/vsftpd.conf。

9.2.1 vsftpd 默认配置

vsftpd 的 vsftpd.conf 配置文件命令格式及写法要求如下。

1. 命令格式

每条命令的格式都是 option=value，例如 listen=YES。

2. 写法要求

在 vsftpd 命令的写法上还需要注意以下两项：一项是每条配置命令应该独占一行且命令之前不能有空格；另一项是在 option、=与 value 之间不能有空格。

接下来，介绍 vsftpd 默认配置。

```
# vi /etc/vsftpd/vsftpd.conf

anonymous_enable=YES          //允许匿名用户登录
local_enable=YES              //允许本地用户登录
write_enable=YES              //允许本地用户具有写权限
local_umask=022               //设置创建文件权限的反掩码，如此处为022，则新建文件的权限为
                              //666-022=644
                              //新建目录的权限为777-022=755（rwxr-xr-x）
dirmessage_enable=YES         //激活目录显示消息，即每当进入目录时，会显示该目录下的文件.message的内容
xferlog_enable=YES            //激活记录上传、下载的日志
connect_from_port_20=YES      //设置服务器数据连接采用端口20
xferlog_std_format=YES        //设置日志文件采用标准格式
pam_service_name=vsftpd       //设置vsftpd服务利用PAM认证时的文件名称为vsftpd
userlist_enable=YES           //激活用户列表文件来实现对用户的访问控制
listen=YES                    //设置vsftpd为独立运行方式
```

9.2.2 vsftpd 匿名用户形式

在介绍 vsftpd 的高级配置之前，我们先介绍 vsftpd 的用户分类。vsftpd 有以下 3 种用户。

（1）匿名用户。在默认安装的情况下，系统只提供匿名用户（anonymous 或 ftp）访问。

（2）本地用户。本地用户都有自己的主目录，每次登录时默认登录各自的主目录。

（3）虚拟用户。针对虚拟用户，系统支持将用户名和口令保存在数据库文件或数据库服务器中。相对于 FTP 服务器的本地用户来说，虚拟用户只是 FTP 服务器的专有用户，只能访问 FTP 服务器所提供的资源，这样可极大增强系统本身的安全性。相对于匿名用户而言，虚拟用户需要用户名和密码才能获取 FTP 服务器中的文件，这样可增强对用户和下载的可管理性。当需要下载服务，但又不希望所有人都能匿名下载时，既需要对下载用户进行管理，又需要考虑到主机安全性和管理方便性。对 FTP 站点来说，虚拟用户是一种极好的解决方案。

本小节先介绍匿名用户，后文将介绍本地用户和虚拟用户。在 Linux 中，利用默认配置文件 vsftpd.conf 启动 vsftpd 服务器后，默认是允许匿名用户登录的，但是其享有的配置功能不完善。下面通过示例来讲述功能完善的匿名用户 FTP 服务器的配置。

1. 创建用户 ccutsoft
具体命令如下：

```
# useradd ccutsoft
```

因为需要将匿名用户上传文件的所有者改为ccutsoft（该用户必须是本地用户），所以先创建ccutsoft。

2. 创建匿名上传目录 mypublic
具体命令如下：

```
# mkdir /var/ftp/mypublic
# chown ftp.ftp /var/ftp/mypublic
# ls -l /var/ftp
```

创建用来存放匿名用户上传文件的目录，并将该目录的所有者改为 ftp。

3. 编辑/etc/vsftpd/vsftpd.conf
在文件末尾添加如下内容。

```
anon_upload_enable=YES        //允许匿名上传文件
anon_mkdir_write_enable=YES   //允许匿名创建目录
anon_world_readable_only=NO   //默认值为YES，表示仅当所有用户对该文件都拥有读权限时才允许匿名用户下载
                              //此处将其值设置为NO，则允许匿名用户下载不具有全部读权限的文件
anon_other_write_enable=YES   //允许匿名用户重命名文件、删除文件
chown_uploads=YES             //允许匿名用户上传文件
chown_username=ccutsoft       //将匿名用户上传文件的所有者改为ccutsoft
```

添加完毕，保存文件并退出。使用以下命令重启 vsftpd 服务器。

```
#systemctl restart vsftpd
```

4. 测试
在 Windows（或 Linux）的命令行环境下执行如下命令。

```
C:\Documents and Settings\Administrator>ftp 202.198.176.11
Connected to 202.198.176.11.
220 (vsFTPd 2.0.1)
User (202.198.176.1:(none)): anonymous
331 Please specify the password.
```

```
Password:
230 Login successful.
ftp> cd mypublic
250 Directory successfully changed.
ftp> put ccut.txt
//上传ccut.txt文件
200 PORT command successful. Consider using PASV.
```

9.3　vsftpd 高级配置

9.3.1　chroot 访问控制

默认情况下，本地用户登录到 vsftpd 服务器后，初始目录便是自己的主目录，但是用户仍然可以切换到自己主目录以外的目录中，这样就产生了安全隐患。为了防范这种隐患，vsftpd 提供了 chroot 命令，我们利用该命令可以限制用户只能访问自己的主目录。

在具体的实现中，针对本地用户进行 chroot 操作可以分为两种情况：一种是针对所有的本地用户都进行 chroot 控制访问；另一种是针对指定的用户进行 chroot 控制访问。这里需要先把 anonymous_enable=YES 改为 anonymous_enable=NO，第一种情况的示例如下。

（1）编辑/etc/vsftpd/vsftpd.conf 文件，在该文件末尾增加如下命令。

```
chroot_local_user=YES
```

（2）重启 vsftpd 服务器并进行测试，执行命令如下。

```
# systemctl restart vsftpd
# ftp 202.198.176.11
Connected to 202.198.176.11
220 (vsftpd 2.0.1)
Name (202.198.176.11:root): ccutsoft1
331 Please specify the password.
Password:
230 Login successful.
Remote system type is UNIX.
Using binary mode to transfer files.
ftp> pwd
257 "/"
```

 从上面的测试结果中可以看出，以本地用户 ccutsoft1 的身份登录 vsftpd 服务器后，执行 pwd 命令发现返回的目录是"/"。

针对指定的用户进行 chroot 控制访问的示例，要求：在 Linux 控制访问的 vsftpd 服务器上配置服务，使本地用户 ccutsoft1、ccutsoft2、ccutsoft3 在登录 vsftpd 服务器之后，都被限制在各自的主目录中，不能切换到其他目录，而其他本地用户不受此限制。

（1）编辑/etc/vsftpd/vsftpd.conf 文件，在该文件末尾增加如下命令。

```
chroot_local_user=NO      //先禁止所有本地用户执行chroot命令
chroot_list_enable=YES    //激活执行chroot命令的用户列表文件
chroot_list_file=/etc/vsftpd.chroot_list
                //设置执行chroot命令的用户列表文件名/etc/vsftpd.chroot_list
```

经过上述设置，只有位于/etc/vsftpd.chroot_list 文件中的用户登录 vsftpd 服务器时才执行 chroot 命令，其他用户不受限制。

> 实际上，命令 chroot_local_user 的功能很有意思，其默认值为 NO。当采用用户列表文件
> /etc/vsftpd.chroot_list 时，列在该文件中的用户都将执行 chroot 命令。但是如果将
> chroot_local_user 的值设置为 YES，那么位于用户列表文件/etc/vsftpd.chroot_list 中的用户则不
> 执行 chroot 命令，而其他未列在此文件中的本地用户则要执行 chroot 命令。读者请自行测试此功能。

（2）创建/etc/vsftpd.chroot_list 文件，执行如下命令。

```
# vi /etc/vsftpd.chroot_list
//增加以下用户，每个用户独占一行
ccutsoft1
ccutsoft2
ccutsoft3
```

（3）重启 vsftpd 服务器并进行测试，执行如下命令。

```
# systemctl restart vsftpd
# ftp 202.198.176.11
Connected to 202.198.176.11.
220 (vsftpd 2.0.1)
Name (202.198.176.11:root): ccutsoft2
331 Please specify the password.
Password:
230 Login successful.
Remote system type is UNIX.
Using binary mode to transfer files.
ftp> pwd
257 "/"
```

可以看出当前用户 ccutsoft2 登录后，其当前目录已经显示为 "/"，实际上这仍然是 ccutsoft2 自己的主目录。由于 ccutsoft2 位于 /etc/vsftpd.chroot_list 文件中，所以执行了 chroot 命令。再换一个不在/etc/vsftpd.chroot_list 文件中的用户 ccutsoft4 来登录，结果如下。

```
Connected to 202.198.176.11.
220 (vsftpd 2.0.1)
Name (202.198.176.11:root): ccutsoft4
331 Please specify the password.
Password:
230 Login successful.
Remote system type is UNIX.
Using binary mode to transfer files.
ftp> pwd
257 "/home/user4"
ftp> cd ..
250 Directory successfully changed.
ftp> pwd
257 "/home"
```

9.3.2 主机访问控制

Linux 中的 vsftpd 在配置时已经支持 tcp_wrappers，因此用户可以利用 tcp_wrappers 实现主机访问控制。tcp_wrappers 的配置文件主要有两个：/etc/hosts.allow 和/etc/hosts.deny。主机访问控制示

例如下。

（1）利用 tcp_wrappers 提供的功能编辑 vsftpd 的主配置文件/etc/vsftpd/vsftpd.conf，添加如下内容。

```
tcp_wrappers=YES
```

 如果自行安装、编译 vsftpd，则需要在编译时激活 tcp_wrappers 功能，并需要在配置时将 tcp_wrappers 的配置文件手动添加到/etc/vsftpd/vsftpd.conf 文件中。

（2）编辑/etc/hosts.allow 文件，添加如下内容。

```
vsftpd: 202.198.176.11:DENY
vsftpd: 202.198.176., .test.com
```

 hosts.allow 文件以行为单位，每行 3 个字段，中间用冒号分开，其中第 3 个字段 DENY 可以省略，如果省略则默认为允许的主机列表。第 1 个字段为服务名称；第 2 个字段用来标识主机（格式灵活），其既可以是单个 IP 地址，也可以是一个网段，以"."结尾。

Linux 中的 vsftpd 可以利用 tcp_wrappers 实现限制用户传输速率。主机访问控制的另一个示例如下。

（1）利用 tcp_wrappers 提供的功能编辑 vsftpd 的主配置文件/etc/vsftpd/vsftpd.conf，添加如下内容。

```
anon_max_rate=0
```

anon_max_rate 用来设置匿名用户的最高传输速率。其值为"0"表示不限制，即在主配置文件中没有对匿名用户的传输速率进行限制。

（2）创建一个新的配置文件/etc/vsftpd/vsftpd_other.conf，添加如下内容。

```
anon_max_rate=10000
```

在额外的配置文件 vsftpd_other.conf 中仅设置了 anon_max_rate 命令，目的就是让其与主配置文件中相同的命令产生矛盾，这样可以通过后面的实际测试来进一步说明哪条命令最终有效。

（3）编辑 hosts.allow 文件，增加相关命令。

为了减少干扰，我们可以先去掉前一示例中关于 vsftpd 的设置，再添加如下内容。

```
vsftpd:202.198.176.:setenv VSFTPD_LOAD_CONF
/etc/vsftpd/vsftpd_other.conf
```

这里用到了特殊的环境变量 VSFTPD_LOAD_CONF，利用它可以为 vsftpd 提供额外的配置文件。本示例的功能是：当来自 202.198.176.0 网段的主机访问 vsftpd 服务器时，加载额外的配置文件/etc/vsftpd/vsftpd_other.conf。

 如果额外的配置文件中相关命令与主配置文件 vsftpd.conf 中的命令相矛盾，则会覆盖主配置文件中的值，以额外的配置文件中的值为准。

9.3.3 用户访问控制

vsftpd 具有灵活的用户访问控制功能。vsftpd 的用户访问控制用户列表文件分为两类：第一类是传统用户列表文件，在 vsftpd 中的文件名是/etc/vsftpd.ftpusers，凡是此文件中的用户都没有登录此 FTP 服务器的权限；第二类是改进的用户列表文件/etc/vsftpd.user_list，此文件中的用户能否登录此 FTP 服务器由另外一条命令 userlist_deny 来决定，这样更加灵活。

在 Linux 上配置 vsftpd 服务器，以使得用户可以采用超级用户身份成功登录 vsftpd 服务器。首先，要说明的是为了安全起见，一般情况下，各种 FTP 服务器默认都是拒绝采用超级用户身份登录的，vsftpd 服务器更是如此。

> **实例 9-1　允许超级用户登录 FTP 服务器。**

允许超级用户登录 FTP 服务器的操作步骤如下。

（1）启动 vsftpd 服务器。

具体命令如下：

```
# systemctl start vsftpd
```

（2）尝试以超级用户身份登录。

具体命令如下：

```
# ftp 202.198.176.11
Connected to 202.198.176.11
220 (vsFTPd 2.0.1)
Name (202.198.176.11:root): root
530 Permission denied.
Login failed.
ftp>
```

很明显，超级用户的登录请求被拒绝了。

（3）查看/etc/vsftpd.ftpusers 文件。

具体命令如下：

```
# cat /etc/vsftpd.ftpusers
# Users that are not allowed to login via ftp
root
bin
…
nobody
```

可以发现，此文件中包含超级用户。前面提到过，凡是列在此文件中的用户都被拒绝登录 FTP 服务器。于是，我们编辑该文件，删除超级用户所在行或在其行首加上 "#"；然后，再次尝试以超级用户身份登录，结果仍然不允许超级用户登录。

查看/etc/vsftpd.user_list 文件。

具体命令如下：

```
# cat /etc/vsftpd.user_list
# vsftpd userlist
# If userlist_deny=NO, only allow users in this file
# If userlist_deny=YES (default), never allow users in this file, and
# do not even prompt for a password.
# Note that the default vsftpd pam config also checks /etc/vsftpd.ftpusers
# for users that are denied.
root
```

原来，在/etc/vsftpd.user_list 文件中也包含超级用户，并且在默认情况下此文件中的用户也是不让登录 FTP 服务器的。解决方法仍然是编辑此文件，删除超级用户所在行或在其行首加上 "#"。最后，再次尝试以超级用户身份即可成功登录。

> **实例 9-2　只允许指定用户登录 FTP 服务器。**

只允许指定用户登录 FTP 服务器的操作步骤如下。

1. 在实例 9-1 的基础上改进的用户列表文件

在 Linux 上配置 vsftpd 服务器，只允许 ccutsoft1、ccutsoft2、ccutsoft3 这 3 个用户登录此 vsftpd 服务器。

从前文可知，与用户访问控制相关的配置文件有两个：/etc/vsftpd.ftpusers 和/etc/vsftpd.user_list。其中
/etc/vsftpd.ftpusers 文件的功能是固定的，凡是位于其中的用户肯定是不能访问 FTP 服务器的，所以该文件
中绝不能包含 ccutsoft1、ccutsoft2、ccutsoft3 这 3 个用户。

2. 编辑传统用户列表文件/etc/vsftpd.ftpusers

一般情况下，管理员创建的本地用户默认不会包含在/etc/vsftpd.ftpusers 文件中。但我们还是要检查一遍，
如果其包含这 3 个用户，请删除相应的行。

编辑 vsftpd 服务器的主配置文件/etc/vsftpd/vsftpd.conf。在/etc/vsftpd/vsftpd.conf 文件中要有以下 3
行存在。

```
userlist_enable=YES
userlist_deny=NO
userlist_file=/etc/vsftpd.user_list
```

userlist_enable 的功能是激活用户列表文件；userlist_deny 用来指出 userlist_file 表示的用户列表文件中
的用户是否能够登录 vsftpd 服务器，其默认值为 YES，此时会禁止位于该文件中的用户登录。

3. 编辑/etc/vsftpd.user_list 文件

添加内容如下。

```
ccutsoft1
ccutsoft2
ccutsoft3
```

完成上述操作后，ccutsoft1、ccutsoft2、ccutsoft3 这 3 个用户就可以登录此 vsftpd 服务器了。

9.3.4 虚拟主机

与 Apache 相似，vsftpd 也支持虚拟主机。但它不支持基于名称的虚拟主机，只支持基于 IP 地址和基于端口的
虚拟主机。在 Linux 中，配置基于 IP 地址的虚拟主机的方法很简单，即为不同的虚拟主机编写独立的配置文件。需
要注意的是，配置文件必须以.conf 结尾，并存放在/etc/vsftpd 目录下。

1. 基于不同 IP 地址的虚拟主机

前文提到 vsftpd 不支持基于名称的虚拟主机，所以本例中采用基于 IP 地址的虚拟主机。显然，一个基于
IP 地址的虚拟主机对应一个 IP 地址，因此，这里需要配置多个 IP 地址。

（1）创建网卡子接口。

具体命令如下：

```
# ifconfig eth0:1 202.198.176.101 netmask 255.255.255.0 up
```

（2）创建匿名用户。

为虚拟 FTP 服务器创建匿名用户对应的本地账号及相关目录，并设置适当权限，执行如下命令。

```
# mkdir -p /var/ccutsoft1/pub                    //创建多级目录/var/ccutsoft1/pub
# echo "ccutcoft"> /var/ccutsoft1/welcome.txt    //创建测试文件welcome.txt
# useradd -d /var/ccutsoft1 -M ccutsoft1          //创建本地账号ccutsoft1,并设置主目录为/var/
                                                  //ccutsoft1
```

（3）创建虚拟 FTP 服务器的配置文件。

在/etc/vsftpd 目录下，创建虚拟 FTP 服务器的配置文件 vsftpd.ccutsoft1.conf，并令其监听子接口
202.198.176.101。

```
# vi /etc/vsftpd/vsftpd.ccutsoft1.conf
```

添加内容如下。

```
ftpd_banner=Welcome to my virtual ftp server.
ftp_username= ccutsoft1
listen=YES
```

```
listen_address=202.198.176.101
```

（4）编辑 vsftpd 原来的配置文件/etc/vsftpd/vsftpd.conf。

在/etc/vsftpd/vsftpd.conf 文件的末尾增加以下一行内容。

```
listen_address=202.198.176.11
```

2. 配置虚拟用户

服务支持虚拟用户是 vsftpd 的一大特色。利用 PAM 认证机制，vsftpd 很好地实现了虚拟用户的功能。

 虚拟用户是指用户本身不是系统本地用户，即该用户的账户信息不存在于/etc/passwd 文件中。

在 vsftpd 中，需要 PAM 的支持来实现虚拟用户。在 Linux 中，vsftpd 与 PAM 二者已经在编译阶段建立好联系，因此我们可以直接进行配置。

（1）创建虚拟用户数据库文件。

具体命令如下：

```
# vi /etc/ccutsoft2.txt
```

添加内容如下。

```
wangliang
123456
chenming
123456
liyang
123456
```

该文件中奇数行为用户名，偶数行为相应的密码。

（2）生成虚拟用户数据库文件。

具体命令如下：

```
# db_load -T -t hash -f /etc/ccutsoft2.txt /etc/vsftpd/ccutsoft2.db
```

 由于身份认证时要采用散列格式的数据库文件，因此，上面使用 db_load 命令将文本文件转换为散列格式的数据库文件。其中，参数-T 表示允许非伯克利数据库格式；-t 用于指定数据库格式；-f 用于指定生成数据库的文本文件。

（3）改变虚拟用户访问数据库文件的权限。

具体命令如下：

```
# chmod 600 /etc/vsftpd/ccutsoft2.db
```

 为安全起见，应该赋予该数据库文件严格的访问权限，所以除文件属主以外的用户对该文件都没有读、写权限。

（4）创建虚拟用户使用的 PAM 认证文件。

具体命令如下：

```
# vi /etc/pam.d/vsftpd.virtual
```

添加内容如下。

```
auth      required /lib/security/pam_userdb.so db=/etc/vsftpd/ccutsoft2pd
account   required /lib/security/pam_userdb.so db=/etc/vsftpd/ccutsoft2pd
```

说明 PAM 认证文件中有两条规则：第一条规则是设置利用 pam_userdb.so 模块来进行身份认证，其中采用的数据库文件是/etc/vsftpd/ccutsoft2pd；第二条规则是设置在进行账号授权时采用的数据库文件也是/etc/vsftpd/ccutsoft2pd。

（5）创建虚拟用户所对应的真实账号及其所登录的目录并设置相应的权限。

创建虚拟用户所对应的真实账号及其所登录的目录，执行命令如下。

```
# useradd -d /var/ccutsoftvirtual ccutsoftvirtual
```

为该目录设置相应的权限，执行命令如下。

```
# chmod 744 /var/ccutsoftvirtual
```

（6）编辑 vsftpd 的主配置文件/etc/vsftpd/vsftpd.conf。

增加或修改的内容如下。

```
guest_enable=YES                //激活虚拟用户登录功能
guest_username=ccutsoftvirtual  //指定虚拟用户所对应的真实账号
pam_service_name=vsftpd.virtual //修改原配置文件中pam_service_name的值；设置PAM认证时所
                                //采用的文件名称，注意一定要与前面第（4）步中的文件名一致
```

本章小结

本章主要介绍 vsftpd 服务器的功能及特点，并重点讲述匿名用户、chroot 访问控制、主机访问控制、用户访问控制及虚拟主机。本章利用了 PAM 认证机制实现虚拟用户，读者需要体会和练习。

思考与练习

一、选择题

1. vsftpd 服务器中支持匿名用户、本地用户和虚拟用户这 3 类用户账号，下列关于这 3 类用户描述正确的是（　　）。

A. 虚拟用户首先是系统用户　　　　　　　　B. vsftpd 服务器默认不允许匿名用户登录

C. 所有虚拟用户具有相同的访问权限　　　　D. 虚拟用户使用 PAM 认证

2. 在 vsftpd.conf 文件中，如果仅仅允许指定的少数用户访问 FTP 服务器，则需要进行下列哪个必要的操作？（　　）

A. 在/etc/vsftpd.ftpuser 文件中记录这些用户名

B. 在/etc/vsftpd.conf 文件中设置 chroot_list_enable=yes

C. 在/etc/vsftpd.conf 文件中设置 userlist_deny=no

D. 在/etc/vsftpd.conf 文件中设置 userlist_deny=yes

3. 在 Linux 系统中，设置 TCP Wrappers 策略对 vsftpd 服务器进行访问控制。若在/etc/hosts.allow 文件中设置了 vsftpd: 202.198.176.10，在/etc/hosts.deny 文件中设置了 vsftpd: 202.198.176.10, 202.198.176.11，则以下说法正确的是（　　）。

A. 除了 202.198.176.11 以外的主机都允许访问该 FTP 服务器

B. 除了 202.198.176.10 和 202.198.176.11 以外的主机都允许访问该 FTP 服务器

C. 只有 IP 地址为 202.198.176.10 的主机允许访问该 FTP 服务器

D. 任何主机都不允许访问该 FTP 服务器

4. 用 FTP 进行文件传输时的两种模式是（　　）。

A. .doc 和.bin　　　　　　　　　　　　　　B. .txt 和.doc

C. ASCII 和.bin

D. ASCII 和.doc

5. 在使用匿名用户登录 FTP 服务器时，用户名为（　　　）。

A. users

B. anonymous

C. root

D. guest

6. vsftpd 的用户类型有（　　　）。

A. 匿名用户

B. 本地用户

C. 前端用户

D. 虚拟用户

7. 下列选项中 vsftpd 默认情况下的设置值有（　　　）。

A. 匿名用户可以上传文件

B. 本地用户可以上传文件

C. FTP 服务器是匿名用户

D. 本地用户可以浏览目录

8. 远程主机下载 FTP 服务器上文件的命令是（　　　）。

A. mput

B. get

C. put

D. pwd

二、填空题

1. 在手动配置网络时，我们可以通过修改/etc/hostname 文件来改变主机名。若要配置主机的域名解析客户端，我们需配置＿＿＿＿＿＿文件。

2. vsftpd 服务器中提供了灵活的访问控制方法，在 vsftpd.user_list 文件中可以设置允许或拒绝访问 FTP 服务器的用户。当只允许 vsftpd.user_list 文件中的用户登录 vsftpd 服务器时，在 vsftpd.conf 配置文件中应同时设置＿＿＿＿＿＿、＿＿＿＿＿＿。

3. FTP 的数据传输方式有＿＿＿＿＿＿和＿＿＿＿＿＿。

4. 如果想配置一台匿名 FTP 服务器，应修改＿＿＿＿＿＿文件。

5. vsftpd 服务器的用户列表文件包括＿＿＿＿＿＿和＿＿＿＿＿＿。

三、简答题

1. 配置 vsftpd 服务器，实现除了用户 ccut1、root 和 user1 用户外，其他本地用户登录 FTP 服务时都被限制在自己的主目录内。

2. 在一台 vsftpd 服务器（202.198.176.10）上配置一个 FTP 虚拟主机，并写出配置过程及相关命令。

3. vsftpd 支持哪 3 种用户？每种用户的特点是什么？

4. 配置 vsftpd 服务器，将本地用户的下载速度限制为 4000kb/s。

5. FTP 服务器有哪几种数据传输方式？分别在什么场合使用？

第10章

Samba服务配置

Samba 是一款跨平台的共享文件和打印服务的软件。在 Windows 广泛流行的今天，怎样在 Windows 与 Linux 文件系统之间建立起平滑的"桥梁"逐渐成为大家关注的焦点。在这种背景下，Samba 应运而生。具体来说，用户可以通过 Windows 来访问 Linux 主机中 Samba 服务上共享的文件和打印服务，也可以通过 Linux 主机中 Samba 服务来访问 Windows 上共享的文件和打印服务。本章主要介绍 Linux 环境下的 Samba 服务配置。

10.1 Samba 简介

10.1.1 Samba 概述

Samba 是在 Linux 和 UNIX 系统上实现 SMB 协议的一款免费软件,它由服务器及客户端程序构成。SMB 协议是一种在局域网上共享文件和打印机的通信协议,它采用客户端/服务器模式。通过设置 NetBIOS over TCP/IP,Samba 不但能与局域网主机分享资源,还能与全世界的计算机分享资源。

Samba 的工作原理是让 NetBIOS 和 SMB 这两个协议运行于 TCP/IP 之上,并且使用 Windows 的 NetBEUI(NetBIOS Enhanced User Interface,NetBIOS 增强用户接口)让 Linux 计算机可以被 Windows 计算机在【网络和共享中心】中看到并访问资源。所以 Samba 是一款非常流行的、跨平台共享文件和打印服务的软件。

10.1.2 Samba 功能

Samba 最初发展的主要目的就是沟通 Windows 与 Linux 这两个操作系统平台。最大的优点就是让同样的一份文件存储在一处,不需要分别放置在不同的操作系统平台,避免原来在不同操作系统平台上各自操作同一文件而导致最终文件版本混乱,也可以使 Linux 与 Windows 的文件共享和传输变得更简单。

10.1.3 Samba 的应用环境

开放式的源代码软件 Samba 在异构操作系统下进行网络资源的共享。Samba 的核心是两个守护进程:一个是 smbd,其主要负责处理文件和打印服务请求;另一个是 nmbd,其主要负责处理 NetBIOS 名称服务和网络浏览功能。

Samba 有 hare、user、server、domain、ads 5 种安全级别。

10.1.4 Samba 特点

Samba 具有如下特点。

（1）跨平台,支持 UNIX、Linux 与 Windows 之间文件和打印服务的共享。

（2）支持 SSL,与 OpenSSL 相结合以实现安全通信。

（3）支持轻量级目录访问协议（Lightweight Directory Access Protocol,LDAP）,可与 OpenLDAP 相结合以实现基于目录服务的身份认证。

（4）可以充当 Windows 中的 PDC（主域控制器）、成员服务器。

（5）支持 PAM,与 PAM 结合可实现用户和主机访问控制。

10.1.5 Samba 服务的启动和查看

前文提到,Samba 服务器包含 smbd 和 nmbd 两个守护进程。在 Linux 中可以通过执行如下命令来启动 Samba 服务器。

```
# systemctl start smb
```

用以下 ps 命令可以查看 Samba 的两个进程。

```
# ps -aux | grep smbd
# ps -aux | grep nmbd
```

10.2　Samba 的配置文件

10.2.1　Samba 服务器配置文件结构

Samba 的配置文件是/etc/samba/smb.conf，其结构分为两个部分：一是全局设置部分；二是共享定义部分。全局设置部分用来定义 Samba 要实现的功能，这部分也是 Samba 服务器配置的核心部分；而共享定义部分则用来设置开放的共享目录或打印服务。

10.2.2　Samba 服务器基本配置

1. 全局设置部分的配置命令

（1）workgroup=MYGROUP。

功能：设置该 Samba 服务器所在的工作组为 MYGROUP，用户可以在 Windows 的【网络和共享中心】中看到该工作组的名称。

（2）server string=Samba Server。

功能：设置 Samba 服务器的描述字符串，其可以显示在 Windows 的【网络和共享中心】中。

（3）printcap name=/etc/printcap。

功能：设置打印机配置文件的路径。Samba 需要查找打印机的时候，会使用/etc/printcap。

（4）load printers=yes。

功能：设置是否加载 printcap 文件中定义的所有打印机。

（5）cups options=raw。

功能：设置 cups options 的类型为 raw。当 cups 服务器的错误日志包含"Unsupported format 'application/octet-stream'"时，那就需要将 cups options 的值设置为 raw。

（6）log file=/var/log/samba/%m.log。

功能：设置 Samba 日志文件的位置和名称。

 %m 表示客户端的 NetBIOS 名称，采用%m 表示要为每个访问的客户端单独记录访问日志。Samba 典型内置变量及其功能如表 10-1 所示。

表 10-1　Samba 典型内置变量及其功能

变量	功能	变量	功能
%S	当前服务名	%h	运行 Samba 服务器的主机名
%P	当前服务的根目录	%M	客户端的主机名
%u	当前服务的用户名	%m	客户端的 NetBIOS 名称
%U	当前会话的用户名	%L	服务器的 NetBIOS 名称
%g	当前服务的用户所在的主工作组	%R	所采用的协议等级（Core/CorePlus/LANMAN1/
%G	当前会话的用户所在的主工作组		LANMAN2/NT1）
%H	当前服务的用户所在的 home 目录	%I	客户端的 IP 地址
%V	Samba 的版本号	%T	当前日期和时间

（7）max log size=50。

功能：设置日志文件大小为 50KB。若设置为 0，则不对文件大小进行限制。

（8）security=user。

功能：设置安全级别为 user，即需要通过身份认证，才能访问 Samba 服务器。

 前文提到过，Samba 支持 5 种安全级别，分别是 share、user、server、domain 和 ads。

（9）socket options=TCP_NODELAY SO_RCVBUF=8192 SO_SNDBUF=8192。

功能：设置套接字选项，采用上面默认值即可获得较好的性能。

（10）dns proxy=no。

功能：设置是否采用 DNS 服务来解析 NetBIOS 名称，no 表示不采用 DNS 解析。

2. 共享定义部分的配置命令

（1）用户主目录共享。

具体命令如下：

```
[homes]                       //方括号中为共享目录名，homes很特殊，它可以代表每个用户的主目录
comment=Home Directories      //comment用于设置注释
browseable=no                 //设置是否开放每个用户主目录的浏览权限，no表示不开放
                              //即每个用户只能访问自己的主目录，无权浏览其他用户的主目录
writable=yes                  //设置是否开放写权限，yes表示对能够访问主目录的用户开放写权限
```

（2）所有用户都可以访问共享目录。

具体命令如下：

```
[public]                      //设置共享目录名为public
path=/home/samba              //该共享目录所对应的实际路径
public=yes                    //设置对所有用户开放
read only=yes                 //默认情况下，将访问该共享目录的用户设置为只读权限
write list=@staff             //设置只有staff组中的用户对该共享目录才有写权限，@表示组
```

10.3 Samba 配置实例

10.3.1 添加用户

Samba 用户需要单独创建自己的账号数据库，而 Samba 用户必须是 Linux 系统中存在的用户。

```
# useradd ccut1
# passwd ccut1
# smbpasswd -a ccut1
```

10.3.2 配置打印共享

为了配置 Samba 打印共享，需要在全局配置部分添加如下命令。

```
printcap name=/etc/printcap
load printers=yes
printing=cups                 //设置打印系统的类型
cups options=raw
```

接下来，在共享部分定义打印机共享配置段，添加如下命令。

```
[printers]                    //打印机共享配置段
```

```
comment=All Printers
path=/var/spool/samba          //设置打印队列的位置
browseable=no                  //不允许浏览该共享目录
guest ok=no                    //不允许匿名用户使用打印机
writable=no                    //将非打印共享目录的写权限设置为no，即如果用户不是为了打印而直接向
                               //该共享目录写入文件，则被禁止
printable=yes                  //将printable设置为yes，表示激活打印共享目录的写权限，即可以将打印
                               //编码文件写入该打印共享目录下的打印队列
```

10.3.3 访问 Samba 及 Windows 上的共享资源

每次修改完 smb.conf 配置文件后都应该执行 testparm 命令来测试语法是否正确，然后启动 Samba 服务器，执行命令如下。

```
# testparm
```

接下来，重新启动 Samba，执行命令如下。

```
# systemctl restart smb
```

在 Samba 服务器正确启动后，我们可以添加 Samba 用户 ccut1，执行命令如下。

```
# useradd ccut1
# passwd ccut1
# smbpasswd -a ccut1
```

1. Windows 客户端访问 Samba 服务器

在 Windows 客户端访问 Samba 服务器有两种常见的方法：一是通过【网络和共享中心】访问；二是利用 UNC 路径访问。

2. Linux 客户端访问 Samba 服务器

查看是否安装了客户端软件包，执行命令如下。

```
# rpm -qa | grep samba-client
samba-client-3.0.X
```

查看本机 Samba 共享资源的情况，执行命令如下。

```
# smbclient -L localhost
```

 smbclient 命令可以列出指定服务器上共享资源的情况。由于命令没有指明用户身份，因此匿名访问。

smbclient 命令也可以指定访问身份，执行命令如下。

```
# smbclient -L localhost -U ccut1
```

 命令中-U 选项用来指明用户身份为 ccut1，则在共享资源列表中还可以看到 ccut1 的主目录。

smbclient 命令还可以访问 Windows 上的共享资源列表，执行命令如下。

```
# smbclient -L //202.198.176.251 -U administrator
```

 命令中 administrator 是 Windows 上的用户名。此外，还可以把-L 去掉进入 Samba 子命令客户端，请看如下示例。

```
# smbclient //202.198.176.251/tools  -U administrator
```

```
Password:
Domain=[TEACHER] OS=[Windows Server 2003 3790] Server=[Windows Server 2003 5.2]
smb: \>
```

除了 smbclient 命令外，smbmount 命令也可以将 Samba 或 Windows 上开放的共享资源挂装到某个本地目录上，就像挂载光盘、U 盘一样，操作起来很方便。请看如下示例。

```
# smbmount //202.198.176.251/tools mytmp -o username=administrator
Password:
```

10.3.4 主机访问控制

Samba 可以实现比较灵活的主机访问控制功能。在 smb.conf 文件中利用 hosts allow 命令来实现对来访主机进行相应的限制，请看如下示例。

```
[global]
...
hosts allow=.ccut.edu.cn EXCEPT netlab.ccut.edu.cn
```

上述命令的功能是：ccut.edu.cn 域中除了 netlab.ccut.edu.cn 以外的所有主机都可以访问该 Samba，其中参数 EXCEPT 表示排除。

```
hosts allow=192.168.1. 192.168.2. 127.
```

功能：表示允许 192.168.1.0/24、192.168.2.0/24 和 127.0.0.0/8 这 3 个网段的主机访问该共享资源。

一是网段之间要用空格隔开；二是表示网段时要以"."结尾。另外，采用 IP 地址的方式也支持 EXCEPT 参数。

10.3.5 用户访问控制

Samba 服务器也提供灵活的用户访问控制功能。按作用范围的角度来分，其可以分为两类：一类是针对某个具体共享资源的访问控制；另一类是针对所有共享资源的访问控制。两类的命令基本上是一样的，区别仅在于它们的书写位置不同。

某 Samba 服务器的域名为 ccut.edu.cn，IP 地址为 202.169.176.10。该系统中有 3 个用户 ccut1、ccut2 和 ccut3，其中 ccut1 和 ccut2 都属于 group1 组，ccut3 属于 group2 组。将上述 3 个用户添加为 Samba 用户，让属于 group1 组的用户可以访问目录/var/CCUT，而且只有 user2 可以往该目录中写入文件，属于 group2 组的用户没有访问该共享目录的权限。示例如下。

（1）创建系统用户、组，并将 3 个系统用户添加为 Samba 用户。

```
# groupadd group1
# groupadd group2
# useradd -G group1 ccut1
# passwd ccut1
# useradd -G group1 ccut2
# passwd ccut2
# useradd -G group2 ccut3
# passwd ccut3
# smbpasswd -a ccut1
New SMB password:
Retype new SMB password:
Added user user1.
```

```
# smbpasswd -a ccut2
# smbpasswd -a ccut3
```

（2）创建共享目录并赋予相应的权限。

```
# mkdir -p /var/CCUT
# chmod 777 /var/CCUT/
```

 此处将共享目录的权限设置为 777，即所有用户均可读写。其目的是验证利用 Samba 的用户访问控制功能来限制不同用户对该目录的访问权限。

（3）编辑 smb.conf 文件以配置针对/var/CCUT 的共享。

```
path=/var/CCUT
valid users=@group1
invalid users=@group2
writeable=no
write list=ccut1
```

 在 smb.conf 文件的末尾增加以上配置段。writeable=no 设置该共享目录的写权限，默认为关闭，但这只是默认情况；该项设置值可以被 write list 命令设置的值覆盖，即本例中用户 ccut1 可以对该共享目录执行写入操作。

本章小结

本章详细介绍了 Samba 服务器的功能，并以示例的形式讲解了 Samba 服务器的应用，如配置共享打印主机访问控制、用户访问控制。

思考与练习

一、选择题

1．某企业使用 Linux 系统搭建了 Samba 服务器，在账号为 wangliang 的员工出差期间，为了避免该账号被其他员工冒用，需要临时将其禁用，此时可以使用以下（　　　）命令。

A．smbpasswd –a wangliang   B．smbpasswd –d wangliang

C．smbpasswd –e wangliang   D．smbpasswd –x wangliang

2．关于 Samba 用户，以下说法错误的是（　　　）。

A．使用 smbpasswd –a 添加的 Samba 用户必须已经是 Linux 的系统用户

B．使用 smbpasswd –x 删除一个 Samba 用户时，同名的系统用户会被锁定

C．Samba 用户和同名系统用户的口令可以不一致

D．若 Samba 用户不需要登录 Linux 系统时，同名系统用户可以不设置口令

3．在 Linux 中，用 Samba 向 Windows 提供共享服务时可以使用用户认证来保证合法访问。下列关于 Samba 用户的描述中，错误的是（　　　）。

A．Samba 用户必须是系统用户   B．可以使用 smbuseradd 添加 Samba 用户

C．Samba 用户必须和系统用户同名   D．可以使用 smbpasswd 修改 Samba 用户密码

4．Samba 的默认安全级别是（　　　）。

A．share   B．user

C.　server
D.　domin

5.　以下启动 Samba 的命令是（　　）。

A.　service smb restart
B.　/etc/samba/smb start

C.　service smb stop
D.　service smb start

6.　Samba 服务器的主配置文件是（　　）。

A.　/etc/smb/ini
B.　/etc/smbd.conf

C.　/etc/smb.conf
D.　/etc/samba/smb.conf

二、简答题

1.　配置 Samba 服务器，除了 abc.ccut.edu 的主机之外，允许所有域名为.ccut.edu 的主机访问该 Samba 服务器。

2.　配置 Samba 服务器，开放/var/ccut 目录，其共享目录名为 ccut，允许所有用户访问该共享目录，但只有 group1 组中的用户在该共享目录中有写入权限。

3.　配置 Samba 服务器，开放/var/ccut 目录，其共享目录名为 ccut，允许所有用户访问该共享目录，但只有 ccut1 组中的用户可以在该共享目录中写入文件。

4.　简述 smb.conf 文件的结构。

5.　Samba 服务器有哪几种安全级别？

6.　如何配置 user 级别的 Samba 服务器？

7.　创建 Samba 服务器，并根据以下要求配置 Samba 服务器。

（1）Samba 服务器所属的群组名称为 student。

（2）设置可访问 Samba 服务器的子网为 192.168.16.0/24。

（3）设置 Samba 服务器监听的网卡为 eth0。

第11章

iptables服务配置

iptables 是一款 Linux 系统下的防火墙软件，很多的 Linux 发行版本已经将 iptables 作为默认的软件包自动安装上了。iptables 以其强大的功能、优异的性能吸引越来越多的用户，已经成为 Linux 系统中防火墙软件的事实标准。在早期的内核为 2.0 版的发行版本中，防火墙软件是 ipfwadmin；在内核为 2.2 版的发行版本中，防火墙软件是 ipchains；在内核为 2.4 版以后的发行版本中，防火墙软件是 iptables。本章主要介绍 Linux 环境下 iptables 处理数据包的流程并对其进行配置与管理。

11.1 iptables 简介

目前，网络安全日益重要，防火墙存在的必要性也越来越显著。Linux 的防火墙由 netfilter 和 iptables 两个组件构成。

netfilter 组件也称为内核空间（Kernel Space），它是内核的一部分，由一些信息包过滤表组成，这些表包含内核用来控制信息包过滤处理的规则。iptables 组件也称为用户空间（User Space），它是防火墙的管理工具，是用户和防火墙之间的"桥梁"。我们通过 iptables 执行命令或者修改配置文件以设置规则，通过 netfilter 接收命令和读取配置文件来使这些规则生效。

这里需要说明的是，实际上严格来说 iptables 只能算是防火墙与用户的应用接口，真正起到防火墙作用的是在 Linux 内核中运行的 netfilter。

iptables 是一款 Linux 系统的防火墙软件。以其强大的功能、优异的性能吸引了越来越多的用户，iptables 已经成为 Linux 系统中防火墙软件的事实标准之一。

11.1.1 iptables 的功能

netfilter/iptables 完成的功能相当于 Linux 平台下的包过滤防火墙，完成数据包过滤、数据包拆分和网络地址转换（Network Address Translation）等功能。iptables 采用了表、链和规则的结构来具体实现上述功能。

在 iptables 中"表"是最大的容器，iptables 共有 3 张表。其中，filter 表不会对数据包进行修改，而会对数据包进行过滤；nat 表可以实现对需要转发数据包的源地址进行地址转换；mangle 表可以实现对数据包的修改或给数据包附上一些带外数据包。这 3 张表实现了 iptables 的 3 类功能。表中可以定义多条链，每条链中可以定义多条规则。

netfilter/iptables 的一大特色是可以根据连接状态来实施规则，因此它又被称为基于状态的防火墙。状态机制实际上是一种连接跟踪机制，即 netfilter/iptables 可以跟踪特定连接所处的状态。可跟踪的连接状态只有 4 种，分别是 NEW、ESTABLISHED、RELATED 和 INVALID。iptables 中数据包的 4 种状态如表 11-1 所示。

表 11-1　iptables 中数据包的 4 种状态

状态	解释
NEW	一般情况下，NEW 状态表示这是一个新发起连接的数据包，如用于建立 TCP 连接的 SYN 包
ESTABLISHED	已经建立连接的数据包处于这种状态。一般，只要在发送链接请求后接收到对方的应答，就可以认为该连接处于 ESTABLISHED 状态
RELATED	这种状态很特殊，当一个连接与一个已经处于 ESTABLISHED 状态的连接有关系时，就可以认为是 RELATED 状态。实际上 RELATED 是由某个 ESTABLISHED 状态的连接所产生的。最典型的 RELATED 状态的例子是 FTP 的数据连接，它与 FTP 的控制连接是相关的
INVALID	INVALID 状态的数据包是非法的数据包。因为其状态不能被识别，所以一般情况下要删除这种状态的数据包

连接跟踪本身并没有实现什么具体功能，它为状态防火墙和 NAT 提供了基础框架。从连接跟踪的职责来看，它只完成了数据包从"个性"到"共性"抽象的约定，即它的核心工作是针对不同协议报文而定义一个通

用的"连接"概念，具体的实现由不同协议根据其报文特殊性的实际情况来提供。那么连接跟踪的主要工作其实可以总结如下。

（1）入口处，收到一个数据包后，计算其散列值，然后根据散列值查找连接跟踪表，如果没找到连接跟踪记录，就为其创建一个连接跟踪项；如果找到了，则返回该连接跟踪记录。

（2）出口处，根据实际情况决定该数据包是被还给协议栈继续传递，还是直接被丢弃。

11.1.2 数据包通过 iptables 的流程

iptables 的 3 张表为 filter、nat 和 mangle 表，每张表中都默认定义了若干条链。在 filter 表中默认定义了 3 条链，分别是 INPUT、OUTPUT 与 FORWARD 链；nat 表中默认定义了 3 条链，分别是 PREROUTING、OUTPUT 和 POSTROUTING 链；mangle 表中默认定义了 5 条链，分别是 INPUT、OUTPUT、FORWARD、PREROUTING 和 POSTROUTING 链。此外，用户还可以自定义链。数据包如何通过这些链是非常重要的问题，防火墙规则的设计者首先要清楚数据包是如何通过 iptables 的表和链的。数据包通过 iptables 的流程如图 11-1 所示。

数据包通过 iptables 的流程如下。

（1）当一个数据包进入网卡时，它首先进入 PREROUTING 链，内核根据数据包目的 IP 判断是否需要转送出去。

（2）如果数据包就是进入本机的，它就会沿着图 11-1 向下移动，到达 INPUT 链。数据包到了 INPUT 链后，任何进程都会收到它。本机上运行的程序可以发送数据包，这些数据包会经过 OUTPUT 链，然后到达 POSTROUTING 链输出。

（3）如果数据包是要转发出去的，且内核允许转发，数据包就会沿图 11-1 所示向右移动，经过 FORWARD 链，然后到达 POSTROUTING 链输出。

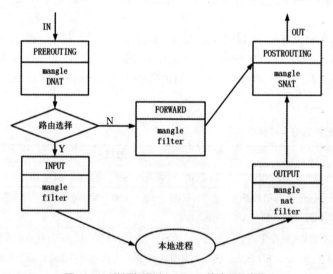

图 11-1 数据包通过 iptables 的流程示意图

11.1.3 IP 转发

Linux 主机配置成网关防火墙需要在执行 iptables 命令之前激活 IP 数据包的转发功能。因为普通主机只能处理单播数据包，而防火墙需要对符合规则且目标地址为其他主机的数据包进行转发，这样就必须要激活 IP 数据包转发功能才能实现。激活 IP 数据包转发功能的命令如下。

```
# vi /etc/sysctl.conf
net.ipv4.ip_forward=1
# sysctl -p
```

11.2 iptables 基本配置

iptables 用途广泛，功能强大，命令格式丰富，如下所示。

```
iptables [-t table] command [match] [-j target/jump]
```

[-t table]用于指定表。-t 选项可指定的表有 3 个，分别是 nat、mangle 和 filter 表。如未指定表，则默认指定 filter。各表的功能如下。

nat 表：此规则表拥有 PREROUTING 和 POSTROUTING 两个链，主要功能为进行一对一、一对多、多对多的网址转换工作（SNAT、DNAT）。除了做网址转换外，请不要用它做其他工作。

mangle 表：此表拥有 PREROUTING、FORWARD 和 POSTROUTING 这 3 个链。除了进行网址转换外，在某些特殊应用场景中可能也必须改写封包（TTL、TOS）或者设定 MARK（对封包做记号，以进行后续的过滤），这时就必须将这些工作定义在 mangle 表中。

filter 表：这个表是默认表，拥有 INPUT、FORWARD 和 OUTPUT 这 3 个链。这个表是用来进行封包过滤处理的，我们会将基本规则都建立在此表中。

下面对 iptables 命令格式中参数 command、match 可以设置的值进行详细介绍。

11.2.1 command

command 常用选项如下。

1. 选项-A（--append）

具体命令如下：

```
iptables -A INPUT…
```

新增规则到某个链中，该规则将会成为链中的最后一条规则。

2. 选项-D（--delete）

具体命令如下：

```
iptables -D INPUT --dport 80 -j DROP
iptables -D INPUT 1
```

从某个链中删除一条规则，可以输入完整规则，也可以直接指定规则编号。

3. 选项-R（--replace）

具体命令如下：

```
iptables -R INPUT 1 -s 202.198.176.10 -j DROP
```

取代现行规则，规则被取代后并不会改变顺序。

4. 选项-I（--insert）

具体命令如下：

```
iptables -I INPUT 1 --dport 80 -j ACCEPT
```

 插入一条规则，原本该位置上的规则将会往后移动一个顺位。

5. 选项-L（--list）

具体命令如下：

```
iptables -L INPUT
```

 列出某链中的所有规则。

```
iptables -t nat -L
```

 列出 nat 表所有链中的所有规则。

6. 选项-F（--flush）

具体命令如下：

```
iptables -F INPUT
```

 删除 filter 表中 INPUT 链的所有规则。

7. 选项-Z（--zero）

具体命令如下：

```
iptables -Z INPUT
```

 将封包计数器归零。封包计数器用来计算同一封包的出现次数，它是过滤、阻断攻击不可或缺的工具。

8. 选项-N（--new-chain）

具体命令如下：

```
iptables -N allowed
```

 定义新的链。

9. 选项-X（--delete-chain）

具体命令如下：

```
iptables -X allowed
```

删除某个链。

10．选项-P（--policy）

具体命令如下：

```
iptables -P INPUT DROP
```

 定义过滤规则，也就是未符合过滤条件封包默认的处理方式。

11．选项-E（--rename-chain）

具体命令如下：

```
iptables -E allowed disallowed
```

 修改某自定义链的名称。

11.2.2　match

1．选项-p（--protocol）

具体命令如下：

```
iptables -A INPUT -p tcp
```

 匹配通信协议类型是否相符。结合使用"!"运算符还可以进行反向匹配，例如-p !tcp，表示除 TCP 以外的其他类型，如 UDP、ICMP 等。如果要匹配所有类型，则可以使用 all 关键字，例如-p all。

2．选项-s（--src/--source）

具体命令如下：

```
iptables -A INPUT -s 192.168.1.1
```

 用来匹配封包的来源 IP 地址，其可以匹配单机或网络。匹配网络时，请用数字来表示子网掩码，例如-s 202.198.176.0/24。匹配 IP 地址时可以使用"!"运算符进行反向匹配，例如-s ! 202.198.176.0/24。

3．选项-d（--dst/--destination）

具体命令如下：

```
iptables -A INPUT -d 202.198.176.10
```

 用来匹配封包的目的地 IP 地址，设定方式同上。

4．选项-i（--in-interface）

具体命令如下：

```
iptables -A INPUT -i eth0
```

用来匹配封包是从哪块网卡进入的，使用通配符 "+" 可以进行大范围匹配，例如-i eth+。所有的 Ethernet 网卡可以使用 "!" 运算符进行反向匹配，例如-i !eth0。

5. 选项-o（--out-interface）

具体命令如下：

```
iptables -A FORWARD -o eth0
```

 用来匹配封包要从哪块网卡送出，设定方式同上。

6. 选项-sport（--source-port）

具体命令如下：

```
iptables -A INPUT -p tcp --sport 22
```

 用来匹配封包的源端口。其可以匹配单一端口或一个范围内的端口，例如--sport 22:80，表示从 22 到 80 端口都符合条件。如果要匹配不连续的多个端口，则必须使用 --multiport 选项。匹配端口时，可以使用 "!" 运算符进行反向匹配。

7. 选项-dport（--destination-port）

具体命令如下：

```
iptables -A INPUT -p tcp --dport 22
```

 用来匹配封包的目的地端口，设定方式同上。

8. 选项（--tcp-flags）

具体命令如下：

```
iptables -p tcp --tcp-flags SYN,FIN,ACK SYN
```

 匹配 TCP 封包的状态标识，参数分为两个部分：第一个部分列举出想匹配的标识；第二部分则列举标识中哪些被设置，未被列举的标识必须是空的。TCP 的状态标识包括 SYN（同步）、ACK（应答）、FIN（结束）、RST（重设）、URG（紧急）、PSH（强迫推送）等，均可用于参数中。除此之外，还可以使用关键字 ALL 和 NONE 进行匹配。匹配标识时可以使用 "!" 运算符进行反向匹配。

9. 选项--syn

具体命令如下：

```
iptables -p tcp --syn
```

 用来表示 TCP 中，SYN 位被打开而 ACK 与 FIN 位被关闭的分组，即 TCP 的初始连接。上述命令与 iptables -p tcp --tcp-flags SYN,FIN,ACK SYN 的作用完全相同。如果使用 "!" 运算符，此时可用来匹配非要求连接封包。

10. 选项-m multiport --source-port

具体命令如下：

```
iptables -A INPUT -p tcp -m multiport --source-port 22, 53, 80, 110
```

用来匹配不连续的多个源端口，一次最多可以匹配 15 个端口，并且使用"!"运算符可以进行反向匹配。

11. 选项-m multiport --destination-port

具体命令如下：

```
iptables -A INPUT -p tcp -m multiport --destination-port 22,53,80,110
```

用来匹配不连续的多个目的地端口号，设定方式同上。

12. 选项-m multiport --port

具体命令如下：

```
iptables -A INPUT -p tcp -m multiport --port 22,53,80,110
```

这个选项比较特殊，用来匹配源端口和目的端口相同的封包，设定方式同上。在本例中，如果封包的源端口号为 80、目的地端口号为 110，这种封包并不符合条件。

13. 选项--icmp-type

具体命令如下：

```
iptables -A INPUT -p icmp --icmp-type 8
```

用来匹配 ICMP 的类型编号，匹配时可以使用代码或数字编号。

14. 选项-m limit --limit

具体命令如下：

```
iptables -A INPUT -m limit --limit 3/hour
```

用来匹配某段时间内封包的平均流量，上述命令是用来匹配每小时平均流量是否超过一次 3 个封包。除了将时间设定为每小时外，也可以设定为每秒、每分钟或每天（对应参数为/second、/minute、/day），默认值为每小时。除了进行封包数量的匹配外，设定这个选项也会在条件达成时暂停封包的匹配动作，以避免因入侵者使用洪水攻击法而导致服务被阻断。

15. 选项--limit-burst

具体命令如下：

```
iptables -A INPUT -m limit --limit-burst 5
```

用来匹配某个瞬间大量封包的数量，使用效果同上。上述命令用来匹配一次同时涌入的封包数量是否超过 5 个（这是默认值），超过此上限的封包会被直接丢弃。

16. 选项-m mac --mac-source

具体命令如下：

```
iptables -A INPUT -m mac --mac-source 00:00:00:00:00:01
```

 用来匹配封包来源网络接口的硬件地址，这个选项不能用在 OUTPUT 和 POSTROUTING 链上。因为封包要送到网卡后，才能由网卡驱动程序透过 ARP 通信协议查出目的地的 MAC 地址，所以 iptables 在进行封包匹配时，并不知道封包会送到哪个网络接口。

17．选项--mark

具体命令如下：

```
iptables -t mangle -A INPUT -m mark --mark 1
```

 用来匹配封包是否被标示为某个号码。当封包被匹配成功时，我们可以透过 MARK 处理动作，将该封包标示为一个号码，号码最大不可以超过 4294967296。

18．选项-m owner --uid-owner

具体命令如下：

```
iptables -A OUTPUT -m owner --uid-owner 500
```

 用来匹配来自本机的封包是否为某特定用户产生的，这样可以避免服务器使用超级用户或其他身份将敏感数据传出，也可以降低系统被入侵的损失。但这个功能无法匹配出来自其他主机的封包。

19．选项-m owner --gid-owner

具体命令如下：

```
iptables -A OUTPUT -m owner --gid-owner 0
```

 用来匹配来自本机的封包是否为某特定用户群组产生的，使用效果同上。

20．选项-m owner --pid-owner

具体命令如下：

```
iptables -A OUTPUT -m owner --pid-owner 78
```

 用来匹配来自本机的封包是否为某特定进程所产生的，使用效果同上。

21．选项-m owner --sid-owner

具体命令如下：

```
iptables -A OUTPUT -m owner --sid-owner 100
```

 用来匹配来自本机的封包是否为某特定连接的响应封包，使用效果同上。

22．选项-m state --state

具体命令如下：

```
iptables -A INPUT -m state --state RELATED,ESTABLISHED
```

用来匹配连接状态，连接状态共有以下 4 种。

① INVALID：表示该封包的连接编号（session ID）无法辨识或编号不正确。

② ESTABLISHED：表示该封包属于某个已经建立的连接。

③ NEW：表示该封包想要发起一个连接（重设连接或将连接重定向）。

④ RELATED：表示该封包属于某个已经建立的连接所建立的新连接。例如，FTP-DATA 连接必定源自某个 FTP 连接。

11.2.3　iptables 处理动作

[–j target/jump]中–j 选项用来指定要进行的处理动作,常用的处理动作包括 ACCEPT、REJECT、DROP、REDIRECT、MASQUERADE、LOG、SNAT、DNAT、MIRROR、QUEUE、RETURN、MARK，分别说明如下。

- ACCEPT：将封包放行。进行完此处理动作后，将不再匹配其他规则，直接跳往下一个链（nat 表的 POSTROUTING 链）。

- REJECT：拦阻封包，并传送封包通知对方。可传送的封包有 ICMP port-unreachable、ICMP echo-reply 或 tcp-reset（这个封包会要求对方关闭连接）。进行完此处理动作后，将不再匹配其他规则，直接中断过滤程序。例如，iptables –A FORWARD –p TCP --dport 22 –j REJECT --reject-with tcp-reset。

- DROP：丢弃封包，不予处理。进行完此处理动作后，将不再匹配其他规则，直接中断过滤程序。

- REDIRECT：将封包重新导向另一个端口（PNAT）。进行完此处理动作后，将会继续匹配其他规则。这个处理动作可以用来实现透明代理或用来保护 Web 服务器。例如，iptables –t nat –A PREROUTING –p tcp --dport 80 –j REDIRECT --to-ports 8080。

- MASQUERADE：改写封包来源 IP 地址为防火墙网卡 IP 地址，用户可以指定端口对应的范围。进行完此处理动作后，直接跳往下一个链（mangle 表的 POSTROUTING 链）。

- LOG：用于设定日志级别，利用系统日志把特殊级别的信息放入指定日志文件。

- SNAT：改写封包来源 IP 地址为某特定 IP 地址或 IP 地址范围，用户可以指定端口对应的范围。进行完此处理动作后，将直接跳往下一个链（mangle 表的 POSTROUTING 链）。

- DNAT：改写封包目的地 IP 地址为某特定 IP 地址或 IP 地址范围，用户可以指定端口对应的范围。进行完此处理动作后，将会直接跳往下一个链（filter 表的 input 或 filter 表的 FORWARD 链）。例如，iptables –t nat –A PREROUTING –p tcp –d 15.45.23.67 --dport 80 –j DNAT --to-destination 202.198.176.10-202.198.176.20∶80-100。

- MIRROR：镜射封包，也就是将来源 IP 地址与目的地 IP 地址对调后，将封包送回。进行完此处理动作后，将会直接中断过滤程序。

- QUEUE：中断过滤程序，即将封包放入队列，交给其他程序处理。通过自行开发的处理程序可以进行其他操作，例如计算连接费用等。

- RETURN：结束在目前链中的过滤程序，返回主链继续过滤。如果把自定义链看成一个子程序，那么这个动作相当于提前结束子程序并返回主程序。

- MARK：将封包标上某个代号，以便作为后续过滤的条件判断依据。进行完此处理动作后，将会继续匹配其他规则。例如，iptables –t mangle –A PREROUTING –p tcp --dport 22 –j MARK --set –mark 2。

11.3　配置实例

iptables 命令可用于配置 Linux 的包过滤规则，常用于实现防火墙、NAT。

1. 清除已有规则

在新设定 iptables 规则时，我们一般先确保旧规则被清除。用以下命令清除旧规则。

```
iptables -F
```
或
```
iptables --flush
```

2. 配置服务项

利用 iptables，我们可以对日常用到的服务项进行安全管理。例如，设置只能通过指定网段、指定网卡使用 SSH 连接本机。

```
iptables -A INPUT -i eth0 -p tcp -s 202.198.176.0/24 --dport 22 -m state -state
NEW,ESTABLESHED -j ACCEPT
iptables -A OUTPUT -o eth0 -p tcp --sport 22 -m state --state ESTABLESHED -j ACCEPT
```
若要支持由本机通过 SSH 连接其他机器，并在本机端口建立连接，还需要设置以下规则。

```
iptables -A INPUT -i eth0 -p tcp -s 202.198.176.0/24 --dport 22 -m state --state ESTABLESHED
-j ACCEPT
iptables -A OUTPUT -o eth0 -p tcp --sport 22 -m state --state NEW,ESTABLESHED -j ACCEPT
```
相似地，对于 HTTP/HTTPS（80/443）、POP3（110）、rsync（873）、MySQL（3306）等基于 TCP 连接的服务，也可以参照上述命令配置。

对于基于 UDP 的 DNS 服务，使用以下命令开启端口服务。

```
iptables -A OUTPUT -p udp -o eth0 --dport 53 -j ACCEPT
iptables -A INPUT -p udp -i eth0 --sport 53 -j ACCEPT
```

3. 设置链策略

对于 filter 表，默认的链处理动作为 ACCEPT，我们可以通过以下命令修改链的处理动作。

```
iptables -P INPUT DROP
iptables -P FORWARD DROP
iptables -P OUTPUT DROP
```
以上命令将接收、转发和发出的包均丢弃，实行比较严格的包管理。由于接收和发出的包均被设置为丢弃，当进一步配置其他规则的时候，我们需要注意针对 INPUT 和 OUTPUT 分别配置。当然，如果信任主机，以上第 3 条规则可不必配置。

4. 屏蔽指定 IP 地址

有时候，我们发现某个 IP 地址不停地往服务器发包，这时可以使用以下命令将指定 IP 地址发来的包丢弃。

```
BLOCK_THIS_IP="202.198.176.20"
iptables -A INPUT -i eth0 -p tcp -s "$BLOCK_THIS_IP" -j DROP
```
以上命令设置将由 202.198.176.20 发往 eth0 网卡的 TCP 包丢弃。

5. 网卡转发配置

对于用作防火墙或网关的服务器，一个网卡连接到公网，其他网卡的包转发到该网卡实现内网向公网通信。假设 eth0 连接内网，eth1 连接公网，配置规则如下。

```
iptables -A FORWARD -i eth0 -o eth1 -j ACCEPT
```

6. 端口转发配置

对于端口，我们也可以运用 iptables 完成转发配置。

```
iptables -t nat -A PREROUTING -p tcp -d 202.198.176.10 --dport 422 -j DNAT --to
202.198.176.10:22
```

以上命令将目的地端口为 422 的包转发到 22 端口，因而通过 422 端口也可进行 SSH 连接。当然，使用 422 端口转发还需要通信双方进行事先的约定。

7. DOS 攻击防范

利用扩展模块 limit，我们还可以配置 iptables 规则，实现 DOS 攻击防范。

```
iptables -A INPUT -p tcp --dport 80 -m limit --limit 25/minute --limit-burst 100 -j ACCEPT
```

--limit 25/minute 表示每分钟限制最大连接数为 25。

--limit-burst 100 表示当总连接数超过 100 时，启动 limit 25/minute 限制。

8. 配置 Web 流量均衡

我们可以将一台主机作为前端服务器，利用 iptables 进行流量分发，配置方法如下。

```
iptables -A PREROUTING -i eth0 -p tcp --dport 80 -m state --state NEW -m nth --counter
0 --every 3 --packet 0 -j DNAT --to-destination 202.198.176.10:80
iptables -A PREROUTING -i eth0 -p tcp --dport 80 -m state --state NEW -m nth --counter
0 --every 3 --packet 0 -j DNAT --to-destination 202.198.176.11:80
iptables -A PREROUTING -i eth0 -p tcp --dport 80 -m state --state NEW -m nth --counter
0 --every 3 --packet 0 -j DNAT --to-destination 202.198.176.12:80
```

以上配置规则用到 nth 扩展模块，将 80 端口的流量分发到 3 台服务器。

本章小结

本章简单介绍 netfilter/iptables 的功能，并详细讲述了 iptables 的命令格式，以及相关命令和选项，且给出了使用示例。请读者注意 iptables 规则的执行顺序，很重要！

思考与练习

一、选择题

1. 在 netfilter/iptables 中内置了 filter、nat、mangle 3 张表。nat 表中不包括的链有（   ）。

A. PREROUTING   B. INPUT

C. OUTPUT   D. POSTROUTING

2. 一台 Linux 主机配置了防火墙，若要禁止客户端 192.168.1.20/24 访问该主机的 Telnet 服务，此时可以添加（   ）规则。

A. iptables -A INPUT -p tcp -s 192.168.1.20 --dport 23 -j REJECT

B. iptables -A INPUT -p tcp -d 192.168.1.20 --sport 23 -j REJECT

C. iptables -A OUTPUT -p tcp -s 192.168.1.20 --dport 23 -j REJECT

D. iptables -A OUTPUT -p tcp -d 192.168.1.20 --sport 25 -j REJECT

3. 在配置 netfilter/iptables 时，通常需要开启设备的转发功能，下列哪个操作可以完成转发功能的开启？

（   ）

A. 给该设备设置正确的网关地址

B. 通过 vi /proc/sys/net/ipv4/ip_forward 将该文件值设置为 "1"

C. echo"1">/proc/sys/net/

D. 通过 vi /etc/sysconf/network 设置 NETWORKING=YES

4. 在 Linux 2.4 以后的内核中，提供 TCP/IP 包过滤功能的软件是（　　）。

A. rarp　　　　　　　　　　　　B. route

C. iptables　　　　　　　　　　 D. filter

5. 假设要控制来自 IP 地址 202.198.176.1 的 ping 命令，可用以下哪个 iptables 命令？（　　）

A. iptables –a INPUT –s 202.198.176.1 –p icmp –j DROP

B. iptables –A INPUT –s 202.198.176.1 –p icmp –j DROP

C. iptables –A input –s 202.198.176.1 –p icmp –j drop

D. iptables –A input –S 202.198.176.1 –P icmp –J DROP

6. 某公司有一台对外提供 Web 服务的主机，为了防止外部对它的攻击，现想设置防火墙，使它只接受外部的 Web 访问，其他的外部连接一律拒绝。可能的设置步骤包括：

（1）iptables –A INPUT–p tcp –j DROP；

（2）iptables –A INPUT–p tcp --dport 80 –j ACCEPT；

（3）iptables –F；

（4）iptables –P INPUT DROP。

请在下列选项中找出正确的设置步骤顺序。（　　）

A. 1-2-3-4　　　　　　　　　　B. 2-4-3

C. 3-1-2　　　　　　　　　　　D. 3-4-2

二、简答题

1. iptables 有哪几张表？

2. Linux 内核通过 netfilter/iptables 实现的防火墙功能属于包过滤防火墙，可以实现哪些功能？

3. 设主机 A 的 IP 地址为 202.198.176.1，主机 B 的 IP 地址为 202.198.176.2，请在主机 B 上编写防火墙规则以实现主机 A 可以主动连通主机 B，而主机 B 不能主动连通主机 A。

第12章

Linux中的虚拟化

随着物联网、云计算等技术的出现，虚拟化技术越来越得到人们的关注。Linux中的虚拟化主要包括两类：一类是管理技术，例如基于内核的虚拟机；另一类是容器技术，例如 Linux 容器。Docker 是构建在 Linux 容器之上的虚拟机解决方案。本章将对基于内核的虚拟机和Linux容器两种技术进行介绍。

12.1　KVM

12.1.1　KVM 模块

　　KVM 模块是基于内核的虚拟机（Kernel-based Virtual Machine，KVM）的核心部分。KVM 仅支持硬件虚拟化，其主要功能是初始化 CPU 硬件，打开虚拟化模式，然后将虚拟客户端运行在虚拟机模式下，并对虚拟客户端的运行提供一定的支持。

　　以 KVM 在 Intel 的 CPU 上运行为例，KVM 模块在被内核加载的时候，会先初始化内部的数据结构，之后检测系统当前的 CPU，打开 CPU 控制寄存器 CR4 中的虚拟化模式开关，并通过执行 VMXON 命令将宿主操作系统置于虚拟化模式的根模式，最后 KVM 模块创建特殊设备文件/dev/kvm 并等待来自用户空间的命令。虚拟机的创建和运行是一个用户空间程序（QEMU）和 KVM 模块互相配合的过程。

12.1.2　QEMU

　　QEMU 是一款开源的虚拟机。其优点是在支持本身编译、运行的平台上就可以实现虚拟机的功能，甚至虚拟机可以与宿主机有不同架构；缺点是性能较低下。QEMU 代码中有着整套虚拟机的实现，如处理器、内存虚拟化以及虚拟设备模拟。

　　在虚拟机运行期间，QEMU 会通过 KVM 模块提供的系统调用进入内核，由 KVM 模块将虚拟机置于处理器的特殊模式运行。遇到虚拟机的 I/O 操作，KVM 模块会通过上次系统调用的接口将其返回给 QEMU，由 QEMU 负责解析和处理这些操作。从 QEMU 角度看，QEMU 使用 KVM 模块的虚拟化功能为自己的虚拟机提供硬件虚拟化的加速，极大提高虚拟机的性能。虚拟机的配置和创建、运行依赖的虚拟设备、用户操作环境和交互，以及一些特殊功能（如动态迁移）都是由 QEMU 实现的。QEMU 和 KVM 模块的结合无疑是非常合适的。而 qemu-kvm 是为了 KVM 模块专门进行修改和优化的 QEMU 分支。QEMU 可用来进行平台模拟，面向上层管理和操作。

12.1.3　KVM 架构

　　虚拟机的基本架构一般分为以下两种类型。

　　类型一：可以视作特意为虚拟机优化而裁剪的操作系统内核。虚拟机监控程序运行在底层的软件层，可实现系统的初始化、物理资源的管理等。这一类型的虚拟机监控程序一般会提供一个具有特定权限的特殊虚拟机，这个特殊虚拟机可运行用户日常操作和管理使用的操作系统环境。例如，Xen、VMware ESXi 和 Hyper-V。

　　类型二：虚拟机监控程序依赖操作系统来实现管理和调度，也会受到宿主操作系统的一些限制，即无法为了虚拟机的优化而改变操作系统。例如，VMware Workstation、VirtualBox。而 KVM 是基于宿主操作系统的类型二虚拟机（如果说在 Windows 下使用 VMware Workstation，KVM 可以类比为在 Linux 下的 VMware Workstation。只不过 KVM 是通过内核模块的形式实现的，充分利用 Linux 内核既有的实现，最大限度地重用代码）。

　　图 12-1 所示为标准的 Linux 操作系统，KVM 模块在运行时按需加载到内核空间。KVM 模块本身并不进行任何模拟，它提供一个/dev/kvm 接口，需要用户空间程序通过接口设置一个客户端虚拟服务器的地址空间向它提供模拟的 I/O，并将它的视频显示映射回宿主的显示屏。目前这个用户空间程序就是 QEMU。

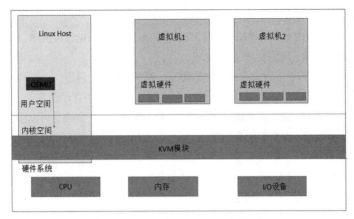

图 12-1　KVM 模块在 Linux 中的位置

12.1.4　KVM 管理工具

仅有 KVM 模块和 QEMU 是不够的。为了便于整个虚拟化环境，还需要 libvirtd 和基于 libvirt 开发出来的管理工具。

1．libvirt 套件

libvirt 是目前使用较为广泛的、对 KVM 进行管理的 API。libvirtd 是一个守护进程，它可以被本地的 virsh 调用，也可以被远程的 virsh 调用，libvirtd 调用 qemu-kvm 操作虚拟机。

libvirt 是一个软件集，它包括两部分：一部分是服务集；另一部分是 libvirtd。libvirtd 为 KVM 提供本地和远程的管理功能，基于 libvirt 开发出来的管理工具可通过 libvirtd 服务来管理整个 KVM 环境。也就是说，libvirt 在管理工具和 KVM 间起到一个"桥梁"的作用。libvirt API 包括一些标准的库文件，它能给多个虚拟化平台提供一个统一的编程接口，相当于管理工具。基于 libvirt 的标准接口来进行开发，开发完成后的工具可支持多种虚拟化平台。libvirt 用来管理 KVM，它可面向下层管理和操作。图 12-2 所示为 libvirt 架构。

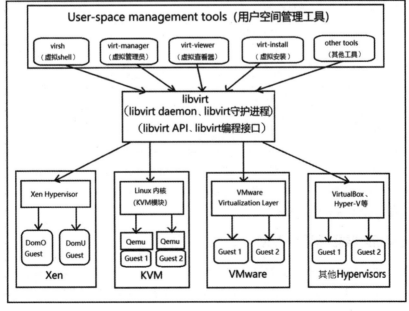

图 12-2　libvirt 架构

2. virsh 命令

virsh 是基于 libvirt 开发的命令行虚拟化管理工具。利用它可对虚拟机进行创建、编辑、迁移和关闭操作，还可进行安全管理、存储管理、网络管理等其他操作。

virsh 包含大量命令，其命令大致分为域（指虚拟机）、主机、接口、网络、安全、快照、存储池、存储卷，以及通用类。通用类的命令不仅适用于虚拟机，还能够帮助完成一些通用管理任务。

（1）help：获取可用 virsh 命令的完整列表，并且分为不同的种类。管理员可以指定列表中的特定组来缩小查询范围，其中列表中包含了每个组的简要描述，也可以查询特定命令以获取更为详细的信息，如名称、简介、描述以及选项等。

（2）list：管理员可以使用这个命令获取现有虚拟机的各种信息以及当前状态。根据需求的不同，管理员可以使用–inactive 或者–all 选项进行筛选。命令执行结果中将会包含虚拟机 ID、名称以及当前状态，可能的状态包括运行、暂停或者崩溃等。

（3）connect：管理员可以使用这个命令连接到本地 Hypervisor，也可以通过统一资源标识符来获取远程访问权限。其支持的常见格式包括 xen:///（默认）、qemu:///system、qemu:///session，以及 lxc:///等。如果想要建立只读连接，需要在命令中添加--readonly 选项。其使用方法如下。

通过 connect 命令连接远程 libvirt 并与之交互，例如：

```
virsh -c qemu+ssh://root@192.168.X.X/system
```

另外可以只执行一条远程 libvirt 命令（非交互模式），例如：

```
virsh connect qemu+ssh://root@192.168.X.X/system list
```

3. virt 命令集

virt 是一个命令集，它主要用于对虚拟机进行管理，常用命令及其功能如表 12-1 所示。

表 12-1　virt 命令集常用命令及其功能

命令	功能
virt-clone	复制虚拟机
virt-install	创建虚拟机
virt-manager	虚拟机系统管理器
virt-viewer	访问虚拟机控制台
virt-top	虚拟机实时监控。与 top 命令相似，只是将进程换成虚拟机
virt-what	检测当前系统是不是一个虚拟机。如果是虚拟机，会给出虚拟机的类型
virt-host-validate	虚拟机主机验证
virt-pki-validate	虚拟机证书验证
virt-xml-validate	虚拟机 XML 配置文件验证

virt-manager 是一套虚拟机的桌面管理器，其类似 VMware 的 vCenter 和 XenCenter。它提供了虚拟机管理的基本功能，如开机、挂起、重启、关机、强制关机/重启、迁移等，并且支持进入虚拟机图形界面进行操作。另外，它还可以管理各种存储及网络。

12.1.5　基于图形式界面部署 KVM

为便于实验，做实验时通常关闭 KVM 主机的防火墙、SELinux、iptables 功能。要让 KVM 虚拟机访问外部网络，还要在 KVM 主机中启用 IP 地址路由功能，很多版本的 Linux 默认已经启用该功能。下面介绍在 CentOS 7 上的部署过程。

1. 硬件准备

图 12-3 所示为 KVM 所需的最低硬件配置。

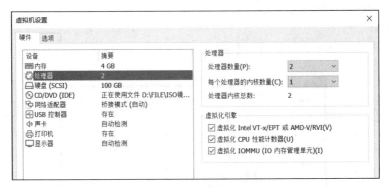

图 12-3　KVM 所需的最低硬件配置

2. 安装 KVM

在系统安装过程中安装 KVM 如图 12-4 所示。

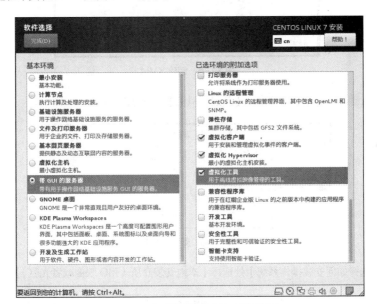

图 12-4　在系统安装过程中安装 KVM

3. 安装 KVM 软件包

对于已经安装 CentOS 7 操作系统的计算机，建议执行以下命令安装 KVM 软件包。

```
yum install qemu-kvm libvirt virt-install virt-manager
```

这里安装了 4 个软件包，每个软件包的内容和依赖关系说明如下。

- qemu-kvm：qemu-kvm 软件包主要包含 KVM 模块和基于 KVM 模块的 QEMU 模拟器。它有一个依赖包 qemu-img，其主要用于 QEMU 磁盘镜像管理。

- libvirt：libvirt 软件包提供 Hypervisor 和虚拟机管理的 API。它的依赖包有 libvirt-client（包括 KVM 客户端命令行管理工具 virsh）、libvirt-daemon（用于 libvirtd）、libvirt-daemon-driver-××××（属于 libvirtd 服务的驱动文件）和 bridge-utils（主要是网桥管理工具，其负责桥接网络的创建、配置和管理等工作）。

- virsh-install：创建和复制虚拟机的命令行工具包。
- virt-manager：图形界面的 KVM 管理工具包。

当然，要安装的 KVM 依赖远不止这些。

4. 创建 KVM

打开【应用程序】，单击【系统工具】→【虚拟系统管理器】，如图 12-5 所示。

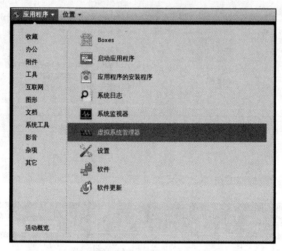

图 12-5　创建 KVM

进入虚拟系统管理器，单击【文件】→【新建虚拟机】，操作过程如图 12-6 所示。

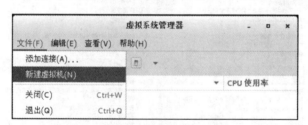

图 12-6　新建虚拟机

接下来，在【选择如何安装操作系统】处选择【本地安装介质（ISO 映像或者光驱）】，如图 12-7 所示。

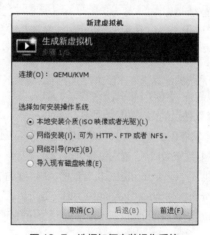

图 12-7　选择如何安装操作系统

然后载入 ISO 映像，选择【使用 ISO 映像】单选项，单击【浏览】按钮，选择映像文件，如图 12-8 和图 12-9 所示。

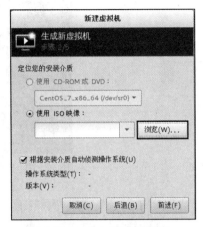

图 12-8　单击【浏览】按钮

图 12-9　选择映像文件

选择内存和 CPU 设置，如图 12-10 所示。

图 12-10　选择内存和 CPU 设置

为虚拟机创建磁盘镜像，如图 12-11 所示。

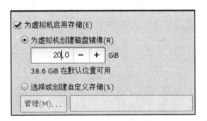

图 12-11　为虚拟机创建磁盘镜像

选择网络模式，如图 12-12 所示。

接下来就进入安装虚拟机操作系统的具体过程。其安装过程与实际安装操作系统的过程一致，本例中安装的是 Windows 10 操作系统，如图 12-13 和图 12-14 所示。

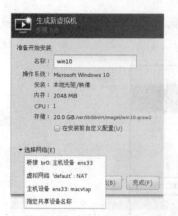

图 12-12　选择网络模式

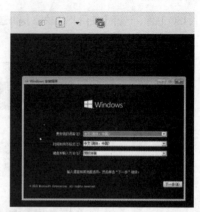

图 12-13　安装 Windows 10 操作系统

图 12-14　操作系统主界面

5. KVM 虚拟网络设置

KVM 虚拟网络有隔离模式、NAT 模式和桥接模式，下面分别介绍。

（1）隔离模式。

图 12-15 所示为隔离模式。该模式中虚拟机网卡被分成前半段和后半段，彼此之间存在对应关系。前半段在虚拟机上通常表现为 eth0、eth1 等接口，后半段在物理主机（Host）上是一个虚拟接口，通常表现为 vnet0、vnet1（vnet0、vnet1 通常称为 tap 设备），与虚拟网桥（Virtual Bridge）关联。任何时候 Guest1 发往 eth0 的报文都发往 vnet0，Guest2 发往 eth0 的报文都发往 vnet1，vnet0 和 vnet1 是网桥（虚拟交换机）上的接口，Guest1 和 Guest2 通过网桥才能进行通信，实现二层通信。相当于 Guest1 和 Guest2 连接至同一个网桥，网桥上没有关联物理网卡，所有隔离模式无法与外部网络进行通信，也无法与主机通信。隔离模式类似于 VMware 中的 VMnet2、VMnet3 等虚拟通道。物理主机 eth0 和 eth1 接口负责连接物理网络。

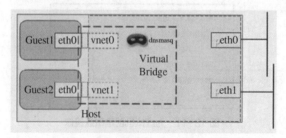

图 12-15　隔离模式

（2）NAT 模式。

图 12-16 所示为 NAT 模式。为了解决隔离模式中存在的问题，物理网卡为 eth0 和 eth1 接口，在物理主

机上添加一个 NAT 服务器，所有来自内部的报文通过物理网卡输出之前都将源地址转换为物理网卡的地址，所有的回应报文也都将回应给物理网卡，物理网卡再由 nat 表将物理网卡的地址转换为内部主机的地址。

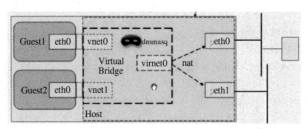

图 12-16　NAT 模式

（3）桥接模式。

图 12-17 所示为桥接模式，桥接即在物理机上创建一个网桥（Bridge）并关联物理网卡至网桥。一旦将物理网卡设置为网桥，则可以将物理网卡看成一台交换机。另外，也会在物理机上为该物理网卡创建一个虚拟网卡（br0）并将物理网卡原本使用的 MAC 地址放至 br0（物理网卡的 IP 地址配置在网桥上），同时物理网卡打开混杂模式（工作在混杂模式时，不管报文的目标 MAC 地址是不是自身，该网卡将报文全部接收）。这样所有 Guest 通过 eth*X* 发往 vnet*X* 的报文直接发往该网桥，而网桥关联了物理网卡，从而让来自 Guest 的报文直接从物理网卡发出；当网卡收到回应报文时，因为开启了混杂模式会接收所有的报文，报文目标 MAC 地址如果是物理网卡就会将回应报文转交给 br0，报文目标 MAC 地址如果是虚拟机就会将回应报文转交给虚拟机对应的网卡。物理网卡本身就相当于一个交换机，这种网桥一般称为物理网桥。

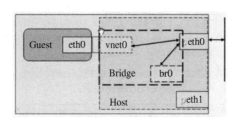

图 12-17　桥接模式

想要变成桥接模式，这里需要对虚拟网卡与主机网卡进行绑定，具体过程如下。

首先将网卡的配置文件 ifcfg-ens33 复制一份，再复制一份并重命名为 ifcfg-br0。修改 ifcfg-ens33 配置文件内容如下。

```
[root@localhost network-scripts]# cat /etc/sysconfig/network-scripts/ifcfg-ens33
TYPE=Ethernet
BOOTPROTO=dhcp
DEFROUTE=yes
PEERDNS=yes
PEERROUTES=yes
IPV4_FAILURE_FATAL=no
IPV6_INIT=yes
IPV6_AUTOCONF=yes
IPV6_DEFROUTE=yes
IPV6_PEERDNS=yes
IPV6_PEERROUTES=yes
IPV6_FAILURE_FATAL=no
IPV6_ADDR_GEN_MODE=stable-privacy
```

```
NAME=ens33
UUID-94b2cae4-c90a-4635-b0da-4c9c4a973855
DEVICE=ens33
ONBOOT=yes
BRIDGE=br0              #指定桥接网卡名称
```

修改 br0 网卡配置文件内容如下。

```
[root@localhost network-scripts]# cat/etc/sysconfig/network-scripts/ifcfg-br0
TYPE=Bridge
BOOTPROTO=dhcp
DEFROUTE=yes
PEERDNS=yes
PEERROUTES=yes
IPV4 FAILURE FATAL=no
IPV6 INIT=yes
IPV6 AUTOCONF=yes
IPV6 DEFROUTE=yes
IPV6 PEERDNS=yes
IPV6 PEERROUTES=yes
IPV6 FAILURE FATAL=no
IPV6 ADDR GEN MODE=stable-privacy
NAME=br0                #设定桥接网卡名称
DEVICE=br0
ONBOOT=yes
```

查看如下桥接网卡信息。

```
[root@localhost network-scripts]# brctl show
bridge name        bridge id              STP enabled        interfaces
br0                8000.000c29144cf4      no                 ens33
virbr0             8000.525400be851e      yes                virbr0-nic
```

图 12-18 给出了图形式界面中 KVM 桥接模式的连接详情。

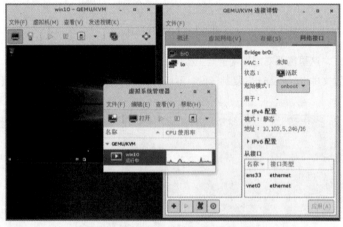

图 12-18　KVM 桥接模式的连接详情

12.2　Docker

Hyper-V、KVM 和 Xen 等虚拟机管理程序都基于虚拟化硬件仿真机制，这意味着对系统要求很高。然而，容器使用共享的操作系统，这意味着在使用系统资源方面，它比虚拟机管理程序要高效得多。其实，容器是一个旧概念，Docker 建立在 Linux 容器（Linux Container，LXC）的基础上。与任何容器技术一样，就 Docker 而言，它有自己的文件系统、存储系统、处理器和内存等部件。虚拟机管理程序与容器之间的区别主要在于，虚拟机管理程序对整个设备进行抽象处理，而容器只对操作系统内核进行抽象处理。用 Docker 进行虚拟化的优势有降低能耗、节省空间、节约成本、实现最大利用率、增强稳定性、减少系统中断事件、提高灵活度。

12.2.1 Docker 的安装

不是所有的 CentOS 发行版中都支持 Docker 的安装，我们需要根据内核版本来判定。Docker 运行在 CentOS 6.5，要求系统为 64 位、系统内核版本为 2.6.32-431 以上。Docker 运行在 CentOS 7 上，要求系统为 64 位、系统内核版本为 3.10 以上。

在 CentOS 7 上，Docker 要求 CentOS 系统的内核版本高于 3.10，所以需要查看 CentOS 的版本来验证其是否支持 Docker。通过 uname -r 命令查看当前的内核版本。

从 2017 年 3 月开始，Docker 在原来的基础上分为 Docker CE 和 Docker EE 两个分支版本。Docker CE 即社区免费版，Docker EE 即企业版，强调安全，但需付费使用。本文介绍 Docker CE 的安装使用。

移除旧的版本，执行命令如下。

```
$yum remove docker docker-client docker-client-latest docker-common docker-latest docker-latest-logrotate docker-logrotate docker-selinux docker-engine-selinux docker-engine
```

安装一些必要的系统工具，执行命令如下。

```
yum install -y yum-utils device-mapper-persistent-data lvm2
```

添加软件源信息，执行命令如下。

```
Yum -config-manager --add-repo Docker的YUM源文件的URL
```

更新 YUM 缓存，执行命令如下。

```
yum makecache fast
```

把 yum 包更新到最新版，执行命令如下。

```
yum update
```

查看所有仓库中的 Docker 版本，执行命令如下。

```
yum list docker-ce --showduplicates | sort -r
```

安装 Docker-CE，执行命令如下。

```
yum -y install docker-ce-版本号
```

启动 Docker 后台服务，执行命令如下。

```
systemctl start docker
```

测试运行 hello-world，执行命令如下。

```
docker run hello-world
```

docker run hello-world 运行结果如图 12-19 所示。

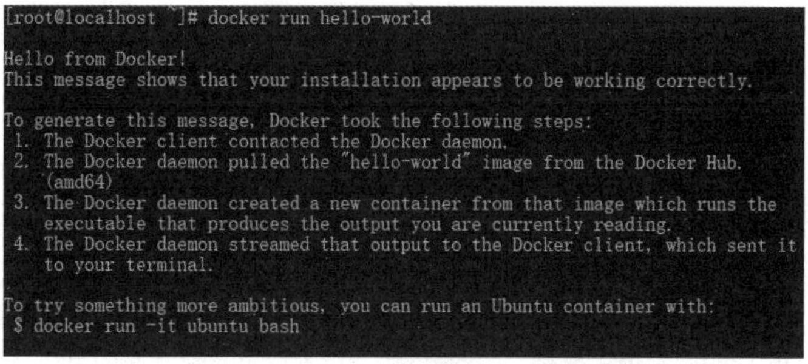

```
[root@localhost ~]# docker run hello-world

Hello from Docker!
This message shows that your installation appears to be working correctly.

To generate this message, Docker took the following steps:
 1. The Docker client contacted the Docker daemon.
 2. The Docker daemon pulled the "hello-world" image from the Docker Hub.
    (amd64)
 3. The Docker daemon created a new container from that image which runs the
    executable that produces the output you are currently reading.
 4. The Docker daemon streamed that output to the Docker client, which sent it
    to your terminal.

To try something more ambitious, you can run an Ubuntu container with:
 $ docker run -it ubuntu bash
```

图 12-19　docker run hello-world 运行结果

12.2.2　Docker 命令

以下是按使用频率总结出的常用 Docker 命令，具体格式如表 12-2 所示。

表 12-2　Docker 命令的格式

命令描述	命令格式
Docker 环境信息	docker [info|version]
容器生命周期管理	docker [create|exec|run|start|stop|restart|kill|rm|pause|unpause]
容器操作运维	docker [ps|inspect|top|attach|wait|export|port|rename|stat]
容器 rootfs 命令	docker [commit|cp|diff]
镜像仓库	docker [login|pull|push|search]
本地镜像管理	docker [build|images|rmi|tag|save|import|load]
容器资源管理	docker [volume|network]
系统日志信息	docker [events|history|logs]

从 Docker 命令的使用出发，梳理出的 Docker 命令结构如图 12-20 所示。

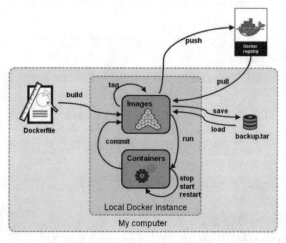

图 12-20　Docker 命令结构

12.2.3　Docker 仓库

Docker 仓库类似于代码仓库，它是 Docker 集中存放镜像文件的场所。Docker 仓库和注册服务器（Registry）并未被不严格区分。注册服务器是存放仓库的具体服务器，它可存放多个仓库，每个仓库集中存放某一类的多个镜像文件，并且可通过不同的标签（Tag）来进行区分，例如存放 Ubuntu 操作系统镜像文件的仓库（称为 Ubuntu 仓库），其中可能包括 18.04、16.04 等不同版本的镜像文件。

目前，最大的公开仓库之一是 Docker Hub，它存放了数量庞大的镜像文件供用户下载。国内的公开仓库包括 Docker Pool、阿里云—云开发云平台等，它们可以提供稳定的国内访问支持。Docker 也支持用户在本地网络内创建一个只能自己访问的私有仓库。

当用户创建了自己的镜像文件之后，就可以使用 push 命令将它上传到指定的公有仓库或私有仓库。这样用户下次在另一台计算机上使用该镜像文件时，只需使用 pull 命令将其从仓库中下载下来就可以了。

12.2.4　Docker 部署 Apache

在部署 Apache 服务时，首先需要查找 httpd 的镜像文件，执行命令如下。

```
[root@localhost /]# docker search httpd
NAME                    DESCRIPTION                        STARS     OFFICIAL    AUTOMATED
httpd                   The Apache HTTP Server Project     3119      [OK]
centos/httpd-24-centos7 Platform for running Apache httpd 2.4 or bui… 36
centos/httpd                                               30                    [OK]
arm32v7/httpd      The Apache HTTP Server Project          9
polinux/httpd-php Apache with PHP in Docker (Supervisor,…  4                     [OK]
salim1983hoop/httpd24    Dockerfile running apache config  2                     [OK]
publici/httpd      httpd:latest                            1                     [OK]
clearlinux/httpd httpd HyperText Transfer Protocol (HTTP) … 1
solsson/httpd-openidc mod_auth_openidc on official httpd image, … 1             [OK]
jonathanheilmann/httpd-alpine-rewrite httpd:alpine with enabled mod … 1         [OK]
dariko/httpd-rproxy-ldap   Apache httpd reverse proxy with LDAP…   1             [OK]
lead4good/httpd-fpm   httpd server which connects via fcgi proxy … 1            [OK]
dockerpinata/httpd                                         0
e2eteam/httpd                                              0
interlutions/httpd httpd docker image with debian-based config … 0              [OK]
appertly/httpd   Customized Apache HTTPD that uses a PHP-FPM … 0                 [OK]
manasip/httpd                                              0
amd64/httpd     The Apache HTTP Server Project             0
trollin/httpd                                              0
hypoport/httpd-cgi    httpd-cgi                            0                     [OK]
```

其次，通过 Docker 下载 httpd 的最新镜像文件，执行命令如下。

```
[root@localhost /]# docker pull httpd
Using default tag: latest
latest: Pulling from library/httpd
Digest: sha256:2a9ae199b5efc3e818cdb41c790638fc043ffe1aba6bc61ada28ab6356d044c6
Status: Image is up to date for httpd:latest
docker.io/library/httpd:latest
```

然后，在 Docker 中运行 httpd 镜像文件，执行命令如下。

```
docker run -p 80:80 --name httpd-web -v /var/www/html/:/usr/local/apache2/htdocs/ -d
--restart=always  httpd
```

测试 httpd 镜像文件是否运行成功，运行成功界面如图 12-21 所示。

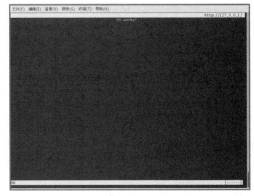

图 12-21　httpd 镜像文件运行成功界面

最后，更改主页内容，执行命令如下。

```
[root@localhost /]# cd /var/www/html/
[root@localhost html]# vi index.html
```

更改后的主页内容如图 12-22 所示。

图 12-22　更改后的主页内容

本章小结

总的来说，KVM 就是一款虚拟机软件，它可以在 Linux 下新建虚拟机；Linux 的 KVM 有原生内核的支持，相对来说，它会比在 VMware 速度上快很多。如果读者正在用桌面版的 Ubuntu/CentOS，那么建议直接用 KVM 来安装虚拟机，没必要再使用 VMware。

思考与练习

一、选择题

1. 下列选项中哪一个不是 KVM 虚拟网络的模型？（　　）

A. 隔离模式 　　　　　　　　　　　B. NAT 模式

C. 仅主机模式 　　　　　　　　　　D. 桥接模式

2. 以下哪个 virt 命令是创建虚拟机命令？（　　）

A. virt-install 　　　　　　　　　B. virt-uninstall

C. virt install 　　　　　　　　　D. virt-clone

3. 以下哪个 virt 命令是虚拟机系统管理器？（　　）

A. manage 　　　　　　　　　　　B. virt manage

C. virt-manager 　　　　　　　　　D. virt-manage

4. 下面哪个功能不是虚拟机系统管理器的功能？（　　）

A. 开机 　　　　　　　　　　　　B. 挂起

C. 关机 　　　　　　　　　　　　D. 删除

5. 在 CentOS 7 中网卡配置文件放在（　　　）。

A. etc/sysconfig/network/ifcfg-ens33
B. etc/sysconfig/network-scripts/ifcfg-ens33

C. etc/systemd/network/ifcfg-ens33
D. etc/systemd/network-scripts/ifcfg-ens33

二、填空题

1. Linux 中的虚拟化主要包括两类：_____和_____。

2. KVM 架构从虚拟机的基本架构上来区分，一般分为_____种。

3. libvirtd 是一个守护进程，它可以被_____调用，也可以被_____调用，_____调用 qemu-kvm 操作虚拟机。

4. virsh 包含大量命令，其命令大致分为_____、_____、_____、_____、_____、_____、_____、_____、_____。

5. 在虚拟机中部署 KVM 的系统时要注意在虚拟机设置中务必勾选_____，否则搭建 KVM 后无法创建虚拟机。

三、简答题

1. 什么是 KVM 模块？其主要功能是什么？

2. 什么是 QEMU？它的优点是什么？

3. virsh 是基于 libvirt 开发的命令行虚拟化管理工具，它可以对虚拟机进行什么操作？

4. KVM 虚拟网络有几种模式？它们分别都是什么？

5. 简单介绍 KVM 虚拟网络的 3 种模式。

CHAPTER13

第13章

数据库服务器配置

与 Windows 操作系统一样，Linux 操作系统也可以作为数据库服务器的操作系统。目前比较流行的 Linux 环境下数据库服务器有很多，在实际环境中我们会根据用户数据的规模和主要特征选择相应的数据库服务器。本章将介绍两款典型的数据库服务器 MariaDB 和 Oracle 的安装和配置。

13.1 MariaDB 服务器配置

13.1.1 安装 MariaDB

1. YUM 安装

具体命令如下：

```
# yum install mariadb mariadb-server
Loaded plugins: langpacks, product-id, subscription-manager
……
Installing:
mariadb x86_64 1:5.5.35-3.el7 rhel 8.9 M
mariadb-server x86_64 1:5.5.35-3.el7 rhel 11 M
Installing for dependencies:
perl-Compress-Raw-Bzip2 x86_64 2.061-3.el7 rhel 32 k
perl-Compress-Raw-Zlib x86_64 1:2.061-4.el7 rhel 57 k
perl-DBD-MySQL x86_64 4.023-5.el7 rhel 140 k
perl-DBI x86_64 1.627-4.el7 rhel 802 k
perl-Data-Dumper x86_64 2.145-3.el7 rhel 47 k
perl-IO-Compress noarch 2.061-2.el7 rhel 260 k
perl-Net-Daemon noarch 0.48-5.el7 rhel 51 k
perl-PlRPC noarch 0.2020-14.el7 rhel 36 k
Transaction Summary
================================================================================
Install 2 Packages (+8 Dependent packages)
Total download size: 21 M
Installed size: 107 M
Is this ok [y/d/N]: y
Downloading packages:
--------------------------------------------------------------------------------
Total 82 MB/s | 21 MB 00:00
Running transaction check
Running transaction test
Transaction test succeeded
Running transaction
……
Installed:
mariadb.x86_64 1:5.5.35-3.el7 mariadb-server.x86_64 1:5.5.35-3.el7
Dependency Installed:
perl-Compress-Raw-Bzip2.x86_64 0:2.061-3.el7
perl-Compress-Raw-Zlib.x86_64 1:2.061-4.el7
perl-DBD-MySQL.x86_64 0:4.023-5.el7
perl-DBI.x86_64 0:1.627-4.el7
perl-Data-Dumper.x86_64 0:2.145-3.el7
perl-IO-Compress.noarch 0:2.061-2.el7
perl-Net-Daemon.noarch 0:0.48-5.el7
perl-PlRPC.noarch 0:0.2020-14.el7
Complete!
```

2. 启动 MariaDB，并设定开机启动

具体命令如下：

```
# systemctl start mariadb
# systemctl enable mariadb
```

3. 初始化数据库

具体命令如下：

```
# mysql_secure_installation
/usr/bin/mysql_secure_installation: line 379: find_mysql_client: command not found
NOTE: RUNNING ALL PARTS OF THIS SCRIPT IS RECOMMENDED FOR ALL MariaDB SERVERS IN PRODUCTION
USE! PLEASE READ EACH STEP CAREFULLY!

In order to log into MariaDB to secure it, we'll need the current password for the root
user. If you've just installed MariaDB, and you haven't set the root password yet, the
password will be blank,so you should just press enter here.

Enter current password for root (enter for none):    //当前数据库密码为空，直接按Enter键
OK, successfully used password, moving on...

Setting the root password ensures that nobody can log into the MariaDB root user without
the proper authorisation.

Set root password? [y/n] y
New password:                                         //输入要为超级用户设置的数据库密码
Re-enter new password:                                //再次输入密码
Password updated successfully!
Reloading privilege tables…
… Success!

By default, a MariaDB installation has an anonymous user, allowing anyone to log into MariaDB
without having to have a user account created for them. This is intended only for testing,
and to make the installation go a bit smoother. You should remove them before moving into
a production environment.

Remove anonymous users? [y/n] y                       //删除匿名用户
… Success!

Normally, root should only be allowed to connect from 'localhost'. This ensures that someone
cannot guess at the root password from the network.

Disallow root login remotely? [y/n] y                 //禁止超级用户从远程登录
… Success!

By default, MariaDB comes with a database named 'test' that anyone can access. This is
also intended only for testing, and should be removed before moving into a production
environment.

Remove test database and access to it? [y/n] y        //删除test数据库并取消对它的访问权限
- Dropping test database...
… Success!
- Removing privileges on test database...
… Success!

Reloading the privilege tables will ensure that all changes made so far will take effect
immediately.

Reload privilege tables now? [Y/n] y                  //刷新授权表，让初始化后的设定立即生效
… Success!

Cleaning up...

All done! If you've completed all of the above steps, your MariaDB installation should
now be secure.

Thanks for using MariaDB!
```

13.1.2 登录 MariaDB

-u 选项用来指定以超级用户的身份登录，而-p 选项用来验证该用户在数据库中的密码。

```
# mysql -u root -p
Enter password:                                    //输入超级用户在数据库中的密码
Welcome to the MariaDB monitor. Commands end with; or \g.
Your MariaDB connection id is 5
Server version: 5.5.35-MariaDB MariaDB Server
Copyright (c) 2000, 2013, Oracle, Monty Program Ab and others.
Type 'help;' or '\h' for help. Type '\c' to clear the current input statement.
MariaDB [(none)]>
```

出现了"MariaDB [(none)]>"提示符，表示安装成功。

13.1.3 MariaDB 的常用操作

MariaDB 中的每个命令都要以分号结尾。

1. 显示数据库

MariaDB 刚安装完会有 3 个数据库，如图 13-1 所示。MariaDB 数据库非常重要，它里面有 MariaDB 的系统信息。我们改密码或新增用户，实际上就是对这个数据库中的相关表进行操作。

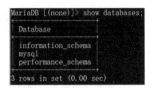

图 13-1　显示数据库

2. 显示数据库中的表

当我们使用 use 命令选定想要操作的数据库后，即可使用 show tables 命令查看该数据库中所有表的信息，如图 13-2 所示。

3. 显示表的结构

具体命令语法格式如下：

```
describe 表名;
```

4. 显示表中的记录

具体命令语法格式如下：

```
select * from 表名;
```

例如，显示 MariaDB 数据库中 user 表的记录，则所有能对 MariaDB 进行操作的用户都在此表中，执行命令如下。

```
select * from user;
```

图 13-2　显示数据库中的表

5. 创建库

具体命令语法格式如下：

```
create database 数据库名;
```

例如，创建一个名称为 test 的数据库。

```
MariaDB [(none)]> create database test;
```

6．创建表

具体命令语法格式如下：

```
create database 数据库名;
use 数据库名;
create table 表名 (字段设定列表);
```

例如，在刚创建的 test 数据库中创建表 name，表中有 id（序号，自动增加）、xm（姓名）、xb（性别）、csny（出生年月）这 4 个字段，如图 13-3 所示。

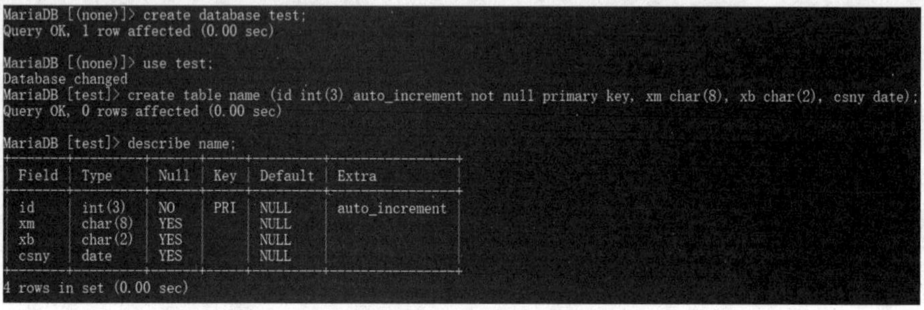

图 13-3　创建表并查看表结构

7．增加记录

例如，为创建的表增加几条相关记录，执行命令如下。

```
MariaDB [(test)]> insert into name values('0','zhangsan','man','1997-10-01');
MariaDB [(test)]> insert into name values('0','lisi','woman','1999-11-21');
```

此时可用 select 命令来验证结果，如图 13-4 所示。

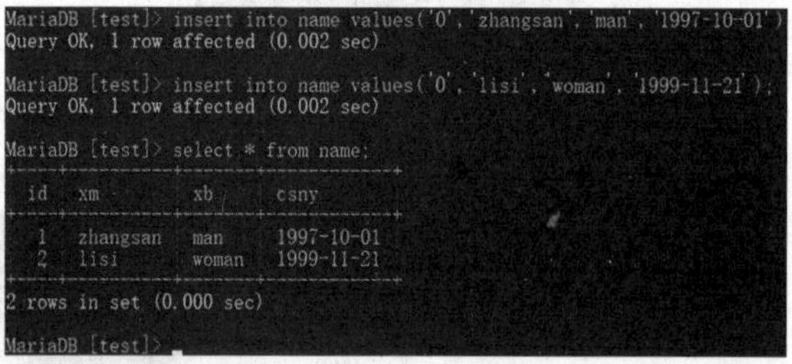

图 13-4　验证结果

8．修改记录

例如，将 zhangsan（张三）的出生年月改为 1997-01-10，执行命令如下。

```
MariaDB [(test)]> update name set csny='1997-01-10' where xm='zhangsan';
```

9．删除记录

例如，删除 zhangsan 的记录，执行命令如下。

```
MariaDB [(test)]> delete from name where xm='zhangsan';
```

10．删除数据库和删表

具体命令语法格式如下：

```
drop database 数据库名;
drop table 表名;
```

13.1.4　增加 MariaDB 用户

具体命令语法格式如下：

```
grant select, insert, update, delete on数据库.* to 用户名@登录主机 identified by "密码"
```

> **实例 13-1**　增加一个用户 user_1，其登录密码为 123，该用户可以在任何主机上登录，并对所有数据库有查询、插入、修改、删除的权限。

实例 13-1 的操作过程如下。

首先以超级用户身份连入 MarjaDB，然后输入以下命令。

```
MariaDB [(none)]> grant select,insert,update,delete on *.* to user_1@"%" identified by
"123";
```

实例 13-1 中增加的用户是十分危险的。其他用户如果知道了 user_1 的密码，就可以在任何一台计算机上登录 user_1 的 MarjaDB 数据库并修改数据。解决办法见实例 13-2。

> **实例 13-2**　增加一个用户 user_2，其登录密码为 123，该用户只可以在 localhost 上登录，并可以对数据库 test 进行查询、插入、修改、删除的操作。

实例 13-2 的操作过程如下。

实例 13-2 中 localhost 是指本地主机，即 MarjaDB 数据库所在的那台主机。这样其他用户即使知道 user_2 的密码也无法从网上直接访问数据库，只能通过 MarjaDB 主机来操作 test 数据库。输入如下命令。

```
MariaDB [(none)]> grant select,insert,update,delete on test.* to user_2@localhost
identified by "123";
```

如果新增的用户登录不了 MarjaDB，此时可使用如下命令。

```
mysql -u user_1 -p -h 192.168.113.50  //-h后接的是要登录主机的IP地址
```

13.1.5　备份与恢复

1. 备份

例如，将前文创建的 test 数据库备份到文件 back_test 中。

```
[root@test1 root]# cd /home/data/mysql //进入数据库目录，数据库已由/val/lib/mysql
                                        //转到/home/data/mysql
[root@test1 mysql]# mysqldump -u root -p --opt test> back_test
```

2. 恢复

具体命令如下：

```
[root@test mysql]# mysql -u root -p ccc < back_test
```

13.2　Oracle 服务器配置

13.2.1　安装准备工作

在 Oracle 安装开始前，最好先装好 Java，别用 Oracle 自带的 JDK，这样便于配置；另外，确认自己的系统符合 Oracle 的最小安装要求：512MB 内存和 1GB 交换分区。此外，确认系统已经安装了 gcc、make、binutils、lesstif2、libc6、libc6-dev、libstdc++5、libaio1、mawk 和 rpm 软件包。

用以下命令可以验证系统内存、交换分区和磁盘情况。

```
# grep MemTotal /proc/meminfo
# grep SwapTotal /proc/meminfo
# df -h
```

1. 设置用户

我们需要为安装程序创建一个 Oracle 用户和 3 个组。首先检查它们是否已经存在。

```
$ grep oinstall /etc/group
$ grep dba /etc/group
$ grep nobody /etc/group
```

如果它们不在系统中，那么创建它们。

```
$ sudo su
# addgroup oinstall
# addgroup dba
# addgroup nobody
# useradd -g oinstall -G dba oracle
# passwd oracle
# usermod -g nobody nobody
```

用 useradd -p 命令给出的密码在有些 Linux 发行版下不好用，所以最好使用单独的命令 passwd 来指定 Oracle 用户密码。

2. 创建目录和设置权限

Oracle 默认目录为/home/oracle。基于管理上的考虑，建议将 Oracle 安装到一个独立的分区上，这里将默认目录更改为/opt/ora10g 和/opt/oradata。

具体命令如下：

```
# mkdir -p /opt/ora10g
# mkdir -p /opt/oradata
# chown -R oracle:oinstall /opt/ora*
# chmod -R 775 /opt/ora*
```

3. 更改配置

（1）修改 sysctl.conf 文件。

具体命令如下：

```
# gedit /etc/sysctl.conf
```

添加以下内容到/etc/sysctl.conf 文件中。

```
kernel.shmall=2097152
kernel.shmmax=2147483648
kernel.shmmni=4096
kernel.sem=250 32000 100 128
fs.file-max=65536
net.ipv4.ip_local_port_range=1024 65000
```

更新系统，运行：

```
# sysctl -p
```

（2）修改 limits.conf 文件。

具体命令如下：

```
# gedit /etc/security/limits.conf
```

添加以下内容到/etc/security/limits.conf 文件中。

```
* soft nproc 2407
* hard nproc 16384* soft nofile 1024
* hard nofile 65536
```

（3）创建软连接。

具体命令如下：

```
# ln -s /usr/bin/awk /bin/awk
# ln -s /usr/bin/rpm /bin/rpm
# ln -s /usr/bin/basename /bin/basename
```

（4）创建附加文件。

此步骤为可选步骤。如果使用的 Linux 并不是 Oracle 支持的版本（如 Ubuntu、Linux、Mint 等），那么可以通过创建一个新文件来"欺骗"安装程序，让它认为我们的系统是 RHEL，该文件名为/etc/redhat-release。创建文件后还需在该文件中添加以下内容。

```
Red Hat Linux release 4.1
```

4. 设置 Oracle 用户的环境变量

添加以下 4 行内容到/etc/bash.bashrc 文件中。

```
export ORACLE_HOME="/opt/ora10g/dbms"
export ORACLE_BASE="/opt/ora10g"
export ORACLE_SID="ORCL"
export PATH="$ORACLE_HOME/bin:$PATH"
```

13.2.2 Oracle 安装

将 Oracle 安装文件解压缩，得到 database 文件夹，然后以 Oracle 用户身份运行该文件夹中的 runInstaller 文件。运行该文件时要注意执行权限，若没有则可以给用户授予该文件的执行权限。

```
$./runInstaller -jreLoc $JAVA_HOME/jre
```

注意，-jreLoc 选项是为了使用我们自己安装的 Java 运行环境（Java Runtime Environment，JRE），否则 Oracle 会使用自带的 JRE，图形式界面的中文就会变小方块。使用该选项的前提是我们已经将 JRE 的中文环境配置好，否则也会出现乱码（JRE 中文环境很好配置，在$JRE_HOME/lib/fonts 文件夹下新建 fallback 文件夹，再复制一个中文字体文件到 fallback 文件夹中即可）。另外切换到 Oracle 用户的方法有两种：第一种方法是使用#su oracl 切换用户，但是这样需要设置 DISPLAY 参数，还要启动 XServer 服务，在操作上较为麻烦；第二种方法是直接用图形式界面切换到 Oracle 用户。

打开安装图形式界面后，按照安装向导配置并安装即可，最后还需要以超级用户身份运行以下两个脚本。

```
/opt/ora10g/oraInventory/orainstRoot.sh
```

和

```
/opt/ora10g/RDBMS/root.sh
```

13.2.3 Oracle 安装常见问题解决方法及配置

1. 修正图形式界面工具乱码

安装完 Oracle 之后，若使用附带的图形式界面工具，如 DBCA 等，用户会发现界面还有乱码。针对这种情况，用户可以修改相应文件进行处理（以 DBCA 为例）。

用户在 Oracle 下进入$ORACLE_HOME/bin，用编辑器打开 DBCA 文件，将# Directory Variables 部分 JRE_DIR 的值改为$JAVA_HOME/jre，保存 DBCA 文件即可。

2. Oracle 命令翻动配置

为了能够像在 Windows 下一样使用上、下方向键翻动命令，还可以安装 rlwrap 包。

```
yum install rlwrap
```

然后修改 Oracle 用户的~/.bashrc 文件，在最后添加以下两行内容。

```
alias sqlplus="rlwrap sqlplus"
alias rman="rlwrap rman"
```

3. 修正 CLI 工具乱码

Oracle 工具（如 SQL*Plus 等）出现乱码一般是由中文字符集的不匹配引起的。具体来说，启动 Oracle 后会发现命令行中所有的中文提示信息提示的都是"？"，一般是由服务器字符集与客户端字符集不一致造成的。解决方法如下。

以超级用户身份进入 SQL*Plus，使用 select userenv('language') from dual 查询，将查询结果复制一份，在/etc/bash.bashrc 文件中加一行 export NLS_LANG="查询结果"，重新登录 Oracle，问题即可解决。例如，查询结果为 SIMPLIFIED CHINESE_CHINA.AL32UTF8，则新加一行 export NLS_LANG="SIMPLIFIED CHINESE_CHINA.AL32UTF8"。

本章小结

数据库作为信息化最重要的系统软件之一，已经与我们的生活密不可分。随着其市场的不断扩大，基于 Linux 系统的数据库服务器也将越来越多，因此本章介绍了市场上两种主流数据库的安装过程。其中 MariaDB 主要用于小、中型数据库，本章不仅讲述了其安装的过程，还简要介绍了它的部分使用命令以帮助读者快速应用 MariaDB；Oracle 主要用于中、大型数据库，本章详细讲述了其安装过程，此外还介绍了在安装过程中和安装后可能遇到的问题及解决方法。

思考与练习

一、填空题

1. 目前在数据库领域一直处于市场领先地位的产品是_____数据库。

2. MariaDB 配置文件的名称是_____。

3. Oracle CLI 工具出现乱码一般是由_____的不匹配引起的。

二、简答题

1. 简单描述在 Linux 中安装 MariaDB 的步骤。

2. 简单描述在 Linux 中安装 Oracle 的步骤。

3. 在 Linux 中 Oracle 出现乱码的解决方法是什么？

4. 在 Linux 中如何备份 MariaDB 数据库？

5. 在 Linux 中如何修改 MariaDB 用户密码？

第14章

Shell编程基础

Shell 是 Linux 操作系统中必不可少的一部分。因为早期的 Linux 操作系统都采用 CLI，所有的功能都通过命令行完成，所以 Shell 是很重要的。即使现在有了 GUI，很多系统维护、自动化处理方面的任务还是通过 Shell 来完成更加高效，而且有的功能只能通过命令行来完成。除此之外，Shell 在主机、服务器的远程登录方面具有优势，因为其安全和节省带宽。

本章主要介绍 Shell 基础知识、Shell 变量、正则表达式、Shell 脚本。

14.1　Shell 基础知识

14.1.1　Shell 简介

Shell 是用户与 Linux 内核之间的接口程序。实际上，Shell 是一个命令解释器，它解释由用户输入的命令且把它们送到内核。不仅如此，Shell 有自己的编程语言，可用于对命令的编辑，它允许用户编写由 Shell 命令组成的程序。Shell 编程语言具有普通编程语言的很多特点，如它也有循环结构和分支控制结构等。

简单地说，Shell 也可以被理解为系统与计算机硬件交互时使用的中间介质，它只是系统的一个工具。实际上，在 Shell 与计算机硬件之间还有一层系统内核。打个比方，如果把计算机硬件比作一个人的躯体，那么系统内核就像是人的大脑；至于 Shell，把它比作人的五官似乎更加贴切。回到计算机上来，用户直接面对的不是计算机硬件而是 Shell，用户把命令告知 Shell，然后 Shell 再将命令传输给系统内核，接着内核再支配计算机硬件去执行各种操作。

14.1.2　BASH 及其特点

常见的 Linux 发行版（如 RHEL、CentOS 等）默认安装的 Shell 叫 BASH（Bourne Again Shell），它是 Bourne Shell 的增强版本。Bourne Shell 是最早流行起来的一个 Shell，其创始人叫 Steven Bourne；为了纪念他的卓越贡献，所以这个 Shell 叫作 Bourne Shell。那么 BASH 有什么特点呢？

1. 记录命令历史

我们输入过的命令，Linux 操作系统是会有记录的，系统预设可以记录 1000 条命令。这些命令保存在用户主目录的.bash_history 文件中。需要知道的是，只有当用户正常退出当前 Shell 时，在当前 Shell 中运行的命令才会保存至.bash_history 文件中。

与命令历史有关的一个有意思的字符是!。常用的有以下这么几个字符!应用方式，示例运行结果，如图 14-1 所示。

（1）!!（连续两个 "!"）：表示执行上一条命令。

（2）!*n*（这里的 *n* 是数字）：表示执行命令历史中的第 *n* 条命令。例如，!996 表示执行命令历史中第 996 条命令。

（3）!字符串（字符串长度大于或等于1）：表示执行命令历史中最近一次以指定字符串为开头的命令。例如，!ab 表示执行命令历史中最近一次以ab 为开头的命令。

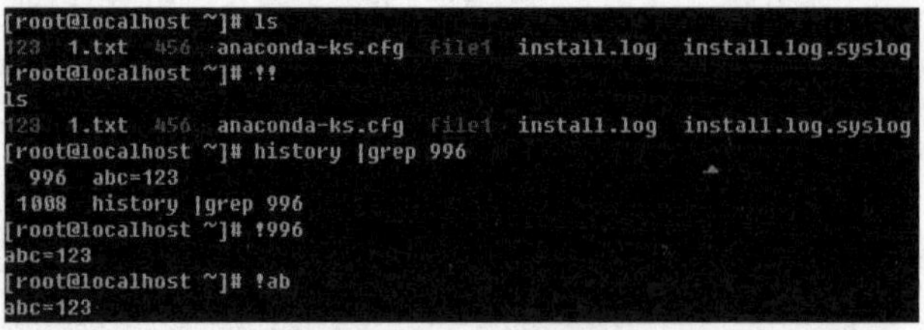

图 14-1　命令历史示例

2. 命令和文件名补全

Tab 键可以帮助用户补全一个命令，也可以补全一个路径或者一个文件名。连续按两次 Tab 键，系统则会把所有的命令或者文件名都列出来。

3. 别名

前面也出现过 alias 的介绍，它就是 BASH 所特有的功能之一。我们可以通过 alias 把一个常用的且很长的命令用一个简洁易记的别名表示。如果不想用别名表示了，还可以用 unalias 解除别名功能。直接输入"alias"会看到目前系统预设的 alias 命令，如图 14-2 所示。

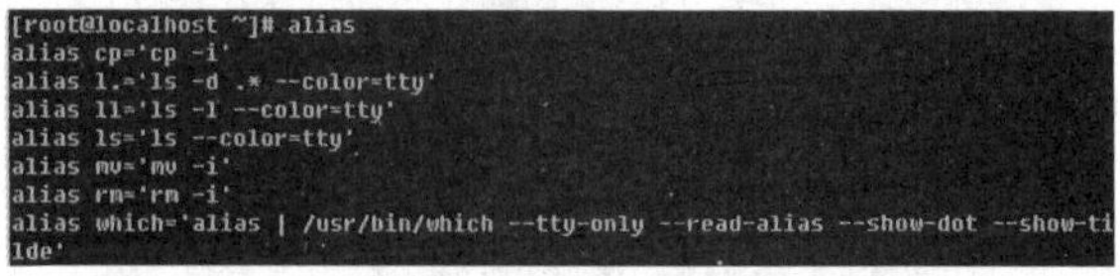

图 14-2　别名示例

系统预设的 alias 命令也就这几个，不过用户也可以自定义想要的命令别名。alias 语法很简单：alias 命令别名=具体的命令。

4. 通配符

在 BASH 下可以用"*"来匹配 0 个或多个字符，用"？"匹配一个字符，如图 14-3 所示。

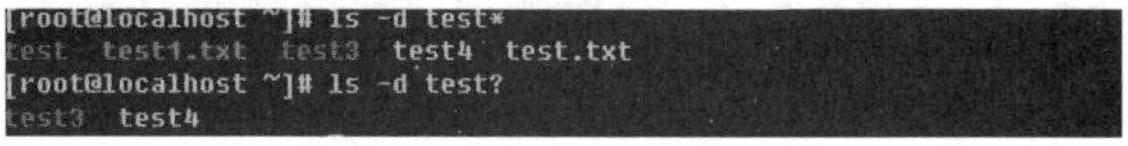

图 14-3　通配符示例

5. I/O 重定向

输入重定向用于改变命令的输入，输出重定向用于改变命令的输出。输出重定向更为常用，它常用于将命令的结果输入文件，而不是屏幕上。输入重定向的命令是"<"，输出重定向的命令是">"。另外，还有错误重定向"2>"，以及追加重定向">>"。

6. 管道符

前文已经提到过管道符"|"，其作用是把前面命令运行的结果"丢给"后面的命令。

7. 作业控制

当运行一个进程时，用户可以将它暂停（按 Ctrl+Z 组合键），然后使用 fg 命令恢复，利用 bg 命令使它在后台运行，当然也可以使它终止（按 Ctrl+C 组合键）。

14.2　Shell 变量

14.2.1　环境变量

前文中曾经介绍过环境变量 PATH，这个环境变量就是 Shell 预设的一个环境变量（通常 Shell 预设的环境变量都是英文大写的）。环境变量就是一个较简单的字符串来替代某些具有特殊意义的设定以及数据，如环境变量 PATH 就替代了所有常用命令的绝对路径。有了 PATH 这个环境变量，我们运行某个命令时不再需要输入全局路径，直接输入命令名即可。使用 echo 命令可以显示环境变量的值，如图 14-4 所示。

图 14-4　显示环境变量的值

除了 PATH、PWD、HOME、LOGNAME 外，系统预设的环境变量还有哪些呢？答案是使用 env 命令即可列出系统预设的全部环境变量，如图 14-5 所示。不过登录的用户身份不同，显示的这些环境变量的值也不一样。当前显示的就是超级用户的环境变量。

图 14-5　显示系统全部环境变量

下面简单介绍常见的环境变量。

- HOSTNAME：主机名。
- SHELL：当前用户的 Shell 类型。
- HISTSIZE：历史记录数。
- MAIL：当前用户的邮件存放目录。
- PATH：PATH 决定了 Shell 将到哪些目录中寻找命令或程序。
- PWD：当前目录。
- LANG：与语言相关的环境变量，使用多语言时可以修改此环境变量。
- HOME：当前用户主目录。
- LOGNAME：当前用户的名称。

env 命令显示的变量只是环境变量，系统预设的变量其实还有很多。使用 set 命令可以把系统预设的全部变量都显示出来，如图 14-6 所示。

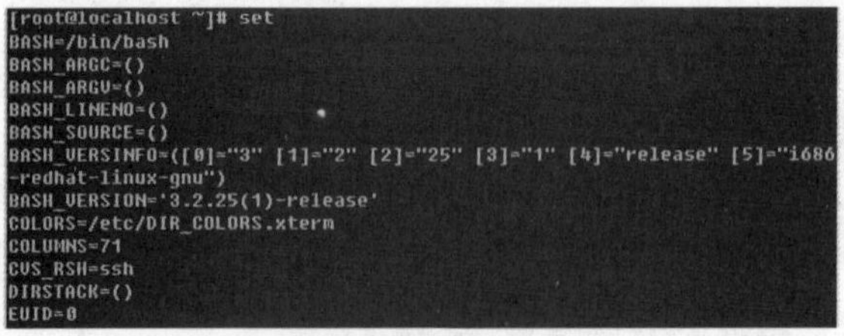

图 14-6　显示系统预设变量

14.2.2　用户定义变量

限于篇幅，前文中并没有把所有显示结果都截图。set 命令不仅可以显示系统预设的变量，还可以显示用户自定义的变量。用户可以自定义变量，如图 14-7 所示。

图 14-7　自定义变量

虽然用户可以自定义变量，但是该变量只能在当前 Shell 中生效；若再登录一个 Shell，则该变量失效，如图 14-8 所示。

图 14-8　不同 Shell 中的自定义变量

由图 4-8 可知，使用 bash 命令即可再打开一个 Shell，此时先前设置的 myname 变量已经不存在了；退出当前 Shell 并回到原来的 Shell，myname 变量还在。

那想要设置的变量一直生效应该怎么办呢？下面分两种情况进行讨论。

1. 要想系统内所有用户登录后都能使用该变量

用户需要在/etc/profile 文件最末行加入 export myname=Aming，然后执行 source /etc/profile 命令就可以生效了。此时再执行 bash 命令或者直接输入 su-test，发现自定义变量在系统内自动生效如图 14-9 所示。

图 14-9　自定义变量在系统内自动生效

2. 只想让当前用户使用该变量

用户需要在用户主目录下.bashrc 文件的最末行加入 export myname=Aming，然后执行 source .bashrc 命令就可以生效了。此时再登录 test 用户，myname 变量就不会生效了。上面用的 source 命令的作用是将目前设定的配置刷新，即不用注销再登录用户，配置也能生效。

在 Linux 操作系统下设置自定义变量有哪些规则呢？

① 设定变量的格式为 a=b，其中 a 为变量名，b 为变量的赋值，等号两边不能有空格。

② 变量名只能由英文、数字以及下画线组成，而且不能以数字开头。

③ 变量赋值中带有空格时，需要加上单引号，如图 14-10 所示。

图 14-10　自定义变量赋值（带空格）

有一种情况需要注意，即变量赋值中本身带有单引号，这时赋值就需要用到双引号，如图 14-11 所示。

图 14-11　带有单引号的赋值

④ 如果变量赋值中需要用到其他命令的运行结果，则可以使用反引号，如图 14-12 所示。

图 14-12　带有运行结果的赋值

⑤ 变量赋值可以累加其他变量的值，赋值时需要加双引号，如图 14-13 所示。

```
[root@localhost test]# myname="$LOGNAME"Aming
[root@localhost test]# echo $myname
rootAming
```

图 14-13　累加变量赋值

在这里，如果不小心把双引号错加为单引号，将得不到想要的结果，如图 14-14 所示。

```
[root@localhost ~]# myname='$LOGNAME'Aming
[root@localhost ~]# echo $myname
$LOGNAMEAming
```

图 14-14　错误赋值

通过上面的几个例子，读者也许已经能够看出单引号和双引号的区别，即使用双引号时里面的特殊字符不会失去本身的作用（如图 14-13 中的$），使用单引号时则里面的特殊字符会失去它本身的作用。

在前面的例子中多次使用了 bash 命令，如果在当前 Shell 中运行 bash 命令，则会进入一个新的 Shell，这个 Shell 就是原来 Shell 的子 Shell 了。不妨用 pstree 命令来查看，如图 14-15 所示。

```
[root@localhost ~]# pstree |grep bash
     |-sshd---sshd---bash-+-grep
[root@localhost ~]# bash
[root@localhost ~]# pstree |grep bash
     |-sshd---sshd---bash---bash-+-grep
```

图 14-15　子 Shell 结构

pstree 命令会把 Linux 系统中所有进程通过树状结构输出。限于篇幅，这里没有全部列出。在父 Shell 中设定一个变量，进入子 Shell 后该变量是不会生效的。如果想让这个变量在子 Shell 中生效，则要用到 export 命令，如图 14-16 所示。

```
[root@localhost ~]# abc=123
[root@localhost ~]# echo $abc
123
[root@localhost ~]# bash
[root@localhost ~]# echo $abc

[root@localhost ~]# exit
[root@localhost ~]# export abc
[root@localhost ~]# bash
[root@localhost ~]# echo $abc
123
```

图 14-16　使变量生效

export 命令用于声明变量，图 14-16 中该命令即让当前 Shell 的子 Shell 也知道变量 abc 的值是 123。如果 export 后面不加任何变量名，则它会声明所有变量，如图 14-17 所示。

```
[root@localhost ~]# export
declare -x CVS_RSH="ssh"
declare -x G_BROKEN_FILENAMES="1"
declare -x HISTSIZE="1000"
declare -x HOME="/root"
declare -x HOSTNAME="localhost"
declare -x INPUTRC="/etc/inputrc"
declare -x KDEDIR="/usr"
declare -x KDE_IS_PRELINKED="1"
declare -x KDE_NO_IPV6="1"
declare -x LANG="en_US.UTF-8"
declare -x LESSOPEN="|/usr/bin/lesspipe.sh %s"
declare -x LOGNAME="root"
declare -x LS_COLORS="no=00:fi=00:di=00;34:ln=00;36:pi=40;33:so=00;35:bd=40;33;0
1:cd=40;33;01:or=01;05;37;41:mi=01;05;37;41:ex=00;32:*.cmd=00;32:*.exe=00;32:*.c
om=00;32:*.btm=00;32:*.bat=00;32:*.sh=00;32:*.csh=00;32:*.tar=00;31:*.tgz=00;31:
*.arj=00;31:*.taz=00;31:*.lzh=00;31:*.zip=00;31:*.z=00;31:*.Z=00;31:*.gz=00;31:*
.bz2=00;31:*.bz=00;31:*.tz=00;31:*.rpm=00;31:*.cpio=00;31:*.jpg=00;35:*.gif=00;3
5:*.bmp=00;35:*.xbm=00;35:*.xpm=00;35:*.png=00;35:*.tif=00;35:"
declare -x MAIL="/var/spool/mail/root"
declare -x OLDPWD
declare -x PATH="/usr/lib/qt-3.3/bin:/usr/kerberos/sbin:/usr/kerberos/bin:/usr/l
ocal/sbin:/usr/local/bin:/sbin:/bin:/usr/sbin:/usr/bin:/root/bin"
declare -x PWD="/root"
declare -x QTDIR="/usr/lib/qt-3.3"
declare -x QTINC="/usr/lib/qt-3.3/include"
declare -x QTLIB="/usr/lib/qt-3.3/lib"
declare -x SHELL="/bin/bash"
declare -x SHLVL="2"
declare -x SSH_CLIENT="10.0.2.34 3337 22"
declare -x SSH_CONNECTION="10.0.2.34 3337 10.0.2.60 22"
declare -x SSH_TTY="/dev/pts/0"
declare -x TERM="xterm"
declare -x USER="root"
declare -x abc="123"
declare -x myname="Aming"
```

图 14-17　声明所有变量

由图 14-17 可以看到，最后连同用户自定义的变量都被声明了。

前文讨论了如何设置变量，如果想取消某个变量怎么办？使用"unset 变量名"即可，如图 14-18 所示。

图 14-18　取消变量

使用 unset abc 后，再使用 echo $abc，则不再输出任何内容。

14.2.3　系统环境变量与个人环境变量的配置文件

前文讲了很多系统变量，那么在 Linux 系统中，这些变量被保存到了哪里呢？什么用户一登录 Shell 就自动有了这些变量呢？

- /etc/profile：这个文件预设了几个重要的变量，例如 PATH、USER、LOGNAME、MAIL、INPUTRC、HOSTNAME、HISTSIZE、umask 等。
- /etc/bashrc：这个文件主要预设 umask 以及 PS1。PS1 就是我们在输入命令时，命令前面的那串字符，例如本书示范的 Linux 系统中的 PS1 就是[root@localhost~]#，如图 14-19 所示。\u 是表示用户；\h 是表示主机名；\W 则是表示当前目录；\$就是表示"#"，如果是普通用户，则显示为"$"。

图 14-19　PS1 变量设定

除了两个系统级别的配置文件外，每个用户的主目录下还有以下几个这样的隐藏文件。

- .bash_profile：定义了用户的个人化路径与环境变量的文件名称。每个用户都可使用该文件输入自己专用的 Shell 信息。当用户登录时，该文件仅仅执行一次。
- .bashrc：包含专用于当前用户的 Shell 信息，例如将用户自定义的别名或者自定义变量写到这个文件中。当登录以及每次打开新的 Shell 时，该文件被读取。
- .bash_history：记录命令历史。
- .bash_logout：可以把一些清理的功能放到这个文件中。当退出 Shell 时，会执行该文件。

14.2.4　Linux Shell 中的特殊字符

在学习 Linux 的过程中，读者也许已经接触过某些特殊字符。下面介绍常用到的特殊字符。

（1）*：代表 0 个或多个字符，如图 14-20 所示。test 后面可以没有任何字符，也可以有多个字符。

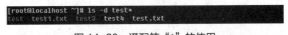

图 14-20　通配符"*"的使用

（2）？：只代表一个任意的字符，如图 14-21 所示。无论是数字还是字母，只要是一个字符就能被匹配出来。

图 14-21　通配符"?"的使用

（3）#：这个符号在 Linux 中表示注释、说明，即忽略"#"后面的内容，如图 14-22 所示。

图 14-22　注释符"#"的使用

在命令的开头或者中间插入#，Linux 会忽略"#"后面的内容。这个符号在 Shell 脚本中用得很多。

（4）\：转义字符，将后面的特殊字符（例如"*"）还原为普通字符，如图 14-23 所示。

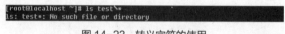

图 14-23　转义字符的使用

（5）|：管道符。前文多次提到，它的作用在于将符号前面命令的结果传递给符号后面的命令。这里提到的"后面的命令"并不是任意命令，一般针对文档操作的命令比较常用，例如 cat、less、head、tail、grep、cut、sort、wc、uniq、tee、tr、split、sed、awk 等，其中 grep、sed、awk 为正则表达式必须掌握的命令，将会在后续内容中详细介绍。

（6）$：除了作为变量前面的标识符外，还有一个妙用，就是与"!"结合起来使用，如图 14-24 所示。

图 14-24　"!$"的使用

"!$"表示上条命令中最后的部分。例如，上条命令最后出现的是 test.txt，那么在当前命令下输入"!$"代表 test.txt；其他命令也有类似功能。

① grep：过滤一个或多个字符（后文中将会详细介绍其用法），如图 14-25 所示。

图 14-25　grep 命令的使用

② cut：截取某一个字段。

语法：cut -d "分隔符" [-cf]n　　　　//这里的 n 表示数字

- -d：后面接分隔符，分隔符要用双引号标注。
- -c：后面接的是第几个字符。
- -f：后面接的是第几个区块，如图 14-26 所示。

图 14-26　cut 命令的使用 1

-d 后面接分隔符，这里图 14-26 中使用冒号作为分隔符，-f 1 表示截取第一段，-f 和 1 之间的空格可有可无。

-c 后面可以是一个数字 n，也可以是一个区间 n1-n2，还可以是多个数字 n1、n2、n3，如图 14-27 和图 14-28 所示。

图 14-27　cut 命令的使用 2

图 14-28　cut 命令的使用 3

③ sort：排序。

语法：sort [-t 分隔符] [-kn1,n2] [-nru]

- -t 分隔符：作用与 cut 命令的-d 相同。
- -n：使用纯数字排序。
- -r：反向排序。
- -u：去重。
- -kn1,n2：由 n1 排序到 n2，可以只写-kn1，即对第 n1 个字段排序。这里的 n1<n2。

省略参数，只使用 head 和 sort 命令的效果如图 14-29 所示。

图 14-29　sort 命令的使用 1

使用 sort 命令-t 和-k 参数的效果如图 14-30 所示。

图 14-30　sort 命令的使用 2

使用 sort 命令-t、-k 和-r 参数的效果如图 14-31 所示。

图 14-31　sort 命令的使用 3

④ wc：统计文档的行数、字符数、词数，常用的选项如下。

- -l：统计行数。
- -m：统计字符数。
- -w：统计词数。

使用 wc 命令-l、-m 和-w 参数的效果如图 14-32 所示。

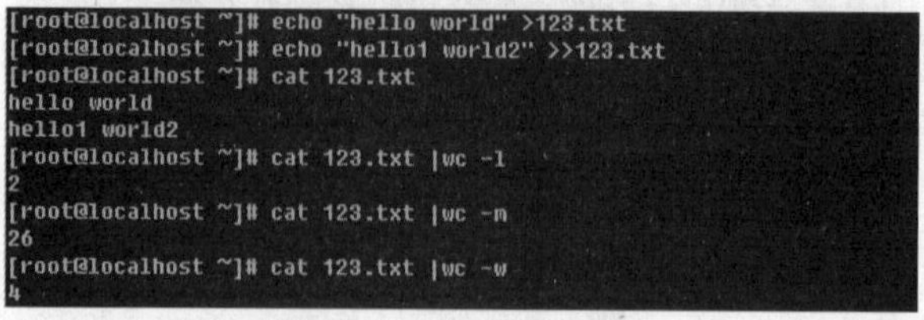

图 14-32　wc 命令的使用

⑤ uniq：去除重复的行，常用的选项只有一个。

-c：统计重复的行数，并把行数写在前面。

使用 uniq 命令-c 参数的效果如图 14-33 所示。

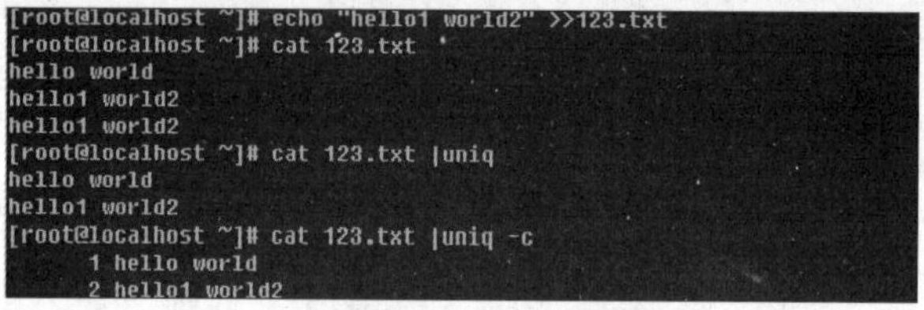

图 14-33　uniq 命令的使用

有一点需要注意，在执行 uniq 命令之前，我们需要先用 sort 命令排序，否则将得不到想要的结果。上面的例子中已经排过序，所以此时未重新排序。

⑥ tee：后面接文件名。其类似于重定向，但是比重定向多了一个功能，即在把文件写入后面文件的同时，还显示在屏幕上。

使用 tee 命令的效果如图 14-34 所示。

图 14-34　tee 命令的使用

⑦ tr：替换字符，常用来处理文档中出现的特殊字符，如 DOS 文档中出现的 "^M"。常用的选项有以下两个。

- -d：删除某个字符，后面接要删除的字符。
- -s：把重复的字符去掉。

常用的场景就是把英文小写变为大写：tr '[a-z]'[A-Z]'，如图 14-35 所示。

图 14-35　tr 命令的使用

当然替换一个字符也是完全可以的，如图 14-36 所示。

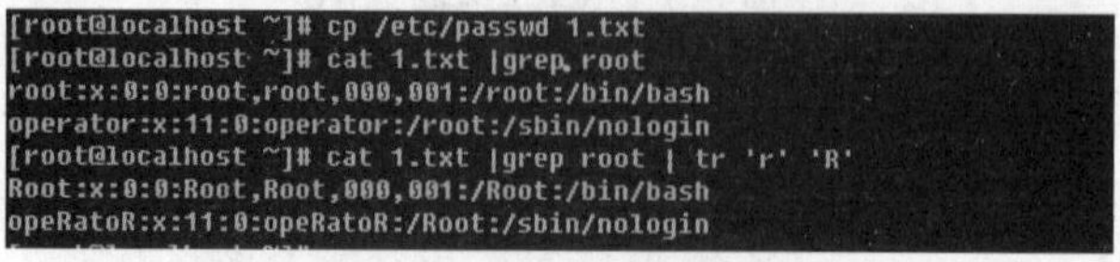

图 14-36　tr 命令替换单个字符

使用 tr 命令替换、删除以及去重（见图 14-37）都是针对一个字符的，这样有一定的局限性（如针对一个字符串就不再有效了）。所以这里建议只简单了解 tr 命令即可，读者以后还会学到更多可以实现针对字符串操作的工具。

```
[root@localhost ~]# cat 1.txt |grep root
root:x:0:0:root,root,000,001:/root:/bin/bash
operator:x:11:0:operator:/root:/sbin/nologin
[root@localhost ~]# cat 1.txt |grep root |tr -d 'o'
rt:x:0:0:rt,rt,000,001:/rt:/bin/bash
peratr:x:11:0:peratr:/rt:/sbin/nlgin
[root@localhost ~]# cat 1.txt |grep root |tr -s 'o'
rot:x:0:0:rot,rot,000,001:/rot:/bin/bash
operator:x:11:0:operator:/rot:/sbin/nologin
```

图 14-37　针对单个字符进行删除、去重操作

⑧ split：分割文档。常用选项如下。

- -b：依据大小来分割文档，单位为 B。图 14-38 中最后一行的 passwd 为分割后文件名的前缀，分割后的文件名为 passwdaa、passwdab、passwdac……。

```
[root@localhost ~]# split -b 500 /etc/passwd passwd
[root@localhost ~]# ls passwd*
passwdaa  passwdab  passwdac
```

图 14-38　依据大小来分割文档

- -l：依据行数来分割文档，如图 14-39 所示。

```
[root@localhost ~]# wc -l /etc/passwd
26 /etc/passwd
[root@localhost ~]# rm -rf passwd*
[root@localhost ~]# split -l 10 /etc/passwd passwd
[root@localhost ~]# wc -l passwd*
  10 passwdaa
  10 passwdab
   6 passwdac
```

图 14-39　依据行数来分割文档

（7）;：在一行中运行多条命令时用作间隔符。平时我们都是在一行中输入一条命令，然后按 Enter 键就运行了。那么想在一行中运行两条或两条以上的命令应该如何操作呢？这时就需要在命令之间加一个“;”，如图 14-40 所示。

```
[root@localhost ~]# ls -d test* ; touch test5; ls -d test*
test  test1.txt  test3  test4  testa  testaa  testb  test.txt
test  test1.txt  test3  test4  test5  testa  testaa  testb  test.txt
```

图 14-40　在一行中运行多条命令

（8）~：代表用户的主目录。如果是超级用户，则主目录为/root；如果是普通用户，则主目录为/home/用户名，如图 14-41 所示。

```
[root@localhost ~]# cd ~
[root@localhost ~]# pwd
/root
[root@localhost ~]# su test
[test@localhost root]$ cd ~
[test@localhost ~]$ pwd
/home/test
```

图 14-41　返回主目录

（9）&：如果想把一条命令放到后台执行，则需要加上这个符号，其通常用于命令运行时间非常长的情况，如图 14-42 所示。

```
[root@localhost ~]# sleep 100 &
[1] 2133
[root@localhost ~]#
[root@localhost ~]# jobs
[1]+  Running                 sleep 100 &
```

图 14-42　放到后台执行命令

使用 jobs 命令可以查看当前 Shell 中后台执行的任务。用 fg 命令可以将后台任务调到前台执行，如图 14-43 所示。这里的 sleep 命令表示休眠时间，后面接数字，单位为 s，它常用于循环的 Shell 脚本中。

```
[root@localhost ~]# fg
sleep 100
```

图 14-43　后台任务调到前台

此时按 Ctrl+Z 组合键，暂停执行，然后输入“bg”可以再次进入后台执行任务，如图 14-44 所示。

```
[1]+  Stopped                 sleep 100
[root@localhost ~]# bg
[1]+ sleep 100 &
```

图 14-44　前台命令调入后台

在多任务情况下，如果想要把任务调到前台执行，则需在 fg 命令后面接任务号，任务号可以使用 jobs 命令得到，如图 14-45 所示。

```
[root@localhost ~]# sleep 20 &
[1] 2136
[root@localhost ~]# sleep 30 &
[2] 2137
[root@localhost ~]# jobs
[1]-  Running                 sleep 20 &
[2]+  Running                 sleep 30 &
[root@localhost ~]# fg 1
sleep 20
```

图 14-45　调出指定前台运行的任务

（10）>、>>、2>、2>>：前文讲过重定向符号“>”以及“>>”分别表示取代和追加，而“2>”和“2>>”分别表示错误重定向和追加重定向。当我们运行一个命令且报错时，报错信息会输出到当前的屏幕上；此时，如果想将其重定向到一个文件中，则要用“2>”或者“2>>”，如图 14-46 所示。

```
[root@localhost ~]# ls aaaa
ls: aaaa: No such file or directory
[root@localhost ~]# ls aaaa >error
ls: aaaa: No such file or directory
[root@localhost ~]# cat error
[root@localhost ~]# ls aaaa 2>error
[root@localhost ~]# cat error
ls: aaaa: No such file or directory
```

图 14-46　输出重定向

（11）[ ]：代表中间字符中的任意一个，[ ]中为字符组合，如图 14-47 所示。

```
[root@localhost ~]# ls -d test*
test  test1.txt  test3  test4  test5  testa  testaa  testb  test.txt
[root@localhost ~]# ls test[12a]
testa
[root@localhost ~]# ls test[a-c]
testa  testb
[root@localhost ~]# ls test[0-9]
test4  test5

test3:
test2  test4
```

图 14-47　通配符[ ]的使用

（12）;、&&、||：用于多条命令中间的特殊字符。下面把这 3 个分隔符的几种情况全部列出。

① command1 ; command2。

② command1 && command2。

③ command1 || command2。

使用";"时，不管 command1 是否执行成功都会执行 command2；使用"&&"时，只有 command1 执行成功后，command2 才会执行，否则 command2 不执行；使用"||"时，command1 执行成功则 command2 不执行，否则执行 command2，总之 command1 和 command2 总有一条命令会执行，如图 14-48 所示。

图 14-48　分隔符的使用

14.3　正则表达式

在计算机学科中，对正则表达式是这样解释的：它是指一个可用来描述或者匹配一系列符合某个句法规则的字符串。在很多文本编辑器或其他工具中，正则表达式通常被用来检索或替换那些符合某个模式的文本内容。许多程序设计语言都支持用正则表达式进行字符串操作。对于系统管理员来讲，正则表达式贯穿在日常运维工作中，无论是查找某个文档还是查询某个日志文件并分析其内容，都会用到正则表达式。

正则表达式也可以被理解为一种表示方法。只要我们使用的工具支持这种方法，那么这个工具就可以处理正则表达式的字符串。常用的工具有 grep、egrep、sed、awk 等，下面就介绍这 4 种工具的使用方法。

14.3.1　grep 和 egrep 工具的使用

前文中多次提及并用到 grep 工具，由此可见它的重要性。grep、egrep、sed、awk 都是针对文本的行进行操作的，如图 14-49 所示。

语法：grep [-cinvABC] 'word' filename

-c：输出符合要求的行数。

-i：忽略大小写。

-n：在输出符合要求行的同时，将行号一起输出。

-v：输出不符合要求的行。

-A：后面接一个数字（选项和数字之间有无空格都可以），例如-A2 表示输出符合要求的行以及下面两行。

-B：后面接一个数字，例如-B2 表示输出符合要求的行以及上面两行。

-C：后面接一个数字，例如-C2 表示输出符合要求的行以及上下各两行。

图 14-49　grep 的使用

下面给出几个 grep 工具用法的例子。

（1）过滤带有某个关键词的行，并输出行号，如图 14-50 所示。

图 14-50　grep 过滤

（2）过滤不带某个关键词的行，并输出行号，如图 14-51 所示。

图 14-51　grep 反过滤

（3）过滤所有包含数字的行，如图 14-52 所示。

图 14-52　grep 使用通配符过滤

在前文中也提到过"[ ]"的应用，如果"[ ]"中是数字，就用[0-9]这样的形式；当然，有时候也可以用[15]这样的形式，表示只含有 1 或者 5。注意，系统不会将数字认为是 15。如果要过滤数字以及大小写字母，则要这样写：[0-9a-zA-Z]。另外，"[ ]"还有一种形式就是"[字符]"表示除"[ ]"内的字符之外的字符。

图 14-53 中的命令表示过滤包含 oo 字符串，但是不包含 r 字符的行。

图 14-53　grep 通配符使用技巧

（4）过滤文档中以某个字符开头或者以某个字符结尾的行，如图 14-54 所示。

图 14-54　用首、尾字符过滤行

在正则表达式中，"^"表示行的开始，"$"表示行的结尾，那么"^$"表示空行。如果只想筛选出非空行，则可以使用 grep –v "^$" filename 得到想要的结果，如图 14-55 所示。

（5）过滤任意字符与重复字符，如图 14-56 所示。

"."表示任意一个字符，上例中就是把符合 r 与 o 之间有两个任意字符的行过滤出来。

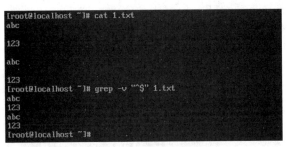

图 14-55　grep 过滤空行

```
[root@localhost ~]# grep 'r..o' /etc/passwd
operator:x:11:0:operator:/root:/sbin/nologin
gopher:x:13:30:gopher:/var/gopher:/sbin/nologin
vcsa:x:69:69:virtual console memory owner:/dev:/sbin/nologin
```

图 14-56　grep 过滤任意字符与重复字符

"*"表示 0 个或多个"*"前面的字符。grep 过滤重复字符，如"ooo*"表示 oo、ooo、oooo……，如图 14-57 所示。

```
[root@localhost ~]# grep 'ooo*' /etc/passwd
root:x:0:0:root,root,000,001:/root:/bin/bash
lp:x:4:7:lp:/var/spool/lpd:/sbin/nologin
mail:x:8:12:mail:/var/spool/mail:/sbin/nologin
uucp:x:10:14:uucp:/var/spool/uucp:/sbin/nologin
operator:x:11:0:operator:/root:/sbin/nologin
exim:x:93:93::/var/spool/exim:/sbin/nologin
```

图 14-57　grep 过滤重复字符

"*"表示 0 个或多个任意字符，空行也包含在内。grep 任意行匹配，如图 14-58 所示。

```
[root@localhost ~]# grep '.*' /etc/passwd |wc -l
26
[root@localhost ~]# wc -l /etc/passwd
26 /etc/passwd
```

图 14-58　grep 任意行匹配

（6）指定要过滤字符的出现次数，如图 14-59 所示。

```
[root@localhost ~]# grep 'o\{2\}' /etc/passwd
root:x:0:0:root,root,000,001:/root:/bin/bash
lp:x:4:7:lp:/var/spool/lpd:/sbin/nologin
mail:x:8:12:mail:/var/spool/mail:/sbin/nologin
uucp:x:10:14:uucp:/var/spool/uucp:/sbin/nologin
operator:x:11:0:operator:/root:/sbin/nologin
exim:x:93:93::/var/spool/exim:/sbin/nologin
```

图 14-59　按出现次数过滤

这里用到了"{ }"，其内部包含数字，表示前面的字符要重复的次数。图 14-59 中表示包含两个 o（即"oo"的行）。注意，"{ }"左右都需要加上转义字符"\"。另外，我们还可以使用"{ }"表示一个范围，具体格式是 \{$n1$,$n2$\}，表示重复 n1 到 n2 次前面的字符，其中 n1<n2，n2 还可以为空，表示大于或等于 n1 次。

除了 grep，egrep 也是经常使用的工具。简单来讲，后者是前者的扩展版。我们可以用 egrep 完成 grep 不能完成的工作，当然 grep 能完成的工作 egrep 完全可以完成。如果仅以日常工作来考虑，grep 已经足够能胜任了，了解 egrep 即可。下面介绍 egrep 不同于 grep 的几个用法。为了讲解方便，这里把 test.txt 编辑成如下内容。

```
rot:x:0:0:/rot:/bin/bash
operator:x:11:0:operator:/root:/sbin/nologin
operator:x:11:0:operator:/rooot:/sbin/nologin
roooot:x:0:0:/rooooot:/bin/bash
```

```
111111111111111111111111111111111
aaaaaaaaaaaaaaaaaaaaaaaaaaaaaaaaa
```

（1）筛选一个或一个以上"+"前面的字符，如图 14-60 所示。

图 14-60   egrep 重复通配符

与 grep 不同的是，egrep 使用的是"+"。

（2）筛选前面有一个或两个"0"的字符，如图 14-61 所示。

图 14-61   egrep 筛选前面有一个或两个"0"的字符

（3）筛选字符串 1 或者字符串 2。egrep 选择匹配，如图 14-62 所示。

图 14-62   egrep 选择匹配

中间的"|"表示或者，它在实际工作中较为常用。

（4）egrep 中"()"的应用。egrep 聚合字符过滤，如图 14-63 所示。

图 14-63   egrep 聚合字符过滤

用"()"表示一个整体，例如(oo)+就表示一个"oo"或者多个"oo"。egrep 多个聚合字符过滤，如图 14-64
所示。

图 14-64   egrep 多个聚合字符过滤

14.3.2   sed 工具的使用

grep 工具的功能其实还不够强大。grep 实现的只是查找功能，而不能替换查找的内容。用 Vim 既可以实
现查找，也可以实现替换，但是只局限于文件内部操作，而不能将替换的文本输出到屏幕上。sed 工具以及后

面要讲的 awk 工具就能实现把替换的文本输出到屏幕的功能，还有其他更丰富的功能。sed 和 awk 都是流式编辑器，它们是针对文档的行来操作的。

下面给出了几个 sed 工具用法的例子。

（1）输出某行用 sed –n '*n* p filename，其中单引号内的 *n* 是一个数字，它表示第几行。输出 test.txt 第 2 行的结果如图 14-65 所示。

```
[root@localhost ~]# sed -n '2'p test.txt
operator:x:11:0:operator:/root:/sbin/nologin
```

图 14-65　sed 输出单行

（2）输出多行，如输出第 2 行~第 4 行用 sed –n '2,4' p test.txt，若想输出整个文档用 sed –n '1,$' p test.txt，如图 14-66 所示。

```
[root@localhost ~]# sed -n '2,4'p test.txt
operator:x:11:0:operator:/root:/sbin/nologin
operator:x:11:0:operator:/rooot:/sbin/nologin
roooot:x:0:0:/roooot:/bin/bash
[root@localhost ~]# sed -n '1,$'p test.txt
rot:x:0:0:/rot:/bin/bash
operator:x:11:0:operator:/root:/sbin/nologin
operator:x:11:0:operator:/rooot:/sbin/nologin
roooot:x:0:0:/roooot:/bin/bash
11111111111111111111111111111
aaaaaaaaaaaaaaaaaaaaaaaaaaaaa
```

图 14-66　sed 输出多行和整个文档

（3）输出包含某个字符串的行，如图 14-67 所示。

```
[root@localhost ~]# sed -n '/root/'p test.txt
operator:x:11:0:operator:/root:/sbin/nologin
```

图 14-67　字符串过滤输出

grep 中使用的特殊字符（如 "^" "$" "." "*" 等）同样也能在 sed 中使用，如图 14-68 和图 14-69 所示。

```
[root@localhost ~]# sed -n '/^1/'p test.txt
11111111111111111111111111111
[root@localhost ~]# sed -n '/in$/'p test.txt
operator:x:11:0:operator:/root:/sbin/nologin
operator:x:11:0:operator:/rooot:/sbin/nologin
```

图 14-68　sed 首字符、尾字符过滤输出

```
[root@localhost ~]# sed -n '/r..o/'p test.txt
operator:x:11:0:operator:/root:/sbin/nologin
operator:x:11:0:operator:/rooot:/sbin/nologin
roooot:x:0:0:/roooot:/bin/bash
[root@localhost ~]# sed -n '/ooo*/'p test.txt
operator:x:11:0:operator:/root:/sbin/nologin
operator:x:11:0:operator:/rooot:/sbin/nologin
roooot:x:0:0:/roooot:/bin/bash
```

图 14-69　sed 单字符匹配

（4）sed –e 可以实现多功能输出，如图 14-70 所示。

```
[root@localhost ~]# sed -e '1'p  -e '/111/'p -n test.txt
rot:x:0:0:/rot:/bin/bash
11111111111111111111111111111
```

图 14-70　sed 多功能输出

（5）删除某行或者多行，如图 14-71 所示。

d 这个字符就表示删除。sed 不仅可以删除指定的单行或多行、删除匹配某个字符的行，还可以删除从某一行一直到文档末行的内容，如图 14-72 所示。

图 14-71　sed 删除行

图 14-72　sed 匹配删除

（6）替换字符或字符串，如图 14-73 所示。

图 14-73　sed 替换字符串

图 14-73 中的 s 表示替换，g 表示在本行中全局替换。如果不加 g，则替换本行中出现的第一个字符。除了可以使用"/"外，还可以使用其他特殊字符，例如"#"或者"@"。sed 特殊字符的使用如图 14-74 所示。

图 14-74　sed 特殊字符的使用

删除文档中的所有数字，如图 14-75 所示。

图 14-75　sed 删除所有数字

图 14-75 中的[0-9]表示任意的数字。这里也可以写成[a-zA-Z]（任意的字母），或者[0-9a-zA-Z]（任意的数字或字母），如图 14-76 所示，即分别表示删除任意字母、删除任意的数字或字母。

图 14-76　sed 删除所有字母及删除所有数字或字母

（7）调换两个字符串的位置，如图 14-77 所示。

图 14-77　sed 调换两个字符串的位置

图 14-77 中用"()"把想要替换的字符标注成一个整体，因为"()"在 sed 中属于特殊字符，所以需要在前面加转义字符"\"，并且在调换时需要写成\3\2\1 的形式。除了调换两个字符串的位置外，实际工作中还经常用到在某一行前或者某一行后增加指定内容，如图 14-78 所示。

图 14-78　sed 增加指定内容

（8）直接修改文件的内容。执行命令 sed -i 's/:/#/g' test.txt，这样就可以直接更改 test.txt 文件中的内容了。由于这个命令可以修改文件，所以用户在修改前，最好先复制文件以免改错。

14.3.3　awk 工具的使用

awk 工具比 sed 工具功能更加强大，它能做到 sed 能做到的，也能做到 sed 不能做到的。awk 工具其实是很复杂的，甚至有专门的书籍来介绍它的应用，但是本小节仅介绍比较常见的 awk 应用，以读者只要能解决日常管理工作中的问题为宗旨。

下面给出了几个 awk 工具用法的例子。

1. 截取文档中的某个字段、整行等

awk 截取文档内容，如图 14-79 所示。

图 14-79　awk 截取文档内容

-F 选项的作用是指定分隔符。如果不加-F，则以空格或者制表符为分隔符。

awk 输出字段，如图 14-80 所示。

图 14-80　awk 输出字段

print 为输出的动作，它用来输出某个字段。$1 为第一个字段，$2 为第二个字段，$3 为第三个字段，依此类推。有一个特殊的就是$0，它表示整行。awk 输出整行，如图 14-81 所示。

图 14-81　awk 输出整行

注意 awk 的格式，–F 后紧接单引号，然后里面为分隔符；print 的动作要用大括号标注，否则会报错。awk print 还可以输出自定义的内容，但是自定义的内容要用双引号标注，如图 14-82 所示。

图 14-82　awk 输出自定义内容

2. 匹配字符或字符串

awk 匹配字符串，如图 14-83 所示。

图 14-83　awk 匹配字符串

awk 与 sed 很类似，不过 awk 有比 sed 更强大的匹配功能。例如，awk 可以让某个段去匹配，这里的 "~" 就表示匹配，如图 14-84 所示。

图 14-84　awk 匹配段

awk 还可以多次匹配，如图 14-85 中匹配完 root，再匹配 test。另外，它还可以只输出所匹配的段，如图 14-86 所示。

```
[root@localhost ~]# awk -F':' '/root/ {print $3} /test/ {print $3}' test.txt
0
11
500
501
```

图 14-85　awk 多次匹配

```
[root@localhost ~]# awk -F':' '$1~/root/ {print $1}' test.txt
root
```

图 14-86　awk 只输出所匹配段

3. 条件运算符

awk 条件运算符的使用，如图 14-87 所示。

```
[root@localhost ~]# awk -F':' '$3=="0"' test.txt
root:x:0:0:root,root,000,001:/root/bin/bash
```

图 14-87　awk 条件运算符的使用

awk 命令中是可以用算术运算符进行判断的，例如 "=="就表示等于，也可理解为 "精确匹配"。另外，也有 ">"">="">""<="">!="等运算符。值得注意的是，awk 不会把$3 当作数字，而会认为它是字符。所以用户不要妄图将$3 作为数字并与数字做比较，如图 14-88 所示。

像图 14-88 中这样操作是得不到想要的效果的。这里只是字符与字符之间的比较，"$3"是大于"500"的。图 14-89 中用的是 "!="，即不等于。

awk 命令中关系运算符的用法，如图 14-90 所示。

此外，在 awk 命令中还可以使用 "&&" 和 "||"表示 "与" 和 "或"，如图 14-91 和图 14-92 所示。

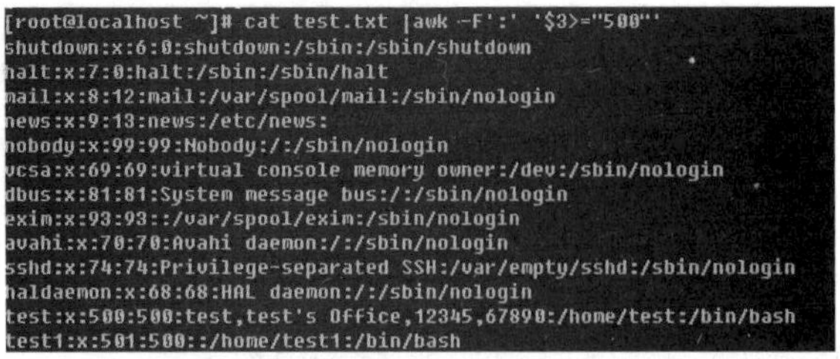

图 14-88　awk 错误比较

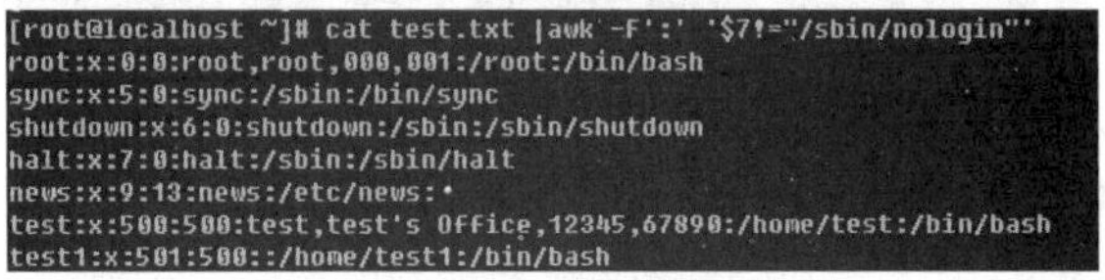

图 14-89　awk 不等于用法

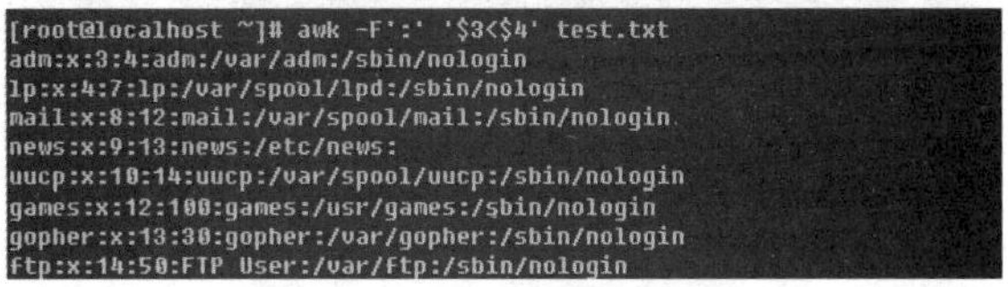

图 14-90　awk 比较符的用法

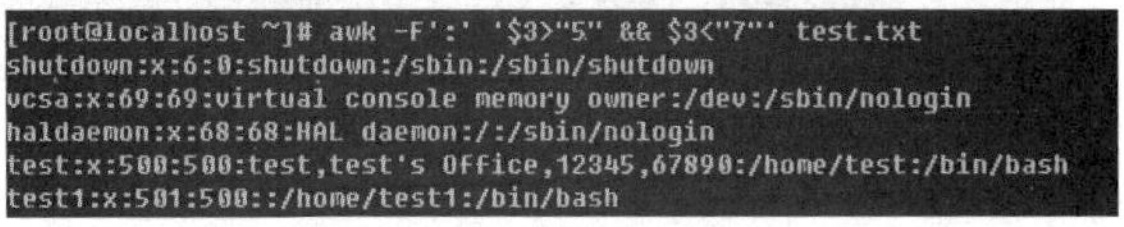

图 14-91　awk 与运算

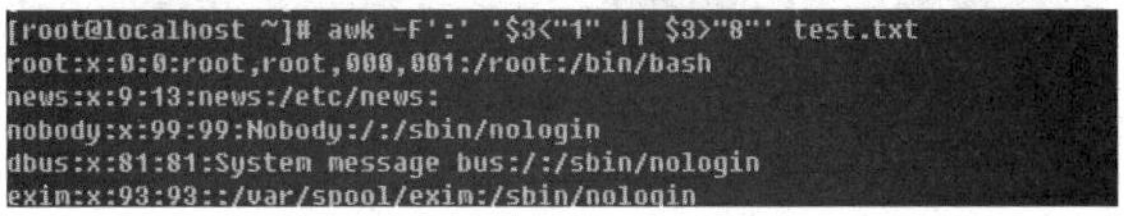

图 14-92　awk 或运算

4. awk 的内置变量

awk 常用的内置变量如下。

- NF：表示用分隔符分隔后的段数。
- NR：表示行数。

使用 awk 输出分隔后段数，如图 14-93 所示。

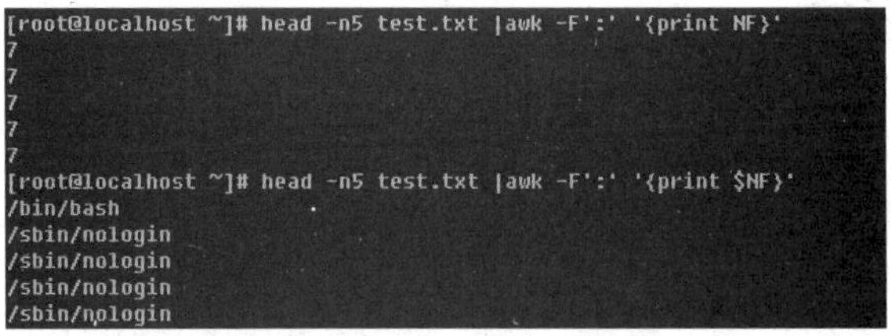

图 14-93　awk 分隔后段数

使用 awk 输出指定行，如图 14-94 所示。

```
[root@localhost ~]# awk 'NR>=20' test.txt
exim:x:93:93::/var/spool/exim:/sbin/nologin
avahi:x:70:70:Avahi daemon:/:/sbin/nologin
sshd:x:74:74:Privilege-separated SSH:/var/empty/sshd:/sbin/nologin
xfs:x:43:43:X Font Server:/etc/X11/fs:/sbin/nologin
haldaemon:x:68:68:HAL daemon:/:/sbin/nologin
test:x:500:500:test,test's Office,12345,67890:/home/test:/bin/bash
test1:x:501:500::/home/test1:/bin/bash
apache:x:48:48:Apache:/var/www:/sbin/nologin
```

图 14-94　awk 输出指定行

使用 NR 与其他条件联合的方式输出指定行，如图 14-95 所示。

```
[root@localhost ~]# awk -F':' 'NR>=20 && $1~/ssh/' test.txt
sshd:x:74:74:Privilege-separated SSH:/var/empty/sshd:/sbin/nologin
```

图 14-95　awk 条件输出

5. awk 中的数学运算

awk 数学运算，如图 14-96 所示。

```
[root@localhost ~]# head -n 5 test.txt |awk -F':' '$1="root"'
root x 0 0 root,root,000,001 /root /bin/bash
root x 1 1 bin /bin /sbin/nologin
root x 2 2 daemon /sbin /sbin/nologin
root x 3 4 adm /var/adm /sbin/nologin
root x 4 7 lp /var/spool/lpd /sbin/nologin
```

图 14-96　awk 数学运算

awk 的强大还体现在它能把某个段替换成指定的字符串，如图 14-97 所示。

```
[root@localhost ~]# head -n 2 test.txt |awk -F':' '{$7=$3+$4; print $3,$4,$7}'
0 0 0
1 1 2
```

图 14-97　awk 替换段为字符串

当然还可以计算某个段的数字总和，如图 14-98 所示。如果这个段是字符则总和为 0。

```
[root@localhost ~]# cat test.txt |awk -F':' '{(tot+=$3)};END {print tot}'
1767
```

图 14-98　awk 计算某个段的数字总和

这里要注意 END 表示所有的行都已经执行，这是 awk 特有的语法。其实 awk 连同 sed 都可以写成一个脚本文件，而且它们具有独特的语法。在 awk 中使用 if 判断、for 循环都是可以的，只是我们日常管理工作中没有必要使用那么复杂的语句。awk 和 if 判断构成的命令及结果如图 14-99 所示。注意这里 "()" 的使用。

```
[root@localhost ~]# awk -F':' '{if ($1=="root") print $0}' test.txt
root:x:0:0:root,root,000,001:/root:/bin/bash
```

图 14-99　awk 和 if 判断构成的命令及结果

14.4　Shell 脚本

本节中我们学习 Shell 脚本。因为其运行在 Linux 的 Shell 中，所以我们称之为 Shell 脚本。通俗地说，Shell 脚本就是一些命令的集合。举个例子，假设想实现如下操作：（1）进入/tmp/目录；（2）列出当前目录下所有的文件名；（3）把当前的所有文件复制到/root/目录下；（4）删除当前目录下所有的文件。这简单的 4 步操作在 Shell 窗口中需要输入 4 次命令，按 4 次 Enter 键，这样显得很麻烦。如果是几十次甚至更多步操作，一次一次地敲键盘会更麻烦。所以不妨把所有的操作都记录到一个文档中，然后调用文档中的命令，这样操作就可以完成同样的操作目标。其实这个文档就是 Shell 脚本，只是 Shell 脚本有它特殊的格式。

Shell 脚本能帮助我们很方便地管理服务器，这是因为我们可以指定一个任务定时执行某个 Shell 脚本。如今的电子邮件服务很好用，其发邮件的同时还可以发一条短信给用户。利用这点，我们就可以在 Linux 服务器上部署监控的 Shell 脚本，例如，网卡流量有异常或者 Web 服务器停止，系统就可以自动发一封邮件给管理员，同时给管理员发送一条报警短信，这样可以让管理员及时地知道服务器出问题了。

有一个规则需要约定，即凡是自定义的脚本建议放到/usr/local/sbin/目录或其他特定目录下。这样做，一来可以更好地管理文档，二来以后接管的管理员可以知道自定义脚本放在哪里，便于维护。

14.4.1 Shell 脚本的基本结构

Shell 脚本样例如图 14-100 所示。

图 14-100　Shell 脚本样例

Shell 脚本通常都是以.sh 为扩展名的，但并不是说不带.sh 扩展名，这个脚本就不能执行。带.sh 扩展名与否，这只是大家的一个习惯而已。test.sh 中第一行一定是 "#!/bin/bash"，代表该文件使用的是 BASH 语法。如果不设置该行，那么 Shell 脚本不能被执行。"#"表示注释，其后面接一些该脚本的相关注释内容，如作者、创建日期或者版本等。当然这些注释并非是必需的，可以省略，但是笔者不建议省略。因为随着工作时间的增加，编写的 Shell 脚本也会越来越多，相关人员如果有一天查看某个脚本，很有可能忘记该脚本是用来干什么的以及是什么时候写的，所以添加注释是有必要的。

另外，系统管理员也可能不止一个，其他管理员如果查看脚本，接下来可能需要执行脚本，如图 14-101 所示。

图 14-101　执行脚本

由图 14-101 可以看到，Shell 脚本的执行很简单，直接使用 sh filename 语法格式即可。

此外，还可以修改脚本的权限再执行，如图 14-102 所示。

图 14-102　修改脚本权限

默认用 Vim 编辑的文档是不带执行权限的，所以需要加一个执行权限，这样就可以直接使用./filename 执行脚本了。使用 sh 命令执行 Shell 脚本的时候是可以使用-x 选项来查看脚本执行过程的，这样有利于我们调试脚本。执行命令 sh-x test.sh 查看脚本执行过程，如图 14-103 所示。

图 14-103　查看脚本执行过程

该 Shell 脚本中用到了 date 命令，它的作用就是输出当前系统时间（见图 14-104）。其实，在 Shell 脚本中 date 命令的使用率非常高，它有以下几个选项经常在 Shell 脚本中用到。

```
[root@localhost ]# date "+%Y%m%d %H:%M:%S"
20220109 05:42:26
```

图 14-104　显示当前系统时间

%Y 和%y 表示年，%m 表示月，%d 表示日期，%H 表示小时，%M 表示分钟，%S 表示秒。注意，%y 用 2 位表示年，例如 2022 年表示为 22，而%Y 用 4 位表示年，2022 年就表示为 2022，系统日期相关格式的显示如图 14-105 所示。

```
[root@localhost ]# date "+%Y%m%d"
20220109
```

图 14-105　系统日期格式

-d 选项也是经常要用到的，它可以输出 *n* 天前或者 *n* 天后的日期（参见图 14-106），当然也可以输出 *n* 个月/年前或者 *n* 月/年后的日期，如图 14-107 所示。

```
[root@localhost ]# date -d "-1 day" "+%Y%m%d"
20220108
[root@localhost ]# date -d "+1 day" "+%Y%m%d"
20220110
```

图 14-106　输出 1 天前和 1 天后的日期

```
[root@localhost ]# date -d "-1 month" "+%Y%m%d"
20211209
[root@localhost ]# date -d "-1 year" "+%Y%m%d"
20210109
```

图 14-107　输出指定日期

另外，星期格式也是常用的，星期格式的显示如图 14-108 所示。

```
[root@localhost ~]# date +%w
5
```

图 14-108　星期格式

14.4.2　Shell 脚本中的变量

如果一个长达 1000 行的 Shell 脚本中某一条命令或者路径出现了几百次，那么更改命令或路径就需要更改几百次。虽然我们可以使用批量替换的命令，但也很麻烦，并且脚本显得很臃肿。Shell 脚本中的变量就是用来解决这个问题的，图 14-109 给出了一个脚本变量的样例。

```
[root@localhost ]# cat test2.sh
#!/bin/bash

d=`date +%H:%M:%S`
echo "the script begin at $d"
echo "now we will sleep 2 seconds."
sleep 2
d1=`date +%H:%M:%S`
echo "the script end at $d1"
```

图 14-109　脚本变量样例

图 14-109 中，test2.sh 文件中使用了反引号，d 和 d1 在脚本中为变量，定义变量的格式为"变量名=变量的值"。当在脚本中引用变量时需要加上"$"，这一点与前面在 Shell 中自定义变量是一致的。带变量脚本的运行结果，如图 14-110 所示。

```
[root@localhost ]# sh test2.sh
the script begin at 06:33:09
now we will sleep 2 seconds.
the script end at 06:33:11
```

图 14-110　带变量脚本的运行结果

下面我们用 Shell 计算两个数的和，如图 14-111 所示。

图 14-111　求和脚本

图 14-111 中数学计算要用"[ ]"标注且在"[ ]"外部要带一个"$"。脚本运行结果如图 14-112 所示。

图 14-112　运行求和脚本

Shell 脚本还可以与用户交互，如运行时输入变量值，如图 14-113 所示。

图 14-113　运行时输入变量值

这时就用到了 read 命令，它可以从标准输入获得变量的值，格式为其后面接变量名，如 read x 表示 x 变量的值需要用户通过键盘输入得到。输入变量值运行过程如图 14-114 所示。

图 14-114　输入变量值运行过程

我们加上-x 选项，再来看看这个脚本的运行过程，如图 14-115 所示。

图 14-115　查看带-x 选项的脚本运行过程

在 test5.sh 中还有更加简洁的方式，编辑、查看脚本的内容如图 14-116 所示。

图 14-116　编辑、查看脚本的内容

图 14-116 中 read -p 类似于 echo。脚本运行结果如图 14-117 所示。

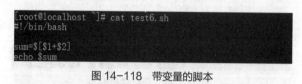

图 14-117　带 read -p 脚本的运行过程

有时候，使用 Linux 会用到这样的命令：/etc/init.d/iptables restart。其中，/etc/init.d/iptables 文件其实就是一个 Shell 脚本；restart 就是 Shell 脚本的预设变量。实际上，Shell 脚本在运行的时候是可以接变量的，并且还可以接多个。图 14-118 给出了一个带变量的脚本，图 14-119 中运行了这个脚本，并且在运行时携带了变量。

```
[root@localhost ~]# cat test6.sh
#!/bin/bash

sum=$[$1+$2]
echo $sum
```

图 14-118　带变量的脚本

```
[root@localhost ~]# sh -x test6.sh 1 2
+ sum=3
+ echo 3
```

图 14-119　运行脚本时带变量

从图 14-118 中$1 和$2 就是 Shell 脚本的预设变量，其中$1 的值就是在运行脚本时输入的 1，而$2 的值就是在运行脚本时输入的 2。当然，一个 Shell 脚本的预设变量是没有限制的。另外还有一个$0，它代表脚本本身的名称。把 test6.sh 脚本修改一下，如图 14-120 所示。

```
[root@localhost ~]# cat test6.sh
#!/bin/bash

echo "$0 $1 $2"
```

图 14-120　带$n 的脚本

脚本运行结果如图 14-121 所示。

```
[root@localhost ~]# sh test6.sh 1 2
test6.sh 1 2
```

图 14-121　运行带$n 的脚本

14.4.3　Shell 脚本中的逻辑判断

如果读者学过 C 语言或者其他语言，相信读者对 if 判断不会感到陌生。在 Shell 脚本中，我们同样可以使用 if 判断。下面介绍 Shell 脚本中 if 判断的基本语法。

1. 不带 else 的 if 判断

不带 else 的 if 判断语法格式如下：

```
if 判断语句; then
    command
fi
```

带 else 的 if 判断脚本如图 14-122 所示。

```
[root@localhost ~]# cat if1.sh
#!/bin/bash

read -p "Please input your scores: " a
if ((a<60)) ; then
    echo "You didn't pass the exam."
fi
```

图 14-122　不带 else 的 if 判断脚本

在图 14-122 的 if1.sh 文件中出现了 "((a<60))" 这样的形式，该形式是 Shell 脚本中特有的格式（只用一个小括号或者不用都会出错），请读者记住这个格式。脚本运行结果如图 14-123 所示。

图 14-123　运行不带 else 的 if 判断脚本

2. 带有 else 的 if 判断

带有 else 的 if 判断（二分支判断）语法格式如下：

```
if 判断语句; then
    command
else
    command
fi
```

带有 else 的 if 判断脚本如图 14-124 所示。

图 14-124　二分支判断脚本

脚本运行结果如图 14-125 所示。

图 14-125　运行二分支判断脚本

3. 带有 elif 的 if 判断

带有 elif 的 if 判断（多分支判断）语法格式如下：

```
if 判断语句一; then
    command
elif 判断语句二; then
    command
else
    command
fi
```

带有 elif 的 if 判断脚本如图 14-126 所示。

图 14-126　多分支判断脚本

这里的 "&&" 表示 "并且"，当然也可以使用 "||" 表示 "或者"。脚本运行结果如图 14-127 所示。

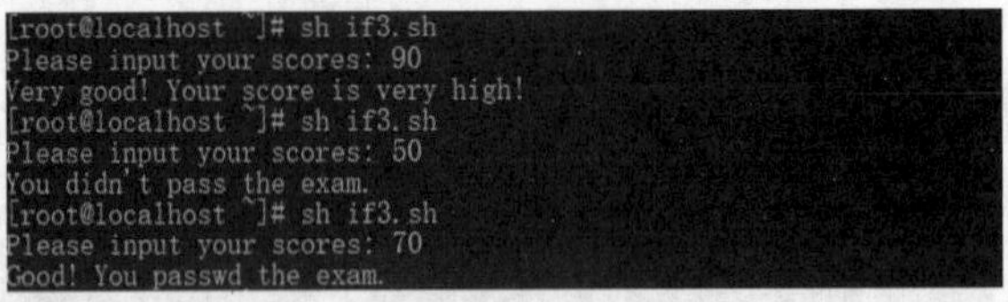

```
[root@localhost ~]# sh if3.sh
Please input your scores: 90
Very good! Your score is very high!
[root@localhost ~]# sh if3.sh
Please input your scores: 50
You didn't pass the exam.
[root@localhost ~]# sh if3.sh
Please input your scores: 70
Good! You passwd the exam.
```

图 14-127　运行多分支判断脚本

前文只简单地介绍了 if 判断的结构。判断数值大小时除了可以用“(())”的形式外，还可以使用“[]”，但是就不能使用“>”“<”“=”这样的符号了，而是要使用-lt（小于）、-gt（大于）、-le（不大于）、-ge（不小于）、-eq（等于）、-ne（不等于）。在判断语句中比较大小如图 14-128 所示。

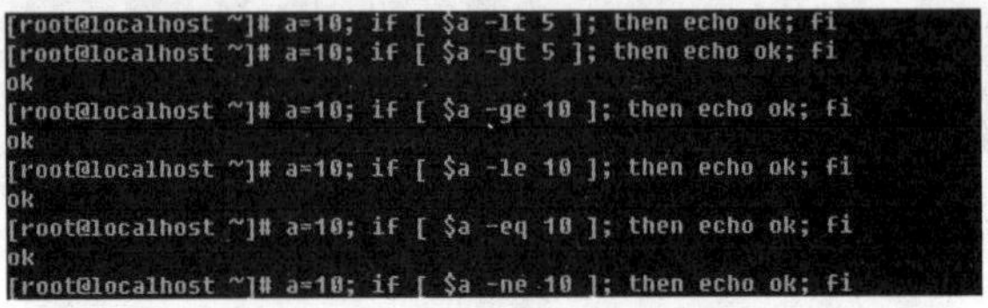

```
[root@localhost ~]# a=10; if [ $a -lt 5 ]; then echo ok; fi
[root@localhost ~]# a=10; if [ $a -gt 5 ]; then echo ok; fi
ok
[root@localhost ~]# a=10; if [ $a -ge 10 ]; then echo ok; fi
ok
[root@localhost ~]# a=10; if [ $a -le 10 ]; then echo ok; fi
ok
[root@localhost ~]# a=10; if [ $a -eq 10 ]; then echo ok; fi
ok
[root@localhost ~]# a=10; if [ $a -ne 10 ]; then echo ok; fi
```

图 14-128　在判断语句中比较大小

再看看 if 判断中使用“&&”和“||”的情况。判断语句中带逻辑符如图 14-129 所示。

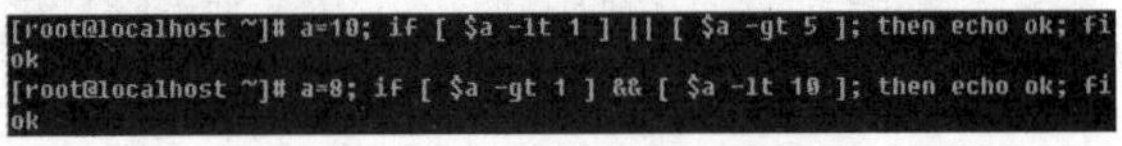

```
[root@localhost ~]# a=10; if [ $a -lt 1 ] || [ $a -gt 5 ]; then echo ok; fi
ok
[root@localhost ~]# a=8; if [ $a -gt 1 ] && [ $a -lt 10 ]; then echo ok; fi
ok
```

图 14-129　判断语句中带逻辑符

Shell 脚本中 if 判断还经常用于判断文件属性，例如判断是普通文件还是目录，以及判断对文件是否有读、写、执行权限等。常用的几个选项如下。

- -e：判断文件或目录是否存在。
- -d：判断是否是目录，以及是否存在。
- -f：判断是否是普通文件，以及是否存在。
- -r：判断对文件是否有读权限。
- -w：判断对文件是否有写权限。
- -x：判断对文件是否有执行权限。

使用 if 判断文件属性的具体语法格式为：if [-e filename] ; then。常用判断选项示例如图 14-130 所示。

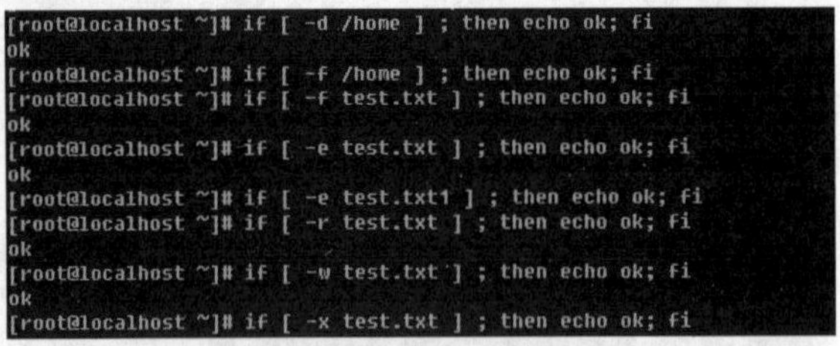

```
[root@localhost ~]# if [ -d /home ] ; then echo ok; fi
ok
[root@localhost ~]# if [ -f /home ] ; then echo ok; fi
[root@localhost ~]# if [ -f test.txt ] ; then echo ok; fi
ok
[root@localhost ~]# if [ -e test.txt ] ; then echo ok; fi
ok
[root@localhost ~]# if [ -e test.txt1 ] ; then echo ok; fi
[root@localhost ~]# if [ -r test.txt ] ; then echo ok; fi
ok
[root@localhost ~]# if [ -w test.txt ] ; then echo ok; fi
ok
[root@localhost ~]# if [ -x test.txt ] ; then echo ok; fi
```

图 14-130　常用判断选项示例

在 Shell 脚本中，除了用 if 判断来判断逻辑外，还有一种常用的方式就是 case 判断。其具体语法格式如下。

```
case 变量 in
value1)
    command
```

```
;;
value2)
    command
;;
value3)
    command
;;
*)
    command
;;
esac
```

上面的 case 判断结构中不限制 value 的个数，"*"代表除了前面 value 1、value 2、value 3 以外的其他值。判断输入数值是奇数或者是偶数的脚本如图 14-131 所示。

图 14-131　判断奇偶数的脚本

图 14-131 中$a 的值或为 1、或为 0，脚本运行结果如图 14-132 所示。

图 14-132　运行判断奇偶数的脚本

我们也可以加上-x 选项来查看脚本运行过程，如图 14-133 所示。

图 14-133　查看加-x 选项的脚本运行过程

case 判断常用于编写系统服务的启动脚本，例如/etc/init.d/iptables 中就用到了 case 判断。

14.4.4　Shell 脚本中的循环

尽管 Shell 脚本语言算是一门简易的编程语言，但循环仍是其不可或缺的一部分。Shell 脚本常用到的循环有 for 循环和 while 循环，下面就分别介绍这两种循环的结构。

带 for 循环的脚本如图 14-134 所示。

图 14-134　带 for 循环的脚本

图 14-134 脚本中的“seq 1 5”表示从 1 到 5 的一个序列。直接运行这个脚本，运行结果如图 14-135 所示。

[root@localhost ~]# sh for.sh
1
2
3
4
5

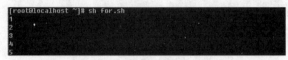

图 14-135　运行带 for 循环的脚本

通过图 14-134 脚本就可以得知 for 循环的语法格式如下：

```
for 变量名 in 循环条件; do
    command
done
```

循环语句中也可以写成中间用空格隔开的形式来枚举循环条件，如图 14-136 所示。

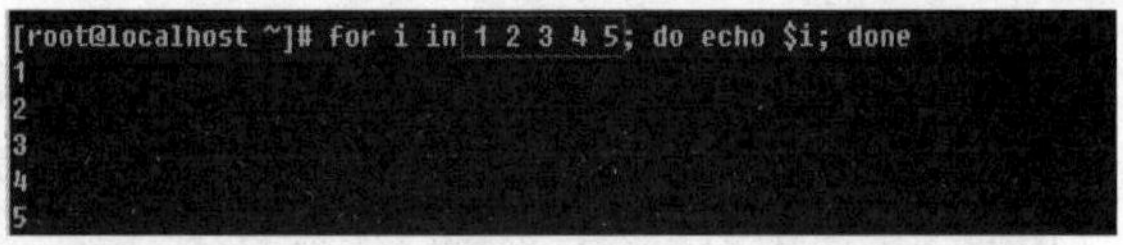
[root@localhost ~]# for i in 1 2 3 4 5; do echo $i; done
1
2
3
4
5

图 14-136　for 循环的枚举用法

此外，读者可以尝试运行下列两种写法。

```
for i in' ls'; do
    echo $i;
done
```

和

```
for i in 'cat test.txt'; do
    echo $i;
done
```

带 while 循环的脚本如图 14-137 所示。

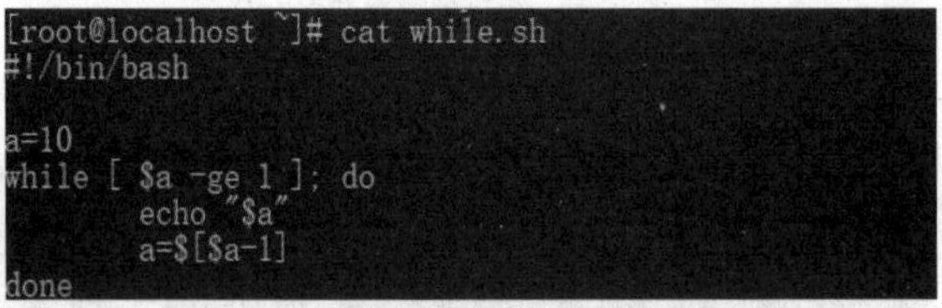
[root@localhost ~]# cat while.sh
#!/bin/bash

a=10
while [$a -ge 1]; do
echo "$a"
a=$[$a-1]
done

图 14-137　带 while 循环的脚本

通过图 14-137 脚本可以得知 while 循环的语法格式如下：

```
while 循环条件; do
    command
done
```

运行带 while 循环的脚本，运行结果如图 14-138 所示。

[root@localhost ~]# sh while.sh
10
9
8
7
6
5
4
3
2
1

图 14-138　运行带 while 循环的脚本

另外，while 循环还可以把循环条件忽略掉，其语法格式如下：

```
while :; do
    command
done
```

14.4.5 Shell 脚本中的函数

读者如果学过软件开发，肯定知道函数的作用。其原理是把一段代码整理到一个小单元中，并给这个小单元起一个名称，用到函数时直接调用函数的名称即可。有时候，脚本中的某段代码总被重复使用，我们如果将其写成函数，每次使用时直接用函数名即可。这样不仅可以节省编码时间，还可以节省内存空间。带函数的脚本如图 14-139 所示。

```
[root@localhost ~]# cat fun.sh
#!/bin/bash

function sum() {
        sum=$[$1+$2]
        echo $sum
}

sum $1 $2
```

图 14-139 带函数的脚本

图 14-139 中 fun.sh 文件的 sum()为自定义的函数。在 Shell 脚本中要用如下语法格式定义函数。

```
function 函数名() {
    command
}
```

运行带函数的脚本，运行结果如图 14-140 所示。

```
[root@localhost ~]# sh fun.sh 1 4
5
```

图 14-140 运行带函数的脚本

有一点需要注意的是，Shell 脚本中函数一定要写在最前面，不能出现在中间或者最后。这是因为函数是要被调用的，如果前面还没有出现就被调用，肯定是会出错的。

本章小结

在 Linux 下，很多工作通过脚本来完成会非常方便。毕竟，Linux 提供了强大的命令行功能，而 Shell 又语法简洁、学习成本低，Shell 脚本还可以在 C 程序里被调用。想精通系统管理的人了解 Shell 脚本的工作机制是必要的，即使他们从来没打算编写一个脚本。Linux 系统在启动的时候会运行/etc/rc.d 目录下启动级别的脚本来恢复系统配置，并对各种系统服务进行设置。读者理解这些启动级别脚本的细节对分析和修改系统的动作是很有帮助的。

思考与练习

一、填空题

1. Shell 是用户与 Linux 内核之间的_____。

2. 常见的 Linux 发行版（如 RHEL、CentOS 等）默认安装的 Shell 叫作_____，它是 Bourne Shell 的增强版本。

3. 正则表达式是指一个可用来描述或者匹配一系列符合某个句法规则的_____。

4. 在 Linux 中，变量被存储在了_____、/etc/bashrc、~/.bash_profile、_____等文件中。

二、编程题

1. 求 1+2+3+…+100 的和。

2. 在根目录下有 m1.txt、m2.txt、m3.txt、m4.txt 这 4 个文件，现要求用 Shell 编程实现自动创建 m1、m2、m3、m4 这 4 个目录，并将 m1.txt～m4.txt 这 4 个文件分别复制到相应的目录下。

3. 批量创建 100 个用户，用户名为班级+学号；每个班为一个用户组，每成功创建一个用户则在屏幕上显示用户名。

4. 创建目录，目录名为 dir1、dir2、…、dir10，然后在每个目录下分别新建 10 个文本文件，文件名为目录名+file1～目录名+file10；设置每个文件的权限，文件所有者权限为读+写+执行，同组用户权限为读+执行，其他用户权限为读+执行。

5. 按照以下运行结果编写 Shell 脚本。

```
0
101
21012
3210123
432101234
54321012345
6543210123456
765432101234567
87654321012345678
9876543210123456789
```

6. 逆序输出一个字符串。

7. 显示当前的日期和时间。

8. 通过 ping 命令测试 192.168.0.151～192.168.0.254 的所有主机是否在线。如果在线，则显示"ip is up"；否则显示"ip is down"。

第15章

Linux下的软件开发环境配置

作为软件开发人员，可能会在 Linux 系统进行软件开发，那么就需要进行软件开发环境的配置。本章主要介绍 Linux 环境下的 Java 开发环境配置和 C/C++开发环境配置。

15.1　Java 开发环境配置

Java 是由 Sun Microsystems 公司推出的 Java 面向对象程序设计语言（简称 Java 语言）和 Java 平台的总称。Java 最初被称为 Oak，它是 1991 年为消费类电子产品的嵌入式芯片而设计的；其由 James Gosling 和同事们共同研发，并在 1995 年正式推出；1995 年更名为 Java，并重新设计用于开发 Internet 应用程序。用 Java 实现的 HotJava 浏览器（支持 Java Applet）显示了 Java 的魅力：跨平台、动态 Web、Internet 计算。从此，Java 被广泛接受并推动了 Web 的迅速发展，常用的浏览器均支持 Java Applet。另外，Java 技术也在不断更新。Java 自面世后就非常流行，发展迅速，对 C++语言形成了有力冲击。在全球云计算和移动互联网的产业环境下，Java 具备显著优势和广阔前景。2010 年，Oracle 公司收购 Sun Microsystems 公司。

Sun Microsystems 公司在推出 Java 之际就将其作为一种开放的技术。全球数以万计的 Java 软件开发公司被要求所设计的 Java 软件必须相互兼容。"Java 语言靠群体的力量而非公司的力量"是 Sun Microsystems 公司的口号之一，并获得了广大软件开发公司的认同。

Sun Microsystems 公司对 Java 语言的解释：Java 语言是简单、面向对象、分布式、解释性、健壮性、安全性、与系统无关、可移植性、高性能、多线程和静态的语言。

Java 平台是基于 Java 语言的平台，这样的平台目前非常流行。Java 是功能完善的通用面向对象程序设计语言，它可以用来开发可靠的、要求严格的应用程序。

15.1.1　JDK 的安装

从 Oracle 官网可以下载 Java 及其相应的开发工具，本书将使用 Eclipse 作为开发平台，故只需下载 Java SE 的 JDK（不含 Java 或 NetBeans）。JDK 中已经包含 JRE，因此也不必单独下载 JRE。下载时选择一个稳定的版本（如 JDK 8 Update 65），下面讲述的是下载并安装 JDK 8.0 的步骤。单击【JDK 8 Update 65】的下载链接后，选择 Linux 操作系统平台，并且要同意 JDK 的用户许可协议，Linux 操作系统的下载页面中有两个选择，即非 RPM 格式和 RPM 格式，前者用于一般的 Linux 操作系统，后者用于支持 RPM 格式安装程序的 Linux，如 RHEL。本书使用 RHEL 7，因此下载文件 jdk-8u65-linux-x64.rpm（这是一个 RPM 文件，我们可以用 rpm 命令按正常方式安装）。一般来说，双击该文件，或者在终端中运行该文件都能实现安装（注意：如果该文件没有执行权限，必须为其设置执行权限），例如在终端中的运行过程如下。

```
[root@localhost ~]# rpm -ivh jdk-8u65-linux-x64.rpm
```

在阅读完使用许可协议后，回答"yes"，Java 会被安装到默认的/usr/目录下。

```
/usr/java/jdk1.8.0_65
```

通过命令 java –version 和命令 javac –version 可以证实 Java 已成功安装。

安装结束后还需要配置/etc/profile 文件，在其中主要是设置 PATH 和 CLASSPATH。设置方法是用文本编辑器（Vi 或图形化的工具）在/etc/profile 文件的最后加入以下内容。

```
export JAVA_HOME=/usr/java/jdk1.8.0_65
export CLASSPATH=$JAVA_HOME/lib:$JAVA_HOME/lib/dt.jar:$JAVA_HOME/lib/tools.jar
export PATH=$PATH:$JAVA_HOME/bin
```

等号前后不能有空格，配置后需要注销用户并重新登录（不必重启）。

许多 Linux 发行版在安装时已经默认安装了 Java，例如 RHEL 7 默认安装了 Java 1.7.2，这样会给后面将要安装的软件带来版本不兼容问题。这是因为后面将要安装的 Eclipse 和 Tomcat 都需要 Java 1.8 及 Java 1.8

以上的版本，而默认安装的 Java 版本并不能被系统正确识别。

这时需要使用 update-alternatives 命令在两个 Java 版本中选择一个作为当前的默认 Java。

```
update-alternatives --install /usr/bin/java java /usr/java/jdk1.8.0_65/jre/bin/java 1500 \
--slave /usr/share/man/man1/java.1.gz \
java.1.gz /usr/java/jdk1.8.0_65/man/man1/java.1
```

其中，第一行末尾的反斜线"\"表示下面的一行是续行，这3行为一条命令，"1500"表示优先级。

设置以后，我们可以用命令 update-alternatives --display java 查看所有 Java 的版本，用命令 update-alternatives --config java 选择当前使用的版本。如果没有手动选择，系统自动选择优先级高的版本。

 要查看 Linux 命令的使用说明可以使用 man 工具，如查看 chmod 的用法，便可以在命令行输入以下命令。输入命令后，用上、下方向键来浏览，按 Q 键退出。

```
man chmod
```

15.1.2　Tomcat 的安装

Tomcat 是 Apache 软件基金会（Apache Software Foundation）的 Jakarta 项目中的一个核心项目，它由 Apache、Sun Microsystems 和其他一些公司及个人共同开发而成。由于 Sun Microsystems 公司的参与和支持，最新的 Servlet 和 JSP 规范总能在 Tomcat 中得到体现。Tomcat 技术先进、性能稳定，而且免费，因而它深受 Java 爱好者的喜爱并得到了部分软件开发公司的认可，故成为目前比较流行的 Web 服务器。

Tomcat 服务器是一个开放源代码的 Web 服务器，属于轻量级应用服务器，在小、中型系统和并发访问用户不是很多的场合下被普遍使用，它是开发和调试 JSP 程序的首选。初学者可以这样认为，在一台机器上配置好 Apache 服务器，便可以利用它响应 HTML（标准通用标记语言下的一个应用）页面的访问请求。

Java 应用程序的运行首先必须要有 JRE 的支持。如果是基于 Web 的应用，则还需要 Web 容器（Web 服务器）的支持。

从 Tomcat 官方网站下载 Tomcat 6.0，选择下载.tar.gz 文件，文件名是 apache-tomcat-6.0.16.tar.gz。

将文件解压缩并移到/usr/local/目录下，将目录名改为 tomcat6。

```
[root@localhost java]# tar zxvf apache-tomcat-6.0.16.tar.gz
[root@localhost java]# mv apache-tomcat-6.0.16 /usr/local/tomcat6
```

Tomcat 安装完成。这时可以使用命令/usr/local/tomcat6/startup.sh 启动 Tomcat，用命令/usr/local/tomcat6/shutdown.sh 关闭 Tomcat。

启动 Tomcat 后，我们可以在浏览器中访问 http://localhost:8080/来测试 Tomcat 是否能正常运行。如果能正常运行，这时应该能看到 Tomcat 默认主页，如图 15-1 所示。

图 15-1　Tomcat 默认主页

如果想在系统启动时自动启动 Tomcat，则需要再做以下一些配置。

（1）创建启动文件 tomcat，保存在/etc/rc.d/init.d 目录下。

具体命令如下：

```
# !/bin/sh

# chkconfig: 345 88 14
# description: tomcat

export JAVA_HOME=/usr/java/jdk1.8.0_65
# set tomcat directory
export CATALINA_HOME=/usr/local/tomcat5_80

case "$1" in
start)
    echo "Starting down Tomcat..."
    $CATALINA_HOME/bin/startup.sh
;;
stop)
    echo "Shutting down Tomcat..."
    $CATALINA_HOME/bin/shutdown.sh
    sleep 2
;;
status)
    ps ax --width=1000 | grep "[o]rg.apache.catalina.startup.Bootstrap start" \
    | awk '{printf $1 ""}' | wc | awk '{print $2}' > /tmp/tomcat_process_count.txt
    read line < /tmp/tomcat_process_count.txt
    if [ $line -gt 0 ]; then
        echo -n "tomcat ( pid "
        ps ax --width=1000 | grep "org.apache.catalina.startup.Bootstrap start" | awk
        '{printf $1 ""}'
        echo -n ") is running..."
        echo
    else
        echo "Tomcat is stopped"
    fi
;;
*)
    echo "Usage: $1 {start|stop}"
;;
esac
    exit 0
```

其中以下两行必须要出现在文件中。

\# chkconfig: 345 88 14：表示该脚本应该在运行级别 3、4、5 启动，启动优先级为 88，停止优先级为 14。

\# description: Tomcat Daemon：不能没有说明。

（2）配置文件 tomcat 为可执行文件。

具体命令如下：

```
chmod 755 /etc/rc.d/init.d/tomcat
```

（3）测试 Tomcat 可正常启动。

具体命令如下：

```
service tomcat start
servive tomcat stop
```

（4）将 tomcat 文件加入系统服务，以便可自动启动。

具体命令如下：

```
cd /etc/rc.d/init.d/
chkconfig --add tomcat
```

此时，还可以在 Tomcat 中对 tomcat 文件进行管理。

15.1.3　MyEclipse 的安装

MyEclipse 原本是 Eclipse 的一个插件。随着时代发展，MyEclipse 逐渐变得功能强大，MyEclipse 6.5 版本之后就集成了 Eclipse，所以现在安装 MyEclipse 就可以使用 Eclipse 的全部功能。

在 Eclipse 官网下载 MyEclipse 文件到本地，然后直接运行安装，如图 15-2 所示。

图 15-2　开始安装 MyEclipse

按照图 15-2 左侧安装配置步骤进行设置，最终完成 MyEclipse 安装，如图 15-3 所示。

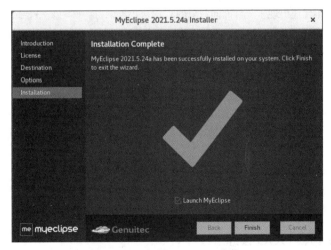

图 15-3　完成 MyEclipse 安装

完成安装后，打开 MyEclipse 主界面，如图 15-4 所示。

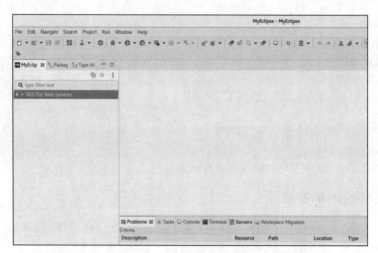

图 15-4　MyEclipse 的主界面

15.2　C/C++开发环境配置

C 语言是一种在早期 UNIX 操作系统就被广泛使用的通用程序设计语言。它最早是由贝尔实验室的 Dennis Ritchie 为了 UNIX 的辅助开发而编写的（开始时，UNIX 是用汇编语言和 B 语言编写的）。从那时候起，C 语言就成了使用广泛的计算机语言之一。

C 语言能在程序设计领域里得到如此广泛支持的原因如下。

（1）C 语言是一种非常通用的语言。几乎你所能想到的任何一种计算机上都有至少一种能用的 C 编译器；并且 C 语言的语法和函数库在不同的平台上都是统一的，这个特性对开发者来说很有吸引力。

（2）用 C 语言编写的程序，其执行速度很快。

（3）C 语言是所有版本 UNIX 系统支持的语言。

C 语言在过去的几十年中有了很大的发展。20 世纪 80 年代末期，美国国家标准协会（American National Standards Institute，ANSI）发布了一个被称为 ANSI C 的 C 语言标准，它保证了将来在不同平台上的 C 语言的一致性。20 世纪 80 年代还出现了一种面向对象的 C 语言扩展语言，称为 C++语言。

Linux 上可用的 C 编译器是 GNU 编译器，它建立在自由软件基金会的编程许可证基础上，因此可以自由发布。

15.2.1　GCC

随 Slackware 发行的 GNU 编译器（GCC）是一个全功能的 ANSI C 兼容编译器。如果熟悉其他操作系统或硬件平台上的一种 C 编译器，你将能很快地掌握 GCC。本小节将介绍如何使用 GCC 和 GCC 编译器中常用的选项。

gcc 命令后面通常接一些选项和文件名，该命令的基本用法如下。

```
gcc［选项］［文件名］
```

命令行选项指定的操作将在命令行中给出的每个文件上执行。15.2.2 小节将讲解一些常用的选项。

15.2.2　用 GDB 调试 GCC 程序

Linux 包含一个叫 GDB 的 GNU 调试程序。GDB 是一个用来调试 C 和 C++程序的强力调试器，它使开发人员能在程序运行时观察程序的内部结构和内存的使用情况。以下是 GDB 所提供的一些功能。

- 监视程序中变量的值。
- 设置断点以使程序在指定的代码行上停止运行。
- 逐行执行代码。

GDB 的使用也很简单：在命令行中输入 "gdb fname" 并按 Enter 键就可以了，其中 fname 是可执行程序。如果一切正常，GDB 会被启动且在屏幕上输出版权信息。但如果使用了-q 或--quiet 选项，则不会显示它们。启动 GDB 时，另外一个有用的命令行选项是-d dirname，其中 dirname 是一个目录名，该目录名告诉 GDB 应该到什么路径去寻找源代码。

启动 GDB 后，就会出现 GDB 的命令提示符（gdb），以表明 GDB 已经准备好接收来自用户的各种调试命令。如果想在调试环境下运行这个程序，开发人员可以使用 GDB 提供的 run 命令。而程序在正常运行时所需的各种选项可以作为 run 命令的选项传入，或者使用单独的 set args 命令对选项进行设置。如果在执行 run 命令时没有给出任何选项，GDB 将使用上一次使用 run 或 set args 命令时指定的选项。如果想取消上次设置的选项，开发人员可以执行不带任何选项的 set args 命令。下面就是 GDB 的 3 种常见用法。

1. 设置断点

调试有问题的代码时，在某一点停止程序运行往往很管用。这样程序运行到此处时会暂时挂起，等待用户的进一步输入。GDB 允许在几种不同的代码结构上设置断点，如行号和函数名等，还允许设置条件断点，让程序只有在满足一定的条件时才停止运行。根据行号设置断点，开发人员可以使用 break linenum 命令；根据函数名设置断点，开发人员可以使用 break funcname 命令。

在以上两种情况中，GDB 将在执行指定的行或进入指定的函数之前停止运行程序。此时可以使用 print 显示变量的值，或者使用 list 查看将要运行的代码。对于由多个源文件组成的项目，如果想在执行到非当前源文件的某行或某个函数时停止运行，开发人员可以使用如下命令。

```
# break 20041126110727.htm:linenum
# break 20041126110727.htm:funcname
```

条件断点允许当满足一定条件时暂时停止程序的运行，它对于调试来讲非常有用。设置条件断点的命令如下。

```
# break linenum if expr
# break funcname if expr
```

其中 expr 是一个逻辑表达式。当该表达式的值为真时，程序将在该断点处暂时挂起。例如，下面的命令将在 funcname 程序的第 38 行设置一个条件断点。当程序运行到该行时，如果 count 的值等于 3，就将暂时停止运行。

```
(gdb) break 38 if count==3
```

设置断点是调试程序时常用到的手段之一。它可以中断程序的运行，给开发人员一个单步跟踪的机会。使用 break main 命令在 main( )函数上设置断点，这样可以在程序启动时就开始进行跟踪。

接下来使用 continue 命令继续运行程序，直到遇到下一个断点。如果在调试时设置了很多断点，开发人员可以随时使用 info breakpoints 命令来查看设置的断点。此外，开发人员还可以使用 delete 命令删除断点，或者使用 disable 命令来使设置的断点暂时无效。对于被设置为暂时无效的断点，开发人员可以在需要的时候用 enable 命令使其重新生效。

2. 观察变量

GDB 最有用的特性之一是能够显示被调试程序中几乎任何表达式、变量或数组的类型和值，并且能够用编写程序所用的语言输出任何合法表达式的值。查看数据较简单的办法是使用 print 命令，开发人员只需在 print 命令后面加上变量表达式就可以输出此变量表达式的当前值，示例如下。

```
(gdb) print str
$1=0x40015360 "Happy new year!/n"
```

从以上输出信息中可以看出，输入字符串被正确地存储在字符指针 str 所指向的内存缓冲区中。除了给出变量表达式的值外，print 命令的输出信息中还包含变量编号（如示例中的"$1"）和对应的内存地址（如示例中的"0x40015360"）。变量编号保存着被检查数值的历史记录，如果此后还想访问这些值，开发人员就可以直接使用这个编号，而不用重新输入变量表达式。

如果想知道变量的类型，开发人员可以使用 whatis 命令，示例如下。

```
(gdb) whatis str
type = char *
```

在第一次调试别人的代码或面对一个异常复杂的系统时，whatis 命令的作用不容忽视。

3. 逐行执行

为了单步跟踪代码，开发人员可以使用单步跟踪命令 step，它每次执行源代码中的一行。在 GDB 中可以使用许多方法来简化操作，除了可以将 step 命令简化为 s 之外，还可以直接按 Enter 键来重复执行前面一条命令。

除了可以用 step 命令来单步运行程序之外，GDB 还提供了另外一条单步跟踪命令 next。两者功能非常相似，差别在于：如果要被执行的代码行中包含函数调用，使用 step 命令将跟踪并进入函数体，而使用 next 命令则不进入函数体。

若想退出程序调试，使用下面的命令。

```
(gdb) quit
```

15.2.3 Linux 下的 C/C++开发工具

在 Linux 下进行 C/C++开发时有很多工具可以选择，其中大多数都是开源的。下面就分类介绍一些被广泛使用的开发工具。

1. 编辑器

Vi：最基本的编辑器之一，功能比较弱，但是比较容易使用，不需要 X Windows 支持。

EMACS：为在没有 X Windows 的前提下，功能比较强大的一个编辑器，但比较难用。

Gedit：X Windows 下比较好的编辑器。

2. 编译器

GCC/g++：C 和 C++编译器。

3. 调试工具

GDB：最基本的调试工具之一，不需要 X Windows 支持。

xxgdb：X Windows 下对 GDB 进行图形化封装的工具。

4. 界面制作工具

Glade：可以使用控件快速搭建软件界面。

5. 集成开发环境

EclipseCDT：一款开源的 C++集成开发环境。

KDevelope：比较好用的集成开发环境，基于 KDE。

NetBeans：Oracle 公司出品的集成开发环境。

15.2.4 Linux 下的 C/C++开发环境配置

1. GCC 环境（含 GDB）

刚装好的系统中已经有 GCC 了，但是这个 GCC 不能编译任何文件，因为没有一些必需的头文件，所以要安装 build-essential 这个软件包。安装这个包时会自动安装 g++、libc6-dev、linux-libc-dev、libstdc++6-4.1-dev 等一些必需的软件和头文件的库。

2. GTK 环境（含 Glade）

安装 GTK 环境只要安装一个 gnome-core-devel 就可以了，其里面集成了很多其他的包。除此之外，还要安装 libglib2.0-doc、libgtk2.0-doc 帮助文档、Devhelp 帮助文档、glade-gnome、glade-common、glade-doc 图形式界面设计等。

3. gtkmm

gtkmm 是 GTK+的 C++接口，GTK+是当前流行的图形式界面开发库之一。

4. API 文档

安装开发中常用的 API 文档及查看器 Devhelp（因 libdevhelp 的问题，Anjuta 的 API 帮助插件不能工作）。通常，这些文档都安装在/usr/share/doc/目录下。

5. Qt4（使用 C++）

安装 Qt4，执行命令如下。

```
# yum install qt4-dev-tools python-qt4 qt4-designer
```

6. C/C++开发文档

在编程的过程中，有时会记不清某个函数的用法。通常，这时查 man 手册是比较快的，所以我们把 manpages-dev 软件包安装上。

7. IDE

一般情况下，编辑项目文件可以在终端下使用 Vi 或 Vim 来完成，也可以在 X Windows 中的 GVIM/Gedit 编辑器中完成，但用以下 IDE 处理 GTK/Qt 类的 GUI 项目时会更灵活和方便。

- Geany：比较小巧的一个 IDE，功能不强，基本只是 GCC 的一个 GUI，适合编写具有少量源文件的程序。
- KDevelop：比较全面且较大的一个 IDE，囊括 gtkmm/Qt 及脚本语言（Python / Ruby 等），类似 Windows 下的 Visual Studio。缺点是过于庞大，优点是全面。
- QDevelop：配合 Qt 使用的 IDE（使用 C++），较专业，只适用 Qt 编程。
- Anjuta：结合 GTK+/gtkmm/Python/Java 等的 IDE 工具，功能较全面且精巧，但不支持 Qt，其主要结合 GCC/GTK+/gtkmm/Glade 使用。

本章小结

本章主要介绍了 Java 开发环境和 C/C++开发环境的搭建。为了便于程序开发，除了 JDK 本身外，本章还介绍了开发工具和 Web 服务器软件的安装及配置过程。除本章介绍的工具外，Java 还有众多的开源工具可供选择，受篇幅所限，本章不一一介绍。C/C++开发环境则相对来说比较固定，编译器一般都会选择 GCC，调试工具则首选 GDB，编辑器则选择 Vi 或 Vim，集成开发环境的选择余地比较多，Eclipse、NetBeans 等均可。

思考与练习

一、填空题

1. Java 编程语言是简单、_____、分布式、解释性、健壮性、安全性、_____、_____、高性能、多线程和静态的语言。

2. GCC 的全称是_____。

3. MyEclipse 是 Eclipse 的一个_____，也是一个商业软件。它的版本与 Eclipse 的版本有严格的对应关系。

4. Tomcat 服务器是一个开放源代码的_____，属于轻量级应用服务器，在小、中型系统和并发访问用户不是很多的场合下被普遍使用，它是开发和调试 JSP 程序的首选。

5. Linux 下的 C 语言编辑器主要有_____、EMACS、_____等。

二、简答题

1. Java 语言的特点是什么?

2. 简述 JDK 的安装步骤。

3. 简述 Tomcat 的安装步骤。

4. GCC 的优点有哪些?

5. 常用的 C/C++开发工具有哪些?

第16章

作业控制和任务计划

为了更加灵活地控制进程的行为，Linux 操作系统中引入了作业控制和任务计划。作业控制是指控制正在运行的进程，用户可以同时运行多个作业，需要时可在作业之间进行切换；任务计划是指控制进程的自动启动和关闭，用户可以让进程定时启动或在满足某种条件下启动，从而达到让系统自动工作的目的。

本章将主要介绍作业控制和任务计划。

16.1 作业控制

第2章中已提到，Linux 是一款多用户、多任务的操作系统。多用户是指多个用户可以在同一时间使用计算机系统；多任务是指 Linux 可以同时执行多个任务，它可以在还未执行完一个任务时又执行另一个任务。由于操作系统管理多个用户的请求和多个任务，因此系统上同时运行着多个进程。正在执行的一个或多个相关进程称为一个作业，如使用管道和重定向命令时，nroff -man ps.1|grep kill|more 这个作业就同时启动了3个进程。可见，进程和作业是有区别的。

一般情况下，用户在同一时间只运行一个作业。但是使用作业控制，用户可以同时运行多个作业，并在需要时可在这些作业间进行切换。这样会有什么用途呢？例如，用户在编辑一个文本文件时需要中止编辑去做其他事情，这时就可以利用作业控制来实现，即用户可以让编辑器暂时挂起，返回 Shell 提示符开始做其他事情，待其他事情做完以后再重启挂起的编辑器，返回刚才中止的地方，就像用户从来没有"离开"一样。这只是一个例子，作业控制还有许多实际的用途。

16.1.1 进程启动方式

输入需要运行程序的名称，运行程序，其实也就是启动一个进程。在 Linux 系统中，每个进程都具有一个 PID，PID 可用于系统识别和进程调度。启动一个进程有两个主要方法，即手动启动和调度启动。后者是指事先进行设置，根据用户要求自行启动。

1. 手动启动

由用户输入命令，直接启动一个进程便是手动启动。但手动启动又可以分为很多种，如可根据启动的进程类型不同划分为前台启动和后台启动，下面分别介绍。

（1）前台启动。

前台启动是手动启动一个进程的最常用方式之一。一般地，用户输入一个命令，如 ls-l，就已经启动了一个前台的进程，这时候系统已经处于一个多进程状态，这是因为虽然我们只在前台启动了一个进程，但实际上为了保障这个前台进程的正常运行可能有许多与这个进程相关联的进程已经在后台开始运行了。如果我们在输入 ls -l 命令以后马上使用 ps -x 命令查看，却没有看到 ls 进程，这是因为 ls 进程结束太快，再用 ps 查看时该进程可能已经执行结束了。如果启动一个比较耗时的进程，例如 find / -name *.jpg，然后把该进程挂起，使用 ps 命令查看就会看到一个 find 进程。

（2）后台启动。

直接从后台启动一个进程的方式用得比较少，除非该进程特别耗时且用户也不急需进程的运行结果。假设用户要启动一个需要长时间运行的格式化文本文件的进程，为了不使整个 Shell 在格式化过程中都处于"瘫痪"状态，从后台启动这个进程是合理的选择。例如：

```
$ troff -me notes > note_form &
[1] 4513
$
```

由以上命令可见，从后台启动进程其实就是在命令结尾加上一个"&"。输入命令以后，出现一个数字，这个数字就是该进程的编号，即 PID，然后就出现了提示符"$"，用户可以继续其他操作。

上面介绍了前、后台启动的情况。实际上，这两种启动方式有一个共同的特点，就是新进程都由当前 Shell 这个进程产生。也就是说，Shell 创建了新进程，于是称二者的关系为进程间的父子关系。这里 Shell 是父进程，而新进程是子进程。一个父进程可以有多个子进程，一般地，子进程结束后父进程才能继续；当然，如果是后台启动子进程，就不用等待子进程结束了。

一种比较特殊的情况出现在使用管道符的时候。例如：

```
nroff -man ps.1|grep kill|more
```

这时候实际上同时启动了 3 个进程。请注意是同时启动，即所有放在管道符两边的进程都被同时启动；它们都是当前 Shell 的子进程，彼此之间可以称为兄弟进程。

以上介绍的是手动启动进程的一些内容。很多时候，一名系统管理员都需要把事情安排好以后让其自动运行。因为系统管理员不是机器，也有离开的时候，所以当有必须要做的工作而恰好系统管理员不能亲自操作的时候，就需要使用调度启动了。

2．调度启动

有时候需要对系统进行一些比较费时且占用资源的维护工作，这些工作适合在深夜进行。这时，系统管理员就可以事先进行调度安排，指定任务执行的时间或者场合，到时候系统会利用守护进程自动完成这些工作。

守护进程的启动方式主要有以下 5 种。

（1）在系统开机时通过系统的初始化脚本启动守护进程。这些脚本通常在目录 etc/rc.d 下，通过它们所启动的守护进程具有超级用户的权限。系统的一些基本服务程序通常都是通过这种方式启动的。

（2）由 inetd 守护程序启动。它监听各种网络请求，如 Telnet、FTP 等，在请求到达时启动相应的服务器程序（Telnet 服务器、FTP 服务器等）。很多网络服务程序都是以这种方式启动的。

（3）由 cron 定时启动。

（4）由 at 命令定时启动。以方式（3）和方式（4）这两种方式启动的处理程序在运行时实际上也是一个守护进程。cron 和 at 都有定时器的功能，但用法和效果不同，16.2 节中将详细介绍 cron 和 at。

（5）从终端启动。通常这种方式只用于守护进程的测试，或者重启由于某种原因而停止的进程。

我们常用的自动启动进程的功能主要是由以下几个启动命令来完成的。

- cron 命令。
- crontab 命令。
- at 命令。
- batch 命令。
- bg、fg 命令。

16.1.2　进程的挂起及恢复

一个大型程序在前台运行的过程中，可能会让用户等待较长的时间。在这段时间里，用户的控制台是不可用的，也就是我们前文所说的"瘫痪"状态。为了避免这种情况的出现，我们可以把程序放到后台运行，而只在运行完后返回运行的结果。

1．进程的挂起

对于前台的运行程序，我们可以按 Ctrl+Z 组合键使其转入后台，但这样转入后台的程序并不会运行，而是暂停的，所以按 Ctrl+Z 组合键也叫作进程挂起命令。在程序被挂起后，我们可以使用 jobs –l 命令来查看被挂起程序的 PID。

2．进程的恢复

由于按 Ctrl+Z 组合键会导致程序运行的暂停，那么有没有命令能够使进程在后台继续运行呢？答案是有，这个命令就是 bg 命令。我们可以使用 bg PID 命令让进程在后台运行，其效果与我们在 16.1.1 小节中讲的利用"&"进行后台启动是一样的。如果想让后台运行的程序转到前台运行，我们可以用 fg 命令来实现，其用法与 bg 命令一样。由于 bg 命令和 fg 命令都能够恢复进程，因此这两个命令也叫作进程恢复命令。

16.2 任务计划

Linux 任务计划主要作用是运行定时任务，例如，定时备份、定时重启等。Linux 任务计划主要分为一次性任务计划和周期性任务计划两类，本节介绍 Linux 中运行计划服务的几种主要命令。

16.2.1 cron 服务的使用及配置

实现 Linux 定时任务的服务有 cron、anacron、at 等，本小节将介绍 cron 服务。在介绍前，首先要了解一些词的含义：cron 是服务名称，crond 是后台进程，crontab 则是定制好的任务计划表。

要想使用 cron 服务，用户要安装 vixie-cron 软件包和 crontabs 软件包，两个软件包作用如下。

- vixie-cron 软件包：cron 的主程序。
- crontabs 软件包：用来安装、删除或列举驱动 cron 守护进程列表的程序。

查看是否安装 vixie-cron 软件包，执行 rpm –qa|grep vixie-cron 命令。

查看是否安装 crontabs 软件包，执行 rpm –qa|grep crontabs 命令。

如果没有安装，此时可以通过运行如下命令安装软件包（软件包必须存在）。

```
rpm -ivh vixie-cron-4.1-54.FC5*
rpm -ivh crontabs*
```

如果本地没有软件包的安装包，在能够联网的情况下也可以使用如下命令在线安装。

```
yum install vixie-cron
yum install crontabs
```

查看 cron 服务是否正在运行，可以使用命令 pgrep crond/sbin/service crond status，也可以使用命令 ps –elf|grep crond|grep –v "grep"。

cron 服务操作命令如下。

```
/sbin/service crond start    //启动服务
/sbin/service crond stop     //关闭服务
/sbin/service crond restart  //重启服务
/sbin/service crond reload   //重新载入配置
```

cron 有两个配置文件：一个是全局配置文件（/etc/crontab），它是针对系统任务的；另一个是 crontab 命令生成的配置文件（/var/spool/cron 下的文件），它是针对某个用户的。定时任务配置到任意一个配置文件中都可以。

查看全局配置文件配置情况。使用 cat /etc/crontab 命令查看 cron 的全局配置文件，其内容如下。

```
------------------------------------------------
SHELL=/bin/bash
PATH=/sbin:/bin:/usr/sbin:/usr/bin
MAILTO=root
HOME=/

# run-parts
01 * * * * root run-parts /etc/cron.hourly
02 4 * * * root run-parts /etc/cron.daily
22 4 * * 0 root run-parts /etc/cron.weekly
42 4 1 * * root run-parts /etc/cron.monthly
------------------------------------------------
```

查看用户下的定时任务，执行 crontab –l 或 cat /var/spool/cron/用户名命令。

crontab 任务配置基本格式如下。

```
* * * * *    command
```

//分钟(00-59)　小时(0-23)　日期(1-31)　月份(1-12)　星期(0-6,0代表周日)　命令

- 第 1 列表示 0~59 分钟（每分钟用"*"或者"*/1"表示）。
- 第 2 列表示 0~23 小时（0 表示 0 时）。
- 第 3 列表示 1~31 日。
- 第 4 列表示 1~12 月。
- 第 5 列表示周几，值为 0~6（0 表示周日）。
- 第 6 列表示要运行的命令。

在以上任何值中，星号"*"可以用来代表所有有效的值。例如，月份值中的"*"意味着在满足其他制约条件后每月都运行该命令。

整数间的短线"-"用于指定一个整数范围。例如，1-4 意味着整数 1、2、3、4。

用","隔开的一系列值指定一个列表。例如，3、4、6、8 标明这 4 个指定的整数。

"/"可以用来指定间隔频率。在范围后加上 /<integer> 意味着在范围内可以间隔的 integer。例如，0-59/2 可以用来在分钟字段定义每两分钟运行一次任务。间隔频率还可以与"*"一起使用，例如，*/3 可以用在月份字段中，表示每 3 个月运行一次任务。

超级用户以外的用户可以使用 crontab 命令来配置 cron 任务。所有用户定义的 cron 任务都被保存在 /var/spool/cron 目录中，执行相应任务需要使用创建它们的用户身份。要以某用户身份创建一个 crontab 项目，首先确保登录身份为该用户，然后输入"crontab –e"命令，使用由 VISUAL 或 EDITOR 环境变量指定的编辑器来编辑该用户的 crontab。该 crontab 文件使用的格式与/etc/crontab 使用的格式相同。当对 crontab 所做的改变被保存后，该 crontab 文件就会根据该用户的名称而被保存，并写入文件/var/spool/cron/username。

crond 守护进程每分钟都检查/etc/crontab 文件、etc/cron.d/目录以及/var/spool/cron 目录中的改变。如果发现了改变，它们就会被载入内存。这样，当某个 crontab 文件改变后就不必重启守护进程了。

（1）查看 cron 服务是否起作用。

我们要查看定时任务是否准时调用可以查看/var/log/cron 中的运行信息，执行命令如下。

```
cat /var/log/cron或grep .*\.sh /var/log/cron
```

搜索.sh 文件的信息，执行命令如下。

```
sed -n '/back.*\.sh/p' /var/log/cron
```

语法：sed –n '/字符或正则表达式/p' 文件名

我们在日志中查看在约定的时间是否有相应的调用信息，调用信息如下。

```
Sep 19 1:00:01 localhost crond[25437]: (root) CMD (/root/test.sh)
```

（2）查看 Shell 脚本是否报错。

如果/var/log/cron 中准时调用了 Shell 脚本，而又没有达到预期效果，我们就要使用 cat /var/spool/mail/ 用户名命令查看 Shell 脚本是否出错。例如：

```
cat /var/spool/mail/root
test.sh
------------------------
#!/bin/sh
echo "$(date '+%Y-%m-%d %H:%M:%S') hello world!">> /root/test.log
------------------------
```

要追踪 Shell 调用的全过程，使用命令 bash –xv test.sh 2>test.log，这样 test.sh 的调用过程都会写到 test.log 中；改写 test.sh 如下。

```
------------------------
#!/bin/sh
set -xv
```

```
echo "$(date '+%Y-%m-%d %H:%M:%S') hello world!">> /root/test.log
-------------------------
sh ./test.sh 2>tt.log
```

除了上述情况，我们还要注意 crond 任务计划表里面的命令有时候可能不会运行，这是因为这个文件里的环境变量 PATH 和系统的 PATH 不一样，环境变量 PATH 的默认值为 PATH=/sbin:/bin:/usr/sbin:/usr/bin，这样就造成很多命令不能使用。解决的办法有两个：一是自己设置 PATH 环境变量；二是使用命令的绝对路径，如对 ls 可以使用命令/bin/ls –l/etc/。

每个用户都可以有自己的 crontab 文件，下面就来看看如何创建一个 crontab 文件。

/var/spool/cron 下的 crontab 文件不可以被直接创建或者直接修改，crontab 文件是通过 crontab 命令得到的。现假设有一个用户名为 foxy，该用户需要创建一个自己的 crontab 文件，此时首先使用任意文本编辑器创建一个新文件，然后向其中写入需要运行的命令和要定期运行的时间，接下来保存文件并退出编辑器。假设该文件为/tmp/test.cron，使用以下 crontab 命令来安装这个文件，使之成为该用户的 crontab 文件。

```
crontab test.cron
```

这样一个 crontab 文件就创建好了。此时，我们在/var/spool/cron 目录下查看，发现多了一个 foxy 文件，这个文件就是所需的 crontab 文件。如果想要改变其中的命令内容，我们还是需要重新编辑原来的文件，然后使用 crontab 命令重新安装。

使用 crontab 命令的用户是受限制的。如果/etc/cron.allow 文件存在，那么只有其中列出的用户才能使用该命令；如果该文件不存在，但 cron.deny 文件存在，那么只有未列在该文件中的用户才能使用 crontab 命令；如果这两个文件都不存在，就取决于一些参数的设置，可能是只允许超级用户使用该命令，也可能是所有用户都可以使用该命令。

crontab 命令的语法如下：

```
crontab [-u user] file
crontab [-u user]{-l|-r|-e}
```

第一种格式用于安装一个新的 crontab 文件，安装来源就是 file 所指的文件。如果使用"–"作为文件名，就意味着使用标准输入作为安装来源。

第二种格式的命令选项及其功能如下。

- –u：如果使用该选项，表示指定哪个具体用户的 crontab 文件被修改。如果不使用该选项，crontab 将默认是操作者本人的 crontab 文件，也就是运行该 crontab 命令的用户的 crontab 文件被修改。但是请注意，如果使用了 su 命令，再使用 crontab 命令很可能会出现混乱的情况。所以如果使用了 su 命令，最好使用–u 选项来指定某个用户的 crontab 文件。
- –l：在标准输出上显示当前的 crontab 文件。
- –r：删除当前的 crontab 文件。
- –e：使用 VISUAL 或者 EDITOR 环境变量所指的编辑器来编辑当前的 crontab 文件。当结束编辑时，编辑后的文件将自动安装。

实例 16-1　crontab 命令的使用。

下面给出了列出用户 crontab 文件的步骤。

```
# crontab -l //列出用户目前的crontab文件
10 6 * * * date
0 */2 * * * date
0 23-7/2,8 * * * date
#
```

在 crontab 文件中如何输入需要运行的命令和时间呢？该文件中每行都包括 6 个域，其中前 5 个域用于指定命令被运行的时间，最后一个域表示要被运行的命令。每个域使用空格或者制表符分隔。

用户可以往 crontab 文件中写入无限多的行以完成无限多的命令。命令域中可以写入所有可在命令行写入的命令和符号，其他所有时间域都支持列举，也就是时间域中可以写入很多时间值，当前时间只要满足这些时间值中的任何一个都能执行命令。注意每两个时间值中间使用逗号分隔。

实例 16-2 crontab 文件中命令使用实例。

下面给出了 crontab 文件中命令的几种常用方式。

（1）凌晨 1:00 调用/home/testuser/test.sh，执行命令如下。

```
0 1 * * * /home/testuser/test.sh
```

（2）每 10 分钟调用一次/home/testuser/test.sh，执行命令如下。

```
*/10 * * * * /home/testuser/test.sh
```

（3）每天 21:30 重启 Apache，执行命令如下。

```
30 21 * * * /usr/local/etc/rc.d/lighttpd restart
```

（4）每月 1、10、22 日的 4:45 重启 Apache，执行命令如下。

```
45 4 1,10,22 * * /usr/local/etc/rc.d/lighttpd restart
```

（5）每个周六、周日的 1:10 重启 Apache，执行命令如下。

```
10 1 * * 6,0 /usr/local/etc/rc.d/lighttpd restart
```

（6）在每天 18:00 至 23:00，每隔 30 分钟重启一次 Apache，执行命令如下。

```
0,30 18-23 * * * /usr/local/etc/rc.d/lighttpd restart
```

（7）每个周六的 23:00 重启 Apache，执行命令如下。

```
0 23 * * 6 /usr/local/etc/rc.d/lighttpd restart
```

（8）每 1 小时重启 Apache，执行命令如下。

```
* */1 * * * /usr/local/etc/rc.d/lighttpd restart
```

（9）23:00～7:00，每隔 1 小时重启 Apache，执行命令如下。

```
* 23-7/1 * * * /usr/local/etc/rc.d/lighttpd restart
```

（10）每月的 4 日与每周一到周三的 11:00 重启 Apache，执行命令如下。

```
0 11 4 * 1-3 /usr/local/etc/rc.d/lighttpd restart
```

（11）1 月 1 日的 4 点重启 Apache，执行命令如下。

```
0 4 1 1 * /usr/local/etc/rc.d/lighttpd restart
```

（12）每隔 30 分钟同步时间，执行命令如下。

```
*/30 * * * * /usr/sbin/ntpdate 210.72.145.44
```

16.2.2 at 命令的使用

at 命令在指定的时间运行一个指定任务，只能运行一次，且需要开启 atd 进程。

查看进程：

```
ps -ef | grep atd
```

开启或者重启进程：

```
/etc/init.d/atd start or restart
```

设置进程开机即启动：

```
chkconfig --level 2345 atd on
```

at 命令选项及其功能如表 16-1 所示。

表 16-1　at 命令选项及其功能

选项	功能
-m	当指定的任务被完成之后，即使没有标准输出，也将给用户发送邮件
-I	atq 的别名
-d	atrm 的别名
-v	显示任务被执行的时间
-c	输出任务的内容到标准输出
-q<队列>	使用指定的队列
-f<文件>	从指定文件读入任务，而不是从标准输入读入
-t<时间参数>	以时间参数的形式提交要运行的任务

at 命令允许使用相当复杂的指定时间的方法，它可以使用当天的 HH:MM（小时:分钟）指定时间。假如该时间已过去，那么任务在第二天的指定时间运行。此外，也可以使用 midnight（深夜）、noon（中午）、teatime（饮茶时间，一般是 16:00）等比较模糊的词语来指定时间。

用户还能够采用 12 小时制，即在时间后面加上 am（上午）或 pm（下午）来说明是上午还是下午，同时能够指定命令运行的具体日期，指定格式为 Month Day（月 日）、MM/DD/YY（月/日/年）或 DD.MM.YY（日.月.年），注意指定的日期必须接在指定时间的后面。

上面介绍的都是绝对计时法，其实还能够使用相对计时法，这种方法对安排不久就要运行的命令是很有成效的。指定格式为 now + count time-units，now 表示当前时间；time-units 表示时间单位，这里可以是 minutes（分钟）、hours（小时）、days（天）、weeks（星期）；count 表示时间的长度，如几天、几小时等。此外，还有一种计时方法就是直接使用 today（今天）、tomorrow（明天）来指定完成命令的时间。

实例 16-3　at 命令的使用。

下面给出了 at 命令的几种常用方式。

（1）3天后的 17:00 运行/bin/ls，执行命令如下。

```
[root@localhost ~]# at 5pm+3 days
at> /bin/ls
at><EOT>
job 1 at 2021-09-08 17:00
[root@localhost ~]#
```

（2）明天 17:20，输出时间到指定文件内，执行命令如下。

```
[root@localhost ~]# at 17:20 tomorrow
at> date >/root/2021.log
at><EOT>
job 2 at 2021-09-08 17:20
[root@localhost ~]#
```

（3）任务计划设置后，运行之前，我们可以用 atq 命令来查看系统有没有运行任务计划，执行命令如下。

```
[root@localhost ~]# atq
2       2021-09-08 17:20 a root
1       2021-09-08 17:00 a root
[root@localhost ~]#
```

（4）删除已经设置的任务，执行命令如下。

```
[root@localhost ~]# atq
2       2021-09-08 17:20 a root
```

```
1         2021-09-08 17:00 a root
[root@localhost ~]# atrm 1
[root@localhost ~]# atq
2         2021-09-08 17:20 a root
[root@localhost ~]#
```

（5）显示已经设置的任务内容，执行命令如下。

```
[root@localhost ~]# at -c 2
#!/bin/sh
# atrun uid=0 gid=0
# mail      root 0
umask 22
……
date >/root/2021.log
[root@localhost ~]#
```

要使用 at 完成一次性任务计划，Linux 系统中必须要有负责这个任务计划的服务，那就是 atd 服务。atd 服务的启动分为以下两种情况。

```
/etc/init.d/atd start      //服务没有启动的时候，直接启动atd服务
/etc/init.d/atd restart    //服务已经启动后，重启atd服务
```

此外，也可以用命令 chkconfig atd on 设置开机时就启动这个服务，以免每次重启系统都需要手动启动该服务。

既然是任务计划，那么应该会有任务运行的方式，并且将这些任务排入进程表中。我们使用 at 命令来产生所要运行的任务计划，并将这个任务计划以文字的方式写入/var/spool/at/目录内等待 atd 服务的调用与运行。

为了保障系统的安全，我们可以利用/etc/at.allow 与/etc/at.deny 这两个文件来对使用 at 命令的用户加以限制。也就是说，只有在/etc/at.allow 文件中的用户才能使用 at 命令，没有在这个文件中的用户则不能使用 at 命令（即使没有写在 at.deny 中）。如果/etc/at.allow 不存在，就寻找/etc/at.deny 文件。若是写在这个 at.deny 文件中的用户，则不能使用 at 命令，而没有在这个 at.deny 文件中的用户就可以使用 at 命令。如果两个文件都不存在，那么就只有超级用户可以使用 at 命令。

通过上述描述，我们可以看出/etc/at.allow 文件要求是较为严格的，而/etc/at.deny 文件要求则较为宽泛（因为用户没有在该文件中，就能够使用 at 命令了）。在一般的操作系统中，如果认为所有用户都是可信任的，系统通常会保留一个空的/etc/at.deny 文件，这样就可以允许所有人使用 at 命令。如果不希望某些用户使用 at 命令，那就将那个用户的写入/etc/at.deny 即可，注意一个用户写一行。

16.2.3 batch 命令的使用

batch 命令用低优先级运行作业。该命令的功能几乎与 at 命令完全相同，唯一的区别在于 at 命令是在指定时间（很精确的时刻）运行指定命令，而 batch 命令是在系统负载较低，资源比较空闲的时候运行命令。batch 命令适用于运行占用资源较多的命令。

batch 命令的语法也与 at 命令的语法十分相似，即

```
batch [-V] [-q 队列] [-f 文件名] [-mv] [时间]
```

batch 的具体选项解释可参考 at 命令。一般不用为 batch 命令指定时间，因为 batch 本身的特点就是由系统决定运行任务的时间；用户如果再指定一个时间，则失去了本来的意义。

实例 16-4 batch 命令的使用。

下面给出了 batch 命令的使用实例。

```
[root@localhost ~]# batch
```

```
at> find / -name *.txt|lpr
at> echo "foxy：All texts have been printed.You can take them over.Good day!River" |mail
-s "job done" foxy
[root@localhost ~]#
```

上述操作结束后，batch 命令就会在合适的时间（系统负载较低，资源比较空闲的时候）运行了，并且运行完后会发回一个信息。

本章小结

本章详细介绍了作业控制以及任务计划的各个命令的使用，为更深入地使用 Linux 日常作业提供了新的方法。作业控制就是对进程的控制，本章详细讲述了进程的启动、挂起与恢复，帮助读者为将来灵活地控制程序的运行打下良好基础；任务计划则可以让 Linux 定时运行程序，本章详细讲述了 cron、crontab、at 和 batch 这 4 个命令，读者灵活运用这 4 个命令可以应对不同的任务计划管理场合。

思考与练习

一、填空题

1. Linux 是一款多任务的操作系统，系统上同时运行着多个进程，正在执行的_____相关进程称为一个作业。

2. Linux 操作系统包括_____、_____和_____3 种进程。

3. 作业控制指的是_____。

4. 独立守护进程由相应的进程独立启动，而被动守护进程由_____服务监听启动。

二、简答题

1. 在 Linux 的任务计划中 crontab 命令的适用场合是什么？

2. 在 Linux 中进程的挂起命令是什么？

3. 在 Linux 中如何恢复已挂起的命令？

4. at 命令的语法是什么？

第二部分

实验指导

内容概览

实验1

DHCP服务器配置

本实验给出了Linux下DHCP服务器配置实验的实验目的、实验设备以及实验步骤，并给出了在Windows操作系统的DHCP客户端获取IP地址的测试验证信息。

实验目的

1. 了解 DHCP 工作原理和机制。
2. 掌握 DHCP 工作方式和配置流程。

实验设备

一台 PC、一个虚拟机、Windows Server 2016 和 CentOS 7 系统光盘或 .iso 文件。

实验步骤

1. 虚拟机网卡改为【仅主机模式（在专用网络内连接虚拟机）】，且取消【使用本地 DHCP 服务将 IP 地址分配给虚拟机】，如图 s1-1 所示。

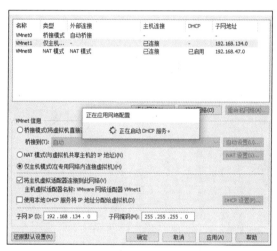

图 s1-1　改为仅主机模式并取消相应选项

2. 使用以下 yum 命令安装 DHCP 服务程序。

```
# yum install dhcp
```

3. 复制 DHCP 配置文件模板并确认是否覆盖，如图 s1-2 所示。

```
[root@netlab ~]# cp -a /usr/share/doc/dhcp-4.2.5/dhcpd.conf.example /etc/dhcp/dhcpd.conf
cp: 是否覆盖"/etc/dhcp/dhcpd.conf"? y
```

图 s1-2　复制 DHCP 配置文件模板并确认是否覆盖

4. 修改 DHCP 配置文件，如图 s1-3 所示。

```
subnet 192.168.134.0 netmask 255.255.255.0 {
  range 192.168.134.20  192.168.134.30;
  option domain-name-servers 192.168.134.10;
  option domain-name "www.netlab.com";
  option routers 192.168.134.10;
  default-lease-time 21600;
  max-lease-time 43200;
}
```

图 s1-3　修改 DHCP 配置文件

5. 测试获取 IP 地址，如图 s1-4 所示。

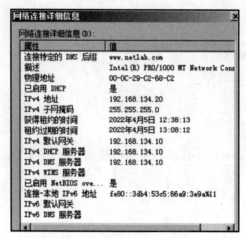

图 s1-4　测试获取 IP 地址

实验2

Apache服务器配置

本实验给出了 Linux 下 Apache 服务器配置实验的实验目的、实验设备以及实验步骤，实验步骤中给出了基于 IP 地址、基于域名和基于端口的 3 种 Apache 服务器的配置，并给出了对应的测试验证信息。

实验目的

1. 理解 Apache 服务器的相关概念。
2. 运用 Apache 服务器部署 Web 站点。
3. 运用 Apache 服务器配置文件部署具有个性化的 Web 站点。
4. 理解虚拟主机的配置方法。

实验设备

一台 PC 及 CentOS 7 系统光盘或.iso 文件。

实验步骤

一、基于 IP 地址

1. 添加除本机网卡以外的两块网卡。
2. 使用以下 yum 命令安装 Apache 服务程序。

```
# yum install httpd
```

3. 在/var/www/ip 中创建用于保存不同网站数据的 3 个目录，并向其中分别写入网站的首页文件，如图 s2-1 和图 s2-2 所示。

```
mkdir -p /var/www/ip/{131,132,133}
```

图 s2-1　创建目录

```
echo "192.168.11.131" >> ./131/index.html
echo "192.168.11.132" >> ./132/index.html
echo "192.168.11.133" >> ./133/index.html
```

图 s2-2　写入网站首页文件

4. 在 httpd 服务的配置文件中，分别追加 3 个基于 IP 地址虚拟主机的网站参数，如图 s2-3 所示。

```
<VirtualHost 192.168.11.131:80>
DocumentRoot /var/www/ip/131
ServerName www.netlab.com
<Directory /var/www/ip/131>
AllowOverride None
Require all granted
</Directory>
</VirtualHost>

<VirtualHost 192.168.11.132:80>
DocumentRoot /var/www/ip/132
ServerName www.netlab.com
<Directory /var/www/ip/132>
AllowOverride None
Require all granted
</Directory>
</VirtualHost>

<VirtualHost 192.168.11.133:80>
DocumentRoot /var/www/ip/133
ServerName www.netlab.com
<Directory /var/www/ip/133>
AllowOverride None
Require all granted
</Directory>
</VirtualHost>
```

图 s2-3　基于 IP 地址虚拟主机的网站参数

5. 使用以下命令重启 httpd 服务。

```
# systemctl restart httpd
```

6. 测试获取的 IP 地址，如图 s2-4 ~ 图 s2-6 所示。

图 s2-4　IP 地址为 192.168.11.131　　　图 s2-5　IP 地址为 192.168.11.132　　　图 s2-6　IP 地址为 192.168.11.133

二、基于域名

1. 在/etc/hosts 文件中定义 IP 地址与域名之间的对应关系，如图 s2-7 所示。

```
192.168.11.131  www.netlab.com  bbs.netlab.com  server.netlab.com
```

图 s2-7　设置 IP 地址与域名的映射

2. 分别用以下 ping 命令测试这些域名来验证域名是否被成功解析为 IP 地址。

```
# ping bbs.netlab.com
# ping server.netlab.com
```

3. 分别在/var/www/domain 中创建用于保存不同网站数据的 3 个目录，并向其中写入网站的首页文件，如图 s2-8 所示。

```
mkdir -p /var/www/domain/{www,bbs,server}
echo "www.netlab.com" >> /var/www/domain/www/index.html
echo "bbs.netlab.com" >> /var/www/domain/bbs/index.html
echo "server.netlab.com" >> /var/www/domain/server/index.html
```

图 s2-8　创建基于域名的虚拟主机目录并写入网站首页文件

4. 在 httpd 服务的配置文件中，分别追加 3 个基于域名虚拟主机的网站参数，如图 s2-9 所示。

图 s2-9　基于域名虚拟主机的网站参数

5. 使用以下命令重启 httpd 服务。

```
# systemctl restart httpd
```

6. 测试，如图 s2-10～图 s2-12 所示。

```
[root@netlab ~]# elinks http://www.netlab.com
    www.netlab.com
```

图 s2-10　域名为 www.netlab.com

```
[root@netlab ~]# elinks http://bbs.netlab.com
    bbs.netlab.com
```

图 s2-11　域名为 bbs.netlab.com

```
[root@netlab ~]# elinks http://server.netlab.com
    server.netlab.com
```

图 s2-12　域名为 server.netlab.com

三、基于端口

1. 分别在/var/www/port 中创建用于保存不同网站数据的两个目录，并向其中写入网站的首页文件，如图 s2-13 所示。

```
mkdir -p /var/www/port/{8888,6666}
echo "8888" >> /var/www/port/8888/index.html
echo "6666" >> /var/www/port/6666/index.html
```

图 s2-13　创建基于端口的虚拟主机目录并写入网站首页文件

2. 在 httpd 服务的配置文件中添加用于监听 8888 和 6666 端口的参数，如图 s2-14 所示。

```
Listen 80
Listen 8888
Listen 6666
```

图 s2-14　监听端口

3. 在 httpd 服务的配置文件中，分别追加两个基于端口虚拟主机的网站参数，如图 s2-15 所示。

```
<VirtualHost 192.168.11.131:8888>
DocumentRoot /var/www/port/8888
ServerName www.netlab.com
<Directory /var/www/port/8888>
AllowOverride None
Require all granted
</Directory>
</VirtualHost>

<VirtualHost 192.168.11.131:6666>
DocumentRoot /var/www/port/6666
ServerName www.netlab.com
<Directory /var/www/port/6666>
AllowOverride None
Require all granted
</Directory>
</VirtualHost>
```

图 s2-15　基于端口虚拟主机的网站参数

4. 使用以下命令重启 httpd 服务。

```
# systemctl restart httpd
```

5. 测试，如图 s2-16 和图 s2-17 所示。

图 s2-16　端口为 8888

图 s2-17　端口为 6666

实验3

BIND服务器配置

本实验给出了 Linux 下 BIND 服务器配置实验的实验目的、实验设备以及实验步骤，实验步骤中给出了正向解析和反向解析的配置，并给出了对应的测试验证信息。

实验目的

1. 了解 DNS 工作原理。
2. 掌握 DNS 工作方式及正向解析和反向解析。
3. 掌握 BIND 服务器配置。

实验设备

一台 PC 及 CentOS 7 系统光盘或.iso 文件。

实验步骤

1. 使用以下命令安装 BIND。

```
[root@netlab ~]# yum -y install bind bind-utils
```

2. 修改主配置文件。修改主配置文件/etc/named.conf 的内容，如图 s3-1 所示。

```
options {
        listen-on port 53 { any; };
        listen-on-v6 port 53 { ::1; };
        directory       "/var/named";
        dump-file       "/var/named/data/cache_dump.db";
        statistics-file "/var/named/data/named_stats.txt";
        memstatistics-file "/var/named/data/named_mem_stats.txt";
        allow-query     { any; };
```

图 s3-1　主配置文件

3. 修改区域配置文件。修改区域配置文件/etc/named.rfc1912.zones 的内容，添加正向和反向区域配置，如图 s3-2 所示。

```
zone "netlab.com" IN {
        type master;
        file "netlab.com.zone";
        allow-update { none; };
};


zone "5.168.192.in-addr.arpa" IN {
        type master;
        file "netlab.com.rev";
        allow-update { none; };
};
```

图 s3-2　添加正向和反向区域配置

4. 使用以下命令复制模板文件。

```
[root@netlab ~]# cp -a /var/named/named.localhost /var/named/netlab.com.zone
[root@netlab ~]# cp -a /var/named/named.loopback /var/named/netlab.com.rev
```

5. 正向解析的模板文件。正向解析的模板文件/var/named/netlab.com.zone 的配置如图 s3-3 所示。

图 s3-3　正向解析的模板文件

6. 反向解析的模板文件。反向解析的模板文件/var/named/netlab.com.rev 的配置如图 s3-4 所示。

图 s3-4　反向解析的模板文件

7. 测试。完成各项配置后，就可以对域名解析过程进行正向和反向的解析测试，如图 s3-5 和图 s3-6 所示。

图 s3-5　域名测试

× × × × × × × × × × ×
× × × × × × × × × Linux 操作系统实用教程
× × × × × × × （第 2 版）
× × × × ×
× × ×
─×─

```
[root@netlab ~]# nslookup
> 192.168.5.128
Server:          192.168.5.128
Address:         192.168.5.128#53

128.5.168.192.in-addr.arpa      name = www.netlab.com.
128.5.168.192.in-addr.arpa      name = mail.netlab.com.
> 192.168.5.129
Server:          192.168.5.128
Address:         192.168.5.128#53

129.5.168.192.in-addr.arpa      name = bbs.netlab.com.
129.5.168.192.in-addr.arpa      name = server.netlab.com.
```

图 s3-6 IP 地址测试

8. 更改 DNS 客户端配置文件。最后更改 DNS 客户端配置文件/etc/resolv.conf，为其添加 BIND 服务器的 IP 地址，使得该客户端可以完成 DNS 解析，如图 s3-7 所示。

```
[root@netlab ~]# grep -v '#' /etc/resolv.conf
search localdomain
nameserver 192.168.5.128
```

图 s3-7 客户端配置

实验 4

vsftpd服务器配置

本实验给出了 Linux 下 vsftpd 服务器配置实验的实验目的、实验设备以及实验步骤，实验步骤中给出了匿名用户、本地用户、虚拟用户的配置，并给出了对应的测试验证信息。

实验目的

1. 了解 FTP 的原理。
2. 熟练掌握 FTP 服务器用户权限的设置，能够根据复杂的用户需求设计不同的用户角色和权限。
3. 掌握 FTP 服务器的配置。

实验设备

一台 PC 及 CentOS 7 系统光盘或.iso 文件。

实验步骤

一、匿名用户配置

1. 使用以下 yum 命令安装 vsftpd、FTP 服务程序。

```
# yum install vsftpd ftp
```

2. 修改 vsftpd 配置文件，如图 s4-1 所示。添加完毕，保存文件并退出。重启 vsftpd 服务器。

```
[root@netlab ~]# grep -v '#' /etc/vsftpd/vsftpd.conf
anonymous_enable=YES
local_enable=YES
write_enable=YES
local_umask=022
anon_upload_enable=YES
anon_mkdir_write_enable=YES
anon_other_write_enable=YES
```

图 s4-1　修改 vsftpd 配置文件-匿名用户

3. 测试匿名用户是否登录成功，然后测试使用匿名用户能否创建、重命名、删除文件，如图 s4-2 所示。

```
[root@netlab ~]# ftp 192.168.5.128
Connected to 192.168.5.128 (192.168.5.128).
220 (vsFTPd 3.0.2)
Name (192.168.5.128:root): anonymous
331 Please specify the password.
Password:
230 Login successful.
Remote system type is UNIX.
Using binary mode to transfer files.
ftp> cd pub
250 Directory successfully changed.
ftp> mkdir ccut
257 "/pub/ccut" created
ftp> cd ccut
250 Directory successfully changed.
ftp> mkdir netlab
257 "/pub/ccut/netlab" created
ftp> rmdir netlab
250 Remove directory operation successful.
ftp> cd ..
250 Directory successfully changed.
ftp> pwd
257 "/pub"
ftp> rename ccut netlab
350 Ready for RNTO.
250 Rename successful.
```

图 s4-2　匿名用户登录等测试

二、本地用户配置

1. 修改 vsftpd 本地用户配置文件，如图 s4-3 所示。

```
[root@netlab ~]# grep -v '#' /etc/vsftpd/vsftpd.conf
anonymous_enable=NO
local_enable=YES
write_enable=YES
local_umask=022
dirmessage_enable=YES
xferlog_enable=YES
connect_from_port_20=YES
xferlog_std_format=YES
listen=NO
listen_ipv6=YES
```

图 s4-3　修改 vsftpd 本地用户配置文件

2. 使用以下命令启动 vsftpd 服务器。

```
# systemctl start vsftpd
```

3. 本地用户登录等测试，如图 s4-4 所示。

```
[root@netlab ~]# ftp 192.168.5.128
Connected to 192.168.5.128 (192.168.5.128).
220 (vsFTPd 3.0.2)
Name (192.168.5.128:root): ccut
331 Please specify the password.
Password:
230 Login successful.
Remote system type is UNIX.
Using binary mode to transfer files.
ftp> pwd
257 "/home/ccut"
ftp> mkdir netlab
257 "/home/ccut/netlab" created
ftp> cd netlab
250 Directory successfully changed.
ftp> pwd
257 "/home/ccut/netlab"
ftp> mkdir we
257 "/home/ccut/netlab/we" created
ftp> rename we our
350 Ready for RNTO.
250 Rename successful.
ftp> rmdir our
250 Remove directory operation successful.
```

图 s4-4　本地用户登录等测试

三、虚拟用户配置

1. 使用以下命令创建用于进行 FTP 认证的虚拟用户数据库文件。

```
# echo "tom 12345"> /etc/vsftpd/vsftpd.txt
```

2. 使用以下 db_load 命令并用散列算法将原始的明文信息文件转换成数据库文件，且改变虚拟用户数据库文件的权限。

```
# db_load -T -t hash -f vsftpd.txt vsftpd.db
# chmod 600 vsftpd.db
```

3. 创建用于支持虚拟用户的 PAM 认证文件，如图 s4-5 所示。

```
[root@netlab ~]# cat /etc/pam.d/vsftpd.vu
auth required pam_userdb.so  db=/etc/vsftpd/virtual_db
account required pam_userdb.so db=/etc/vsftpd/virtual_db.
```

图 s4-5　创建用于支持虚拟用户的 PAM 认证文件

4. 使用以下命令创建虚拟用户映射的本地用户。

```
# useradd -s /sbin/nologin ftpusers
```

5. 修改 vsftpd 虚拟用户配置文件，如图 s4-6 所示。

图 s4-6　修改 vsftpd 虚拟用户配置文件

6. 使用以下命令启动 vsftpd 服务器。

```
# systemctl start vsftpd
```

7. 虚拟用户登录等测试，如图 s4-7 所示。

图 s4-7　虚拟用户登录等测试

实验 5

Samba服务器配置

本实验给出了 Linux 下 Samba 服务器配置实验的实验目的、实验设备以及实验步骤，并给出了在 Windows 操作系统中访问 Linux 操作系统共享的文件资源的测试验证信息。

实验目的

1. 了解操作系统之间如何通过 Samba 服务器实现网络资源的共享。
2. 掌握安装 Samba 服务的方法，能够根据实际网络需求修改 Samba 配置文件、设置 Samba 密码。

实验设备

一台 PC 及 CentOS 7 系统光盘或.iso 文件。

实验步骤

1. 使用以下 yum 命令安装 Samba 服务。

```
# yum install samba
```

2. 使用以下命令创建用于访问共享资源的账户。

```
# useradd netlab
# pdbedit -a -u netlab
```

3. 使用以下命令创建用于共享资源的目录。

```
# mkdir /public
```

4. 修改 Samba 配置文件，如图 s5-1 所示。

图 s5-1　修改 Samba 配置文件

5. 使用以下命令重启并设置开机自启动 Samba 服务。

```
# systemctl restart smb
# systemctl enable smb
```

6. 使用以下命令设置 iptables 防火墙。

```
# iptables -F
# setenforce 0
# firewall-cmd --permantent --add-service=samba
# firewall-cmd --reload
```

7. 在 Windows 中成功访问共享资源，如图 s5-2 所示。

图 s5-2　在 Windows 中成功访问共享资源

实验 6

KVM配置

本实验给出了 Linux 下 KVM 配置实验的实验目的、实验设备以及实验步骤，实验步骤中给出了在虚拟机 WMware 中安装 KVM 的过程。

实验目的

掌握 KVM 的安装流程及配置流程。

实验设备

一台 PC、VMware 软件和 CentOS 7 系统光盘或.iso 文件。

实验步骤

1. 虚拟机软件 VMware 需要开启虚拟化引擎，如图 s6-1 所示。

图 s6-1　开启虚拟化引擎

2. 使用以下命令进行 YUM 本地源配置。

```
[root@localhost ~]# vim /etc/yum.repos.d/local.repo
[name]
name="local.repo"
baseurl=file:///mnt
enabled=1
gpgcheck=0
```

3. 使用以下 yum 命令安装 KVM。

```
yum install -y virt-* qemu-kvm libvirt bridge-utils qemu-kvm-tools.x86_64
```

4. 使用以下命令开机启动 KVM。

```
[root@localhost ~]# systemctl enable libvirtd.service
```

5. 使用以下命令进行 KVM 桥接模式的配置。

```
[root@localhost network-scripts]# cat ifcfg-ens33
TYPE=Ethernet
BOOTPROTO=dhcp
DEFROUTE=yes
PEERDNS=yes
PEERROUTES=yes
IPV4_FAILURE_FATAL=no
IPV6INIT=yes
IPV6_AUTOCONF=yes
IPV6_DEFROUTE=yes
IPV6_PEERDNS=yes
IPV6_PEERROUTES=yes
IPV6_FAILURE_FATAL=no
IPV6_ADDR_GEN_MODE=stable-privacy
NAME=ens33
```

```
UUID=f6f471af-270b-49fd-8cef-6b0021d96d46
DEVICE=ens33
ONBOOT=yes
BRIDGE=br0
[root@localhost network-scripts]# cat ifcfg-br0
TYPE=bridge
BOOTPROTO=dhcp
DEFROUTE=yes
PEERDNS=yes
PEERROUTES=yes
IPV4_FAILURE_FATAL=no
IPV6INIT=yes
IPV6_AUTOCONF=yes
IPV6_DEFROUTE=yes
IPV6_PEERDNS=yes
IPV6_PEERROUTES=yes
IPV6_FAILURE_FATAL=no
IPV6_ADDR_GEN_MODE=stable-privacy
NAME=br0
DEVICE=br0
ONBOOT=yes
[root@localhost /]# service network restart
```

6. 运行 KVM。

完成前面的操作步骤后，就可以打开【应用管理】菜单→【系统工具】中的【虚拟系统管理器】来对 KVM 虚拟机进行操作了，如图 s6-2 和图 s6-3 所示。

图 s6-2　应用管理

图 s6-3　虚拟系统管理器

实验 7

Docker配置

本实验给出了 Linux 下 Docker 配置实验的实验目的、实验设备以及实验步骤，实验步骤中给出了 Docker 的安装过程，并给出了对应的测试验证信息。

实验目的

掌握 Docker 的安装流程及配置流程。

实验设备

一台 PC 及 CentOS 7 系统光盘或.iso 文件。

实验步骤

1. 使用以下命令删除旧的 Docker。

```
[root@localhost ~]# yum remove docker\
docker-client \
docker-client-latest \
docker-common \
docker-latest \
docker-latest-logrotate \
docker-logrotate \
docker-selinux \
docker-engine-selinux \
docker-engine
```

2. 使用以下命令安装必要的系统工具。

```
[root@localhost ~]# yum install -y yum-utils device-mapper-persistent-data lvm2
```

3. 使用以下命令添加软件源信息。

```
[root@localhost ~]# yum -config-manager --add-repo
http://mirrors.aliyun.com/docker-ce/linux/centos/docker-ce.repo
```

4. 使用以下命令更新 YUM 缓存。

```
[root@localhost ~]# yum makecache
```

5. 使用以下命令安装 Docker-CE。

```
[root@localhost ~]# yum install docker-ce.x86_64 -y
```

6. 使用以下命令启动 Docker 服务。

```
[root@localhost ~]# systemctl status docker.service
[root@localhost ~]# systemctl start docker.service
[root@localhost ~]# systemctl enable docker.service
```

7. 使用以下命令测试运行 hello-world。

```
[root@localhost ~]# docker run hello-world
```

测试运行结果如图 s7-1 所示。

图 s7-1　测试运行结果

实验 8

MariaDB数据库服务器配置

本实验给出了 Linux 下 MariaDB 数据库服务器配置实验的实验目的、实验设备以及实验步骤，实验步骤中给出了 MariaDB 数据库服务器的安装过程，并给出了数据库操作的典型案例，其中包括数据库和表的创建、增加、删除、修改、查看和备份。

实验目的

1. 理解 MariaDB 与关系型数据库。
2. 掌握对 MariaDB 的数据库进行操作、对数据库中表的操作及对表中字段的操作。
3. 理解 MariaDB 数据库的管理和配置工作，如创建用户、赋予用户对数据库的操作权限、维护日常数据库及表的备份和恢复。

实验设备

一台 PC 及 CentOS 7 系统光盘或 .iso 文件。

实验步骤

1. 使用以下 yum 命令安装 MariaDB 服务程序。

```
# yum install mariadb mariadb-server
```

2. 使用以下命令启动 MariaDB。

```
# systemctl start mariadb
```

3. 使用以下命令初始化 MariaDB 数据库。

```
# mysql_secure_installation
```

4. 使用以下命令登录 MariaDB。

```
# mysql -uroot -ptest
```

5. 使用以下命令创建数据库名为 ccut、表名为 netlab。

```
MariaDB [(none)]>create database ccut;
MariaDB [(none)]>use ccut;
MariaDB [(none)]>create table netlab(id int, name char, grade int);
```

6. 创建新的用户 netlab，如图 s8-1 所示。
7. 针对数据库 ccut 中的特定表 netlab，为用户 netlab 赋予授权，如图 s8-1 所示。

```
MariaDB [ccut]> create user netlab@localhost identified by 'ccut';
Query OK, 0 rows affected (0.00 sec)

MariaDB [ccut]> grant select,update,delete,insert on ccut.netlab to netlab@localhost;
Query OK, 0 rows affected (0.00 sec)
```

图 s8-1　创建用户并给用户授权

8. 使用以下命令在 netlab 表中增加、删除、修改信息。

```
# insert into netlab values(1,'zhangsan',98),(2,'lisi',85),(3,'wangerma',80);
# delete from netlab where name="lisi";
# update netlab set grade=90 where id=3;
```

9. 使用 select 语句查看表中的内容。

```
# select * from netlab;
```

10. 使用 mysqldump 命令备份数据库文件，如图 s8-2 所示。

```
[root@netlab ~]# mysqldump -u root -p ccut >/root/ccut.dump
Enter password:
[root@netlab ~]# ls
anaconda-ks.cfg  ccut.dump
```

图 s8-2　使用 mysqldump 命令备份数据库文件

11. 彻底删除 ccut 数据库文件，如图 s8-3 所示。

```
MariaDB [(none)]> drop database ccut;
Query OK, 1 row affected (0.01 sec)

MariaDB [(none)]> show databases;
+--------------------+
| Database           |
+--------------------+
| information_schema |
| mysql              |
| performance_schema |
+--------------------+
3 rows in set (0.00 sec)
```

图 s8-3　彻底删除 ccut 数据库文件

12. 恢复 ccut 数据库文件，将备份的数据库文件导入 mysql 命令中，如图 s8-4 所示。

```
[root@netlab ~]# mysql -u root -p ccut< /root/ccut.dump
Enter password:
```

图 s8-4　恢复数据库文件

13. 登录数据库，测试数据库是否恢复成功，如图 s8-5 所示。

```
MariaDB [(none)]> use ccut;
Reading table information for completion of table and column names
You can turn off this feature to get a quicker startup with -A

Database changed
MariaDB [ccut]> show tables;
+----------------+
| Tables_in_ccut |
+----------------+
| netlab         |
+----------------+
1 row in set (0.00 sec)

MariaDB [ccut]> select * from netlab;
+------+-----------+-------+
| id   | name      | grade |
+------+-----------+-------+
|    1 | zhangsan  |    98 |
|    3 | wangerma  |    90 |
+------+-----------+-------+
2 rows in set (0.00 sec)
```

图 s8-5　测试数据库文件是否恢复成功